Martin Roßbach

Untersuchung der Bildung und Oxidation von Ruß in Motoren mit Direkteinspritzung

Untersuchung der Bildung und Oxidation von Ruß in Motoren mit Direkteinspritzung

von
Martin Roßbach

Dissertation, Karlsruher Institut für Technologie (KIT)
Fakultät für Chemie und Biowissenschaften
Tag der mündlichen Prüfung: 21. Dezember 2012
Referenten: Prof. Dr. Rainer Suntz, Prof. Dr.-Ing. Henning Bockhorn

Impressum

Karlsruher Institut für Technologie (KIT)
KIT Scientific Publishing
Straße am Forum 2
D-76131 Karlsruhe
www.ksp.kit.edu

KIT – Universität des Landes Baden-Württemberg und
nationales Forschungszentrum in der Helmholtz-Gemeinschaft

KIT Scientific Publishing 2013
Print on Demand

ISBN 978-3-7315-0040-7

Untersuchung der Bildung und Oxidation von Ruß in Motoren mit Direkteinspritzung

Zur Erlangung des akademischen Grades eines

DOKTORS DER NATURWISSENSCHAFTEN

(Dr. rer.nat.)

der Fakultät für Chemie und Biowissenschaften

des Karlsruher Instituts für Technologie (KIT) - Universitätsbereich

genehmigte

DISSERTATION

von

Dipl.- Chem. Martin Roßbach

aus Köln

Dekan: Prof. Dr. Martin Bastmeyer

Referent: Prof. Dr. Rainer Suntz

Korreferent: Prof. Dr.-Ing. Henning Bockhorn

Tag der mündlichen Prüfung: 21.12.2012

Die vorliegende Arbeit wurde in der Zeit von November 2006 bis September 2012 am Institut für Technische Chemie und Polymerchemie bzw. am Engler-Bunte-Institut, Bereich Verbrennungstechnik des Karlsruher Instituts für Technologie (KIT) angefertigt. Sie wurde im Rahmen des Sonderforschungsbereichs 606 „Instationäre Verbrennung" der Deutschen Forschungsgemeinschaft durchgeführt.

Ihr sei für die finanzielle Unterstützung an dieser Stelle ausdrücklich gedankt.

Herrn Professor Suntz danke ich für die Aufgabenstellung und Betreuung und die stets vorhandene Hilfsbereitschaft sowohl bei messtechnischen Problemen und Rückfragen in Bezug auf Geräte und Messverfahren, als auch für Anregung und Unterstützung in Bezug auf die theoretischen Grundlagen.

Herrn Professor Bockhorn danke ich für den interessanten thematischen Rahmen, die Verbrennung in komplexen technischen Systemen zu untersuchen. Weiterhin für die wohlwollende Unterstützung während dieser Arbeit und in seiner Funktion als Sprecher des Sonderforschungsbereichs 606 der Deutschen Forschungsgemeinschaft. Über den SFB 606 wurden wesentliche Teile dieser Arbeit finanziert.

Die experimentellen Arbeiten wurden am Institut für Kolbenmaschinen (IFKM) durchgeführt, deshalb möchte ich Professor Ulrich Spicher und Dr. Amin Velji für die zur Verfügung gestellte Messzeit und die gute Zusammenarbeit danken.

Weiterhin möchte ich mich bei den aktuellen und ehemaligen Mitarbeitern der Arbeitsgruppe Laser für die zahlreichen, interessanten Diskussionen und Ratschläge bedanken. Der Dank gilt insbesondere Dr. Holger Dörr, Dr. Markus Charwath und Dr. Nikolay Anikin.

An dieser Stelle seien auch die Mitarbeiter am IFKM erwähnt, ohne die diese Arbeit nicht möglich gewesen wäre. Besonders hervorheben möchte ich hierbei die Kollegen, die mit mir das Messprogramm durchgeführt und/oder die Konstruktion der optischen Zugänge geplant haben: Dr. Markus Stumpf, Dr. Kitae Yeom, Stefan Palaveev, Dr. Stephen Busch und Maurice Kleindienst.

Gerhard Siegel, Alexander Jaks, Andreas Wagner, Daniel Hintermayer und Jörg Finsterle aus der Metall- und Elektronikwerkstatt am ITCP möchte ich für die gewissenhafte Fertigung mancher Komponenten und Anlagenteile danken.

Nicht unerwähnt will ich an dieser Stelle auch die Mitarbeiter lassen, die mich im Rahmen meiner sonstigen Aufgaben stets hilfsbereit unterstützt oder vertreten haben, wenn die Arbeit im Zusammenhang mit der Rußbildung in Motoren meine volle Arbeitskraft erforderte. Dies sind vor allem Hans Weickenmeier, Dr. Dirk Reichert, Bilyana Genova, und Johannes Steinbrück.

Zusätzlich möchte ich allen oben genannten und nicht genannten Kollegen, die mir während der Promotion begegnet sind, für die fachübergreifende kollegiale Zusammenarbeit und das angenehme Arbeitsklima danken.

Abstract

The aim of this work was the experimental and numerical investigation of the formation and oxidation of soot inside internal combustion engines with direct fuel injection. For the experimental studies, the RAYLIX-technique, an imaging, two-dimensional, laser-based measurement technique, was applied. It is based on the almost simultaneous detection of the Rayleigh scattering, the extinction and the laser-induced incandescence, which is the detection of the thermal radiation after heating the particles by a laser pulse. This provides a measurement technique, which can deliver beside the soot concentrations also particle sizes and particle number densities directly in the combustion chamber with high spatial and temporal resolution. For the numerical simulation, the tool ERNEST was used, which allows the successive computation of different reactors, arranged in a network. The simulation of the reaction kinetics is based on the CHEMKIN II program package of the Sandia National Laboratories.

The RAYLIX-measurements were performed inside two rapid compression machines simulating the combustion process of a Diesel and a spark ignition engine, respectively. Further investigations were carried out in a single cylinder DI spark ignition and a single cylinder DI Diesel engine.

After modification of the original setup, the RAYLIX-technique could be applied in the rapid compression machine for Diesel engine combustion. It was shown that the RAYLIX-technique is applicable under the conditions inside combustion engines and that it is a meaningful addition to the two-color method. The latter is a pyrometric technique to deliver line of sight averaged soot concentrations and particle temperatures. Depending on the image acquisition timing, especially during the combustion in Diesel engines, soot and fuel droplets can be present simultaneously. In this case, a reasonable evaluation of the RAYLIX-data is not possible due to the strong light scattering by the droplets. Therefore, criteria to identify and consequently deselect these images are described. These investigations revealed that particle diameters varied between 5 and 14 nm, while the particle number density was between 10^{11} and $2.5 \cdot 10^{15}$ cm^{-3}.

Despite the advantages a rapid compression machine offers compared to a continuously operated engine, e.g. virtually oil free operation and the possibility to blacken the inner surface of the combustion chamber to reduce reflection of light, the measurements were extended to single cylinder engines. The latter posses strongly diminished cyclical fluctuations of soot formation compared to rapid-compression-machines. The combustion in rapid-compression-machines led to very individual and therefore hardly comparable single shots. As expected, these cycle to cycle fluctuations are by far less pronounced in the single cylinder Diesel engine. However, the RAYLIX-technique was applicable only under very low engine load and additionally only within a narrow temporal window within an engine cycle. Otherwise the laser light was absorbed completely because of the high soot concentrations.

In the single cylinder spark ignition engine, burning fuel puddles on the piston, so called "pool fire", were identified as main source of the soot formation and emission. A large amount of fuel hits the piston during injection, which cannot evaporate completely before ignition and consequently burns until very late crank angles in the engine cycle (55 ° to 70 ° ATDC). It could be shown that the mean particle diameter in the "pool fire" is in the range of 6 to 12 nm. Injection and ignition timing show no essential influence on the particle size, but on the temporal evolution of the soot formation and oxidization. The particle number densities are between 10^{11} and 10^{13} cm^{-3}. Also in this single cylinder spark ignition engine, the cyclic fluctuations were very high, due to the uncontrolled and unsteady flame geometry above the burning fuel puddles.

The investigations in the spark ignition rapid compression machine were carried out to study the combustion near the roof of the combustion chamber, just before or just after the piston reached top dead center. Thereby, "pool fire" was confirmed as the main source of soot formation when image acquisition happened at late points in the engine cycle. In addition to the fuel burning on top of the piston, which was observed in the single cylinder engine, these "pool fire" could also be detected in a considerable amount in the vicinity of the spark plug electrodes. It was also demonstrated under specific engine loads and operating points that the wetting of the piston surface, in contrast to the wetting of the spark plug electrodes, can be avoided. Further, an extensive distributed intensity in the LII images was observed during the passage of the piston through the top dead centre in this rapid compression machine but this is based on chemiluminescence of the electronically excited intermediates. The particle diameters in the "pool fire" were between 3 and 11 nm, the number density reaches from 10^{11} to 10^{15} cm^{-3}.

With ERNEST, the soot formation and oxidation in the Diesel combustion was simulated, based on the motor constrains of both, the rapid compression machine and the single cylinder Diesel engine. First, a simple model was developed to simulate the fuel-rich, diffusion-controlled combustion which does not need any information about the spatial distribution of the fuel/air mixture and in-cylinder flows. Therefore, it is valid only for a fictional, idealized and gradient-free area in the diffusion flame with ordinary fuel excess. A central result is that the observed, complete absorption of the laser light inside the single cylinder Diesel engine at almost all detection times can be explained by the high soot volume fractions predicted by the simulations. Also the influence of the process conditions has been studied numerically: Essentially, the temperatures solely affect how fast soot particles are formed and degraded, while the fuel/air ratio strongly influences the overall soot amount during combustion as expected. As expected in the pressure range of internal combustion, the combustion chamber pressure has an approximately linear effect on the soot volume fraction.

Kurzfassung

In dieser Arbeit wurde die Entstehung und Oxidation von Ruß in Verbrennungsmotoren mit Kraftstoffdirekteinspritzung experimentell und numerisch untersucht. Für die experimentellen Untersuchungen wurde die RAYLIX- Technik, eine bildgebende, zweidimensionale, laserbasierte Messtechnik eingesetzt. Sie basiert auf der nahezu gleichzeitigen Detektion der Rayleigh- Streuung, der Extinktion und der laserinduzierten Inkandeszenz, also der Detektion der Wärmestrahlung nach dem Aufheizen der Partikel durch einen Laserpuls. Damit steht eine Messtechnik zur Verfügung, die nicht nur die Rußkonzentration sondern auch Partikelgrößen und Partikelanzahldichten direkt im Brennraum in hoher räumlicher und zeitlicher Auflösung liefern kann. Für die numerische Simulation wurde das Programm ERNEST genutzt, das die sukzessive Berechnung verschiedener, in einem Netzwerk angeordneter Reaktoren ermöglicht. Die Simulation der Reaktionskinetik basiert auf dem CHEMKIN II Programmpaket der Sandia National Laboratories.

Die RAYLIX- Messungen wurde an zwei Einhubtriebwerken, für den dieselmotorischen und den ottomotorischen Verbrennungsprozess, einem Einzylinder DI-Ottomotor und einem Einzylinder DI-Dieselmotor durchgeführt.

Nach der Modifizierung des ursprünglichen Aufbaus konnte die RAYLIX- Technik am Diesel Einhubtriebwerk eingesetzt werden. Es konnte gezeigt werden, dass sie zur Anwendung unter innermotorischen Versuchsbedingungen geeignet ist und eine bedeutende Ergänzung zur Zwei-Farben-Methode darstellt. Letztere ist eine pyrometrische Methode, mit der in Blickrichtung gemittelte Rußkonzentrationen und Partikeltemperaturen erhalten werden können. Bei der dieselmotorischen Verbrennung können, abhängig vom Aufnahmezeitpunkt, Rußpartikel und Kraftstofftröpfchen gleichzeitig vorliegen. In diesem Fall ist eine sinnvolle Auswertung der RAYLIX- Daten durch die starke Lichtstreuung an den Tröpfchen nicht möglich. Es werden daher Kriterien beschriebenen, anhand derer sich diese Aufnahmen erkennen und folglich aussortieren lassen. Bei diesen Untersuchungen lagen die Partikeldurchmesser zwischen 5 und 14 nm bei einer Teilchenzahldichte von 10^{11} bis $2,5 \cdot 10^{15}$ cm^{-3}.

Trotz der Vorteile, die ein Einhubtriebwerk gegenüber einem kontinuierlich arbeitenden Motor mitbringt, wie z.B. praktisch ölfreier Betrieb und der Möglichkeit die Brennrauminnenflächen zur Verringerung von Reflexionen von Licht zu schwärzen, wurden die Messungen auf Einzylindermotoren ausgeweitet. Letztere zeigen deutlich kleinere zyklischen Schwankungen der Rußbildung. Die Verbrennung in Einhubtriebwerken führt zu individuellen und untereinander kaum vergleichbaren Einzelaufnahmen. Wie erwartet, hat sich am Einzylinder- Dieselmotor bestätigt, dass die zyklischen Schwankungen dort weitaus weniger stark ausgeprägt sind. Allerdings konnte die RAYLIX- Technik nur unter sehr geringer Motorlast und dann auch nur innerhalb eines eng begrenzten Zeitfensters im Motorzyklus eingesetzt werden, da anderenfalls, wegen der hohen Rußkonzentrationen, das Laserlicht vollständig absorbiert wurde.

Am Einzylinder- DI-Ottomotor wurden auf dem Kolben brennende Kraftstoffpfützen, sogenannte „Pool Fire" als Hauptquelle des Rußes ausgemacht. Während der Einspritzung trifft eine große Kraftstoffmenge auf die Kolbenoberfläche, kann dort bis zur Zündung nicht vollständig verdampfen und verbrennt erst sehr spät im Motorzyklus (55° bis 70° nach OT). Es konnte gezeigt werden, dass die mittleren Partikeldurchmesser in den „Pool Fire" bei 6 bis 12 nm liegen. Einspritz und Zündzeitpunkt zeigen keinen grundsätzlichen Einfluss auf die Größe der Partikel, sondern nur auf den zeitlichen Verlauf der Rußbildung und Oxidation. Die Teilchenzahldichten lagen bei 10^{11} bis 10^{13} cm^{-3}. Auch an diesem Einzylinder- Ottomotor waren die zyklischen Schwankungen aufgrund der unkontrollierten und instationären Flammengeometrie über den Kraftstoffpfützen sehr hoch.

Die Untersuchungen am Otto- Einhubtriebwerk wurden durchgeführt, um die Verbrennung im Bereich des Brennraumdachs, zu Zeitpunkten kurz vor oder nach Durchlaufen des oberen Totpunkts zu untersuchen. Dabei wurde „Pool Fire" als Ursache für die Rußbildung zu späten Aufnahmezeitpunkten im Motorzyklus bestätigt. Zusätzlich zu den bereits am Einzylindermotor beobachteten brennenden Kraftstoffpfützen auf der Kolbenoberfläche konnten diese „Pool Fire" auch an den Zündkerzenelektroden in nicht unerheblichem Ausmaß nachgewiesen werden. Darüber hinaus wurde gezeigt, dass, zumindest unter genau definierten Lastpunkten, die Benetzung der Kolbenoberfläche, anders als die Benetzung der Zündkerzenelektroden, vermieden werden kann. Weiterhin konnte an diesem Versuchsträger eine großflächige Intensität im LII- Bild während des Durchlaufens des oberen Totpunkts beobachtet werden, die aber auf Chemilumineszenz elektronisch angeregter Zwischenprodukte zurückzuführen ist. Die Partikeldurchmesser in den „Pool Fire" lagen bei 3 bis 11 nm, bei einer Teilchenzahldichte von 10^{11} bis 10^{15} cm^{-3}.

Mit ERNEST wurde die Rußbildung und -oxidation bei der dieselmotorischen Verbrennung, basierend auf den motorischen Randbedingungen aus dem Diesel- Einhubtriebwerk und dem Einzylinder- Dieselmotor, simuliert. Dazu wurde zunächst ein einfaches Modell entwickelt, um die kraftstoffreiche, diffusionskontrollierte Verbrennung ohne Information über die räumliche Verteilung des Kraftstoff-/Luft Gemischs und Zylinderinnenströmungen zu simulieren. Es gilt demnach nur für einen fiktiven, idealisierten und gradientenfreien Bereich in der Diffusionsflamme mit durchschnittlichem Kraftstoffüberschuss. Ein zentrales Ergebnis ist, dass die experimentell beim Einzylinder- Dieselmotor zu fast allen Zeitpunkten beobachtete, vollständige Absorption des Lasers durch die hohen Rußvolumenbrüche aus der Simulation erklärt werden kann. Außerdem wurde der Einfluss der Verbrennungsbedingungen untersucht: Im Wesentlichen beeinflussen die Temperaturen allein, wie schnell Rußpartikel gebildet und abgebaut werden, während das Brennstoff/Luft Verhältnis die insgesamt auftretende Rußmenge, wie erwartet, in starkem Ausmaß beeinflusst. Wie im Druckbereich von Verbrennungsmotoren erwartet, hat der Brennraumdruck einen annähernd linearen Effekt auf den Rußvolumenbruch.

Symbole und Abkürzungen

Lateinische Großbuchstaben

A Fläche

A_F Filterfläche

A_{abs} Massenabsorptionsquerschnitt $A_{abs} = 3 \cdot C_{abs} / (4 \cdot \varrho_s \cdot r)$ [m²/g]

A_{ext} Massenextinktionsquerschnitt [m²/g]

A_{str} Massenstreuquerschnitt [m²/g)]

C Massenkonzentration [g/m³]

C_{abs} Absorptionsquerschnitt

C_{ext} teilchengrößenabhängiger Extinktionsquerschnitt

$\overline{C}_{ext}$ mittlerer Extinktionsquerschnitt

C_p Wärmekapazität bei konstantem Druck [J/K]

C_{sca} integraler Streuquerschnitt

C_V Wärmekapazität bei konstantem Volumen [J/K]

D_f fraktale Dimension

$D_{1,2}$ binärer Diffusionskoeffizient

$\vec{E}_0$ Feldvektor eingestrahltes Licht

$E_{0,H}$ Komponente von $\vec{E}_0$ in Beobachtungsebene

$E_{0,V}$ Komponente von $\vec{E}_0$ senkrecht zur Beobachtungsebene

$\vec{E}_{sca}$ Feldvektor gestreutes Licht

$E_{sca,H}$ Komponente von $\vec{E}_{sca}$ in Beobachtungsebene

$E_{sca,V}$ Komponente von $\vec{E}_{sca}$ senkrecht zur Beobachtungsebene

G geometrieabhängiger Wärmeleitungsfaktor

I Lichtintensität

I_0	Intensität einfallendes Licht
$I_{0,H}$	Intensität von I_0 in Beobachtungsebene
$I_{0,V}$	Intensität von I_0 senkrecht zur Beobachtungsebene
I_{LII}	Intensität detektiertes LII- Signal
$I_{LII,mit}$	gemittelte LII- Intensität
I_{mess}	Intensität abgeschwächtes Licht bei einer Messung
$I_{0,mess}$	Intensität einfallendes Licht bei einer Messung
I_{ref}	Intensität abgeschwächtes Licht bei Referenzmessung (ohne Flamme)
$I_{0,ref}$	Intensität einfallendes Licht bei Referenzmessung (ohne Flamme)
I_{sca}	Intensität detektierte Rayleigh- Streustrahlung
$I_{sca,ref}$	Intensität detektierte Rayleigh- Streustrahlung von Luft
$I_{sca,H}$	Intensität von I_{sca} in Beobachtungsebene
$I_{sca,V}$	Intensität von I_{sca} senkrecht zur Beobachtungsebene
I_H	Streulichtintensität Teilchenensemble in Beobachtungsebene
I_V	Streulichtintensität Teilchenensemble senkrecht zur Beobachtungsebene
K_{sca}	Streukoeffizient
$K_{sca,ref}$	Streukoeffizient von Luft
K_{ext}	Extinktionskoeffizient
$K_{ext}(x)$	ortsabhängiger Extinktionskoeffizient
$K_{ext,ref}$	Extinktionskoeffizient Referenzmessung (ohne Flamme)
L	Optische Weglänge Extinktion
L_{norm}	Normsauglänge
L_λ	spektrale spezifische Strahlungsdichte realer Strahler [W/(sr·cm^{-1}·m^3)]
$L_{\lambda,s}$	spektrale spezifische Strahlungsdichte schwarzer Strahler [W/(sr·cm^{-1}·m^3)]
$M_{1,2}$	Molmasse Stoff 1 oder 2 [kg/kmol]
N_A	Avogadrosche Konstante $N_A = 6{,}02214 \cdot 10^{23}$ mol^{-1}

N_0^{Gas} Teilchenzahldichte Gases $N_0^{Gas} = P/(k_B \cdot T)$

N_T Teilchenzahl

$N_{T/A}$ Teilchenzahl pro Aggregat

N_V Teilchenzahldichte $[1/m^3]$ oder $[1/cm^3]$

$\dot{Q}$ Wärmestrom [mW]

Q_H horizontale Komponente des integralen Streukoeffizienten

Q_V vertikale Komponente des integralen Streukoeffizienten

Q_{abs} Absorptionswirkungsfaktor $Q_{abs} = C_{abs}/(\pi \cdot r^2)$

Q_{ext} Wirkungsfaktor der Extinktion $Q_{ext} = C_{ext}/(\pi \cdot r^2)$

Q_{sca} Wirkungsfaktor der Streuung $Q_{sca} = C_{sca}/(\pi \cdot r^2)$

P Druck in Pascal 1 Pa = 1 N/m^2

R molare Gaskonstante $R = 8{,}3144\ J/(mol \cdot K)$

R_g Gyrationsradius

R_G Reflexionsvermögen des geschwärzten Filterpapiers

R_W Reflexionsvermögen des weißen Filterpapiers

S Streuzentrum

$\mathbf{S}$ Streumatrix

S_{1-4} Elemente der Streumatrix

T Temperatur in Kelvin (Teilchentemperatur)

T^* Verdampfungstemperatur von Kohlenstoff $T^* = 3915\ K$

T_0 Flammentemperatur

T_a Temperatur der Brennkammerwände

T_{Ll} Ladelufttemperatur

T_S Schwarzkörpertemperatur

T_{Ve} Verdichtungsendtemperatur

U_v Geschwindigkeit des Dampfs

V	Volumen
V_{eff}	effektives Messvolumen
V_L	Leckagevolumen
V_{Ll}	Ladeluftvolumen
V_S	Saugvolumen
V_T	Totvolumen
V_{Ve}	Verdichtungsendvolumen
W_v	Molare Masse von gasförmigem Kohlenstoff $W_v = 36$ g/mol
X_i	Molenbruch der chemischen Substanz i

Lateinische Kleinbuchstaben

a_n , b_n	Mie- Koeffizienten
c	Lichtgeschwindigkeit $c = 299792458$ m/s
$c_{p,s}$	spezifische Wärmekapazität von Kohlenstoff $c_{p,s} = 1900$ J/(kg·K)
$c_{Ruß}$	Rußkonzentration [mg/m^3]
c_{mol}	Stoffmengenkonzentration [mol/m^3]
d	Strecke / Dicke
d_{korr}	Korrekturfaktor für die Extinktion
e	Eulersche Zahl $e = 2{,}718281828$
f	Freiheitsgrade der Moleküle
f_V	Rußvolumenbruch [--]
$f_{V,mit}$	mittlerer Rußvolumenbruch aus Extinktion
h	Plancksches Wirkungsquantum $h = 6{,}62606876 \cdot 10^{-34}$ J·s
i	Imaginärzahl $i = \sqrt{-1}$
k	Kreiswellenzahl $k = 2\pi/\lambda$

k_B — Boltzmannkonstante $k_B = 1{,}38065 \cdot 10^{-23}$ J/K

k_f — fraktaler Vorfaktor

m — Komplexe Brechungsindex Flammenruß $m = 1{,}73 - 0{,}6i$

$\dot{m}$ — Massenstrom [kg/s]

n — Brechungsindex

n_{mol} — Stoffmenge [mol]

$\dot{n}$ — Stoffstrom [mol/s]

o — Realteil des komplexen Brechungsindex

p — Imaginärteil des komplexen Brechungsindex

$p(r)$ — Partikelgrößenverteilung

q — Laserintensität

r — Radius eines kugelförmigen Teilchens

$\bar{r}_m$ — Medianwert des Teilchenradius [m] oder [nm]

s — Entfernung vom Streuzentrum

t — Zeit

t_1 — Zeit zwischen Laserpuls und Öffnen Kameraverschluss

t_2 — Zeit zwischen Laserpuls und Schließen Kameraverschluss

u — Strömungsgeschwindigkeit in y- Richtung

u_{cal} — Kalibrierfaktor LII Signal (Rußvolumenbruch / I_{LII})

v_{cal} — Kalibrierfaktor Rayleigh Signal ($K_{sca,ref}$ / I_{sca})

x — aktuelle Wegstrecke Extinktion

x_{mol} — Stoffmengenanteil

x_0 — Stoffmengenanteil vor Grenzschicht

x_δ — Stoffmengenanteil nach Grenzschicht

z — Stoßhäufigkeit

Griechische Buchstaben

α Teilchengrößeparameter $\alpha = 2\pi r/\lambda$

α_{wa} Wärmeanpassungsfaktor $\alpha_{wa} = 0{,}9$

β Absorptionskoeffizient

γ Adiabatenexponent/Isentropenexponent $\gamma = C_P/C_V$

δ Dicke einer (Grenz-) Schicht

ΔH_v Verdampfungsenthalpie von Kohlenstoff $\Delta H_v = 7{,}1 \cdot 10^5$ J/mol

$\Delta H_{verd.}$ Verdampfungsenthalpie

ΔT Temperaturdifferenz

Δu_{cal} Fehler Kalibrierfaktor für das LII Signal

Δv_{cal} Fehler Kalibrierfaktor für das Rayleigh Signal

ε Emissionskoeffizient

$\varepsilon_{1,2}$ Kraftkonstante für das Lennard-Jones-Potenzial von Stoff 1 oder 2 [J]

ε_V Verdichtungsverhältnis

θ Streuwinkel

λ Wellenlänge des Lichts

λ_{em} Wellenlänge des emittierten Lichts

λ_{ext} Emissionswellenlänge des eingesetzten Lasers

λ_Q Wärmeleitungskoeffizient in $[W/(m \cdot K)]$

π Kreiszahl $\pi = 3{,}141592654$

π_n , τ_n Legendre-Polynome

ϱ_s Dichte von Ruß (Kohlenstoff) $\varrho_s = 1860$ kg/m³

ϱ_v Dichte von gasförmigem Kohlenstoff

ϱ_{DP} Depolarisationsverhältnis gestreutes Licht

σ Standardabweichung der logarithmischen Normalverteilung Flammenruß $\sigma = 0{,}34$

$\sigma_{1,2}$ Stoßdurchmesser für das Lennard-Jones-Potenzial von Stoff 1 oder 2 [pm]

$\sigma_i(\theta)$ differentieller Streuquerschnitt i

$\overline{\sigma}_i(\theta)$ mittlerer differentieller Streuquerschnitt i

σ_{SB} Stefan- Boltzmann- Konstante $\sigma_{SB} = 5{,}6704 \cdot 10^{-8}\ \mathrm{W/(m^2 \cdot K^4)}$

σ_v^{Gas} differentieller Streuquerschnitt der Luft

τ Belichtungszeit der Kamera

χ Polarisationswinkel

Ω Raumwinkel

Ω_K Kollisionsintegral

Abkürzungen

2FM	Zwei-Farben-Methode
ALS	angular light scattering
BK7	Borosilikatglas (Laborglas)
BSZ	Bosch Schwärzungszahl
CAD	computer-aided design
	crank angle degree: Kurbelwinkel
CAI	controlled auto ignition
DI	direct injection: Direkteinspritzung
DMCB	Dimethylencyclobuten
EHT	Einhubtriebwerk
ESB	Einspritzbeginn
HCCI	homogeneous charge compression ignition
ICCD	intensified charge-coupled device
IMEP	indicated mean effective pressure
KW	Kurbelwinkel: Relative Position im Motorzyklus (4 Takte: 0 - 720° KW)

LIF	laserinduzierte Fluoreszenz
LII	laserinduzierte Inkandeszenz
FEL	Flammeneigenleuchten
FSN	filter smoke number
FWHM	full width half maximum: Halbwertsbreite
Nd:YAG	Neodym dotierter Yttrium-Aluminium-Granat (Laserkristall)
NEFZ	neuer europäischer Fahrzyklus
NOC	nano organic carbon (Rußvorläufer)
OT	oberer Totpunkt
PAH	polycyclic aromatic hydrocarbon: polyzyklischer, aromatischer Kohlenwasserstoff
PNP	precursor nanoparticles (Rußvorläufer)
ppm	parts per million: Millionstel
PS	Papier- Schwärzung
PTU	programmable timing unit
Q-Switch	Güteschalter/-schaltung des Laserresonators (quality-switch)
RAYLIX	kombinierte Messtechnik aus Rayleigh- Streuung, LII und Extinktion
RDG-FA	Rayleigh-Deby-Gans-Theorie für fraktale Aggregate
SMPS	scanning mobility particle sizer
Tcl/Tk	Tool Command Language (TCL) / Tool Kit (TK); eine Skriptsprache
TTL	Transistor-Transistor-Logik
UT	unterer Totpunkt
YAG	Yttrium-Aluminium-Granat
YEX	YAG external synchronization

Inhaltsverzeichnis

1 Einleitung

Im Kraftfahrzeugbau halten Verbrennungsmotoren eine Spitzenposition als zentrales Antriebsaggregat heute und in absehbarer Zukunft inne. Ihre Vormachtstellung hat sich am Beginn des Individualverkehrs nicht zuletzt durch den schnellen Aufbau der notwendigen Infrastruktur in Form von Tankstellen herauskristallisiert und wurde schnell faktisch zum Monopol ausgebaut. An dieser Situation hat sich über viele Jahrzehnte hinweg bis in die heutige Zeit nichts Grundlegendes geändert. Zumindest kurz- oder mittelfristig werden Verbrennungsmotoren ihre Bedeutung im Kraftfahrzeugbau, sicherlich auch aus Mangel an gleich- oder höherwertigen, alternativen Antriebskonzepten, beibehalten. Gerade in den letzten Jahren setzen zwar Politiker, Automobilindustrie und Energieversorger auf die Entwicklung und Förderung von Elektrofahrzeugen. Damit verknüpfen sie die Hoffnung, eine emissionsfreie Mobilität zu erreichen, aber auch bei solchen Fahrzeugen entstehen CO_2-Emissionen. Dies gilt insbesondere dann, wenn die benötigte elektrische Energie aus konventionellen Quellen stammt oder entsprechend dem aktuellen Energiemix erzeugt wird. Rechnerisch wird z.B. von einem Kohlenstoffdioxidausstoß von 515 g/kWh [VEL 12] bzw. 562 g/kWh [UBA 11], [ZEI 11] in Deutschland ausgegangen. Bei einem Testverbrauch von 25,71 kWh/100km wie zum Beispiel für den Renault Fluence Z.E. Expression [ADA 12] entspricht dies 144,5 g/km. Im Marktsegment der Kleinstwagen, wie zum Beispiel den Peugeot iOn Active mit einem Testverbrauch von 16,94 kWh/100km [ADA 12], was umgerechnet 95,2 g/km entspricht, liegen Fahrzeuge mit Verbrennungsmotor also zumindest gleichauf. Die hier zitierten Testverbräuche liegen zwar zum Teil deutlich über den Herstellerangaben (14,0 kWh für den Renault bzw. 13,5 kWh für den Peugeot), erscheinen aber plausibel wenn Komfortfunktionen wie Heizung, Klimaanlage, Radio/Navigationssystem oder ähnliches genutzt werden. Insbesondere die Heizung verschlechtert die Bilanz der Elektrofahrzeuge, da ein Verbrennungsmotor die benötigte Energie zu einem großen Teil sowieso als Abwärme zur Verfügung stellt. Ein weiterer Verbrauchsanteil, der in den offiziellen Fahrzyklen zur Verbrauchsermittlung bei Elektrofahrzeugen wegfällt, ist die Selbstentladung der Batterien. Allerdings ist davon auszugehen, dass die Hersteller auch den Verbrauch ihrer Fahrzeuge mit Verbrennungsmotor ausschließlich mit zuvor vollständig geladener Starterbatterie durchführen, also deren Selbstentladung ebenfalls nicht in die Testergebnisse eingeht. Die weit verbreitete Meinung, Elektrofahrzeuge würden zwischen 10 und 20 kWh/100km verbrauchen, trifft jedenfalls nach heutigem Stand der Technik nur auf Klein- und Kleinstwagen beziehungsweise auf ein völlig unrealistisches Nutzerverhalten zu.

Dem Elektromotor als Eckpfeiler von alternativen Antriebskonzepten fehlt leider immer noch ein zu kohlenwasserstoffbasierten Kraftstoffen gleichwertiger Energiespeicher. Die folgende Abbildung 1-1 stellt die volumenbezogene Energiedichte von chemischen Energieträgern auf fossiler, kurzfristig nachwachsender und synthetisierter Basis der volumenbezogene Energiedichte der Lithium-Ionen Batterietechnik gegenüber. Selbst wenn man den etwa dreimal besseren Wirkungsgrad von Elektromotoren gegenüber Verbrennungsmotoren [VEZ 09] berücksichtigt, bleibt der Nachteil der Größe der elektrochemischen Energiespeicher weiterhin bestehen. Dies gilt umso mehr, wenn nicht die volumenbezogene sondern die massenbezogene Energiedichte für den Vergleich herangezogen wird. Die Dichte der bei Raumtemperatur flüssigen Energieträger liegt unter $0{,}9 \, kg/dm^3$ [ARA 10], [ARA 12.2], was mit Batteriesystemen nicht annähernd erreicht werden kann. Die Differenz der Energiedichte beträgt demnach immer mehr als zwei Größenordnungen. Besonders bei kleinen, leichten Stadtfahrzeugen wird das Gesamtgewicht also maßgeblich von der Batterie bzw. deren Größe bestimmt. Weiterhin dauert vor allem das Laden von Akkumulatoren mit 1 – 10 Stunden im Vergleich zum Betanken mit 1 – 5 Minuten viel zu lange, um Strecken von vielen hundert Kilometern innerhalb eines Tages zurückzulegen.

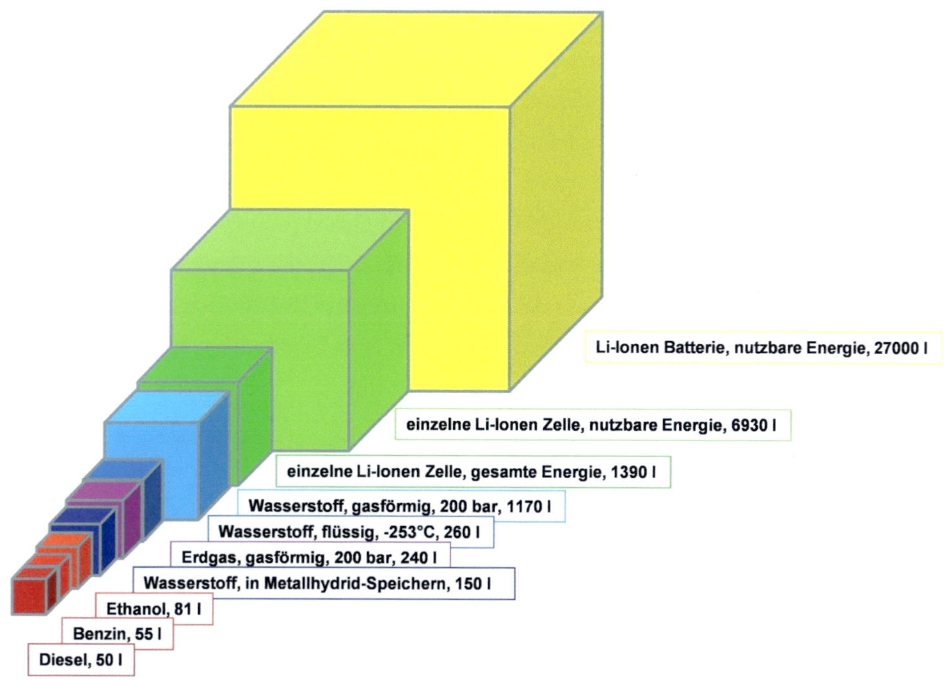

Abbildung 1-1: Vergleich der volumenbezogenen Energiedichte von Energieträgern

Das langwierige Laden fällt beim Einsatz von Brennstoffzellen zwar weg, wird aber mit der problematischen Lagerung von Wasserstoff im Fahrzeug erkauft: Entweder muss er flüssig bei tiefen Temperaturen, in Druckgasbehältern oder in Metallhydridspeichern mitgeführt werden. Die erste Variante ist mit einem permanenten Verlust auch bei stehendem Fahrzeug verbunden, um mit der benötigten Verdampfungswärme den verbleibenden Wasserstoffvorrat kalt zu halten, die zweite Variante benötigt großvolumige Druckgasbehälter, die in der benötigten Größe kaum in herkömmlichen Personenkraftwagen zu integrieren sind. Die dritte Variante, also der Metallhydridspeicher, ist vergleichsweise teuer und besitzt eine so hohe Dichte, dass er nur dort eingesetzt wird, wo sein Gewicht keine Rolle spielt, d.h. in stationären Anwendungen oder maritimen Antrieben.

Von den beiden grundlegenden und weit verbreiteten Ausführungen von Verbrennungsmotoren (Otto- und Dieselmotor) kann nach aktuellem Stand der Technik mit dem Dieselmotor ein etwas höherer Wirkungsgrad erzielt werden. Aus diesem Grund stieg der Dieselmotor in den letzten Jahrzehnten in der Gunst der Käufer von Personenkraftwagen stark an. Die weiter zunehmende Beliebtheit des Dieselmotors gegenüber dem Ottomotor in den letzten Jahren ist aber weniger auf den Wirkungsgradvorteil als vielmehr auf die psychologische Wirkung der geringeren Kraftstoffpreise und volumenbezogenen Durchschnittsverbräuche zurückzuführen. Dem haben sich auch die Entwicklungsabteilungen der Automobilhersteller nicht verschlossen und die Weiterentwicklung der Dieselmotoren forciert. Die oft verwendeten volumenbezogenen Verbrauchsangeben verleiten jedoch dazu, die Effizienz der Dieselmotoren zu überschätzen. Unter Berücksichtigung der Dichte von Benzin (720 - 775 kg/m³) [ARA 12.2] und Diesel (820 - 845 kg/m³) [ARA 10] und deren spezifischer Heizwerte von 40,1 - 41,8 MJ/kg (Benzin) und 42,8 - 43,1 MJ/kg (Diesel) [ARA 12.1] geht hervor, dass die volumenbezogene Energiedichte von Diesel um 15 - 17 % über der volumenbezogenen Energiedichte von Benzin liegt. Ein entsprechend niedrigerer, volumenbezogener Verbrauch des Dieselmotors sollte selbst bei gleichem Wirkungsgrad also immer erwartet werden.

1.1 Verbrennungsmotoren mit Kraftstoffdirekteinspritzung

Der Wirkungsgrad sowohl von Otto- als auch von Dieselmotoren steigt prinzipiell mit zunehmendem Verdichtungsverhältnis. Allerdings erreichen Dieselmotoren bereits ein Verdichtungsverhältnis, bei dem eine weitere Steigerung keine nennenswerte Wirkungsgraderhöhung mehr bewirkt. Es sind, abhängig von Motortyp, Motorgröße und Lastpunkt, Wirkungsgradangaben für Ottomotoren von $10 - 45\%$ und für Dieselmotoren von $10 - 60\%$, allerdings teilweise mit Wärmerückgewinnung, veröffentlicht. Bei einem Vergleich von Motoren mit ähnlicher Größe und gleichem Einsatzzweck, d.h. als Antriebsaggregat in PKWs, ist der Wirkungsgrad von Dieselmotoren im Schnitt etwa 5% höher. Mit modernsten, aufgeladenen DI-Ottomotoren mit strahlgeführtem Brennverfahren wird dieser Unterscheid aber zunehmend kleiner. Kuberczyk [KUB 09] hat die Wirkungsgradunterschiede zwischen Otto- und Dieselmotoren detailliert untersucht. Für ein Referenzfahrzeug im neuen europäischen Fahrzyklus (NEFZ) resultiert mit einem nicht aufgeladenen DI-Ottomotor ein Wirkungsgrad von 20,3%, mit einem in Hubraum und Leistung ähnlichen, aufgeladenen Dieselmotor ein Wirkungsgrad von 24,4%.

Der grundlegende Vorteil des Dieselmotors liegt darin, dass kein zündfähiges Gemisch aus gasförmigem Brennstoff und Luft verdichtet werden muss, sondern die Verbrennungsluft allein verdichtet wird. Damit lassen sich Verdichtungsenddrücke und somit Temperaturen zum Verdichtungsende erreichen, bei denen es im Ottomotor zu unkontrollierten Mehrfachzündungen (Klopfen) kommen würde. Erst gegen Ende der Verdichtung und bei ausreichend hohen Temperaturen wird der Brennstoff (Diesel) in die heiße, sauerstoffhaltige Umgebung eingespritzt, verdampft und verbrannt. Der dafür notwendige Zeitraum muss als eine Einheit angesehen werden, da die einzelnen Vorgänge zum Teil parallel ablaufen. In dieser turbulenten Diffusionsflamme wird der Kraftstoff größtenteils vollständig, bis zu den thermodynamisch festgelegten Endprodukten Kohlenstoffdioxid und Wasser, umgesetzt. Im Ottomotor dagegen wird die Verbrennung des Benzin/Luft-Gemisches durch die Zündung mit der Zündkerze eingeleitet, wonach innerhalb sehr kurzer Zeit eine Flammenfront durch das homogene Gemisch läuft. Die chemische Umsetzung bleibt dabei teilweise unvollständig, was vor allem unter Volllast gilt, wenn das Gemisch nicht mehr stöchiometrisch ist, sondern einen leichten Kraftstoffüberschuss besitzt. Dazu kommt, dass die Verbrennungstemperaturen im Ottomotor höher sind, wodurch mehr Stickoxide gebildet werden. Zu deren Reduzierung hat sich der Drei-Wege-Katalysator etabliert: Er reduziert die Stickoxide mit unvollständig verbrannten Kohlenwasserstoffen im Abgas. Zur quantitativen Entfernung nahezu aller Stickoxide wird also eine bestimmte Mindestkonzentration an unverbranntem Kraftstoff benötigt. Beim geregelten Drei-Wege-Katalysator wird die Restsauerstoffkonzentration und damit die Konzentration an unvollständig verbrannten Kohlenwasserstoffen im Abgas präzise über die eingesetzte Benzinmenge geregelt.

Den Vorteil der vollständigeren Verbrennung als Konsequenz aus der Kombination einer lokal brennstoffreichen Flamme mit einem globalen Luftüberschuss hat der Dieselmotor besonders ausgeprägt dann, wenn die Einspritzung direkt in den Brennraum erfolgt, also bei DI-Dieselmotoren. Nicht umsonst wird diese Technik seit langem in Fahrzeugen des Transportgewerbes, d.h. in Lastkraftwagen allgemein, in Schiffen, aber auch in Schienenfahrzeugen eingesetzt. Auch im Privatkraftwagen haben die Dieselmotoren mit Direkteinspritzung seit vielen Jahren die Modelle mit Vor- oder Wirbelkammer vollständig verdrängt.

Lag gegen Ende des 20. Jahrhunderts der Schwerpunkt der Entwicklungsarbeit der Dieselmotoren mit Direkteinspritzung noch auf der Kultivierung dieses Motortyps, das heißt auf der Steigerung der Laufruhe und Kraftentfaltung, so liegt seit einigen Jahren der Fokus auf der Verbrauchsoptimierung. Diese Trendwende wurde durch steigende Kraftstoffpreise und nicht zuletzt durch die CO_2-Diskussion im Zusammenhang mit der globalen Erwärmung angeregt.

Die Notwendigkeit zur Verbrauchsreduzierung hat dazu geführt, dass das Konzept der Direkteinspritzung auch bei Ottomotoren aufgegriffen wurde. Damit lässt sich, bei globalem Luftüberschuss wie im Dieselmotor, die Kraftstoffmenge unabhängig von der Luftmenge regulieren, so dass die Drosselverluste wegfallen und damit der effektive Wirkungsgrad im Fahrzeugalltag steigt. Die zentrale Herausforderung dabei ist, an der Zündkerze unabhängig von unterschiedlichen Betriebsbedingungen zuverlässig ein zündfähiges Gemisch bereitzustellen. Dies kann wiederum sehr einfach durch Homogenbetrieb erreicht werden. Dabei wird der Ottokraftstoff sehr früh, im Ansaugtakt eingespritzt, so dass er bis zur Zündung vollständig verdampft und, ähnlich wie bei der seit vielen Jahren eingesetzten Saugrohreinspritzung, ein im gesamten Brennraum homogenes Kraftstoff/Luft-Gemisch vorliegt. Dabei geht jedoch das Einsparpotential durch die Entdrosselung, das heißt den Einsatz der vollen Luftmenge im Teillastbereich verloren. Zur Nutzung dieses Einsparpotentials muss der DI-Ottomotor schichtgeladen Betrieben werden. Dabei wird nur ein Teil des Brennraums tatsächlich für ein Kraftstoff/Luft-Gemisch verwendet, im anderen Teil herrscht ein Luftüberschuss. Der Kraftstoff muss also nach dem Verdampfen mit einem Teil der Ansaugluft gemischt werden, während der Rest des Brennraums möglichst kraftstofffrei bleibt. Dazu gibt es drei verschiedene Konzepte zur Ladungsschichtung: Wandgeführte, luftgeführte und strahlgeführte Brennverfahren. Bei wandgeführten Brennverfahren nutzt man aus, dass der Einspritzstrahl mit dem Kolben interagieren und so in die richtige Position gebracht werden kann. Der entscheidende Nachteil dabei ist, dass Kraftstoff auf die Kolbenoberfläche gelangt, was das Abmagerungspotential durch diesen Kraftstoffverlust reduziert und insgesamt zu erhöhten Rußemissionen führt. Die luftgeführten Brennverfahren umgehen diese Problematik, indem die Gemischwolke mit einem Luftpolster zur Zündkerze geführt wird. Es kann ebenfalls durch einen entsprechend geformten Kolbenboden bereitgestellt oder gelenkt werden. Dieses Brennverfahren kann allerdings nur in einem begrenzten Last- und Drehzahlbereich eingesetzt werden, da sowohl die Luftströmung als auch die Einspritzmenge als Variablen aufeinander abgestimmt sein müssen. Die Strahlgeführten Brennverfahren kommen dagegen im Prinzip auch ohne Ladungsbewegung aus. Außerdem besitzen sie das Potential für höchste Gradienten im Kraftstoff-/Luftgemisch, und bieten demnach das höchste Einsparpotential. Dabei wird durch hohe Einspritzdrücke in Verbindung mit geeigneten Spraygeometrien eine kompakte Kraftstoffwolke erzeugt, die weder die Kolbenoberfläche noch die Zylinderwände berührt. Aus dem global mageren Betrieb bei schichtgeladen DI-Ottomotoren ergibt sich allerdings, dass ein Drei-Wege-Katalysator die Stickoxide nicht mehr vollständig reduzieren kann. Sie müssen also gespeichert und später, bei homogenem Betrieb reduziert werden.

Eine weitere, fast revolutionäre Weiterentwicklung, die durch die Kraftstoffdirekteinspritzung denkbar geworden ist, ist die kontrollierte Selbstzündung eines nahezu homogenen, mageren Kraftstoff/Luft-Gemischs, die unter der Bezeichnung HCCI (Homogeneous Charge Compression Ignition) oder CAI (Controlled Auto Ignition) zusammengefasst werden kann. Dabei eignet sich HCCI / CAI grundsätzlich sowohl für den Einsatz in einem Otto- als auch in einem Dieselmotor, obwohl die Überlegungen, die zu dieser Technologie geführt haben, für beide Motorvarianten grundlegend verschieden sind:

Beim Dieselmotor kommt es zu Beginn der Einspritzung vor der Zündung zu einer Homogenisierung eines Teils des Kraftstoffs und der Verbrennungsluft. Wenn dieser dann zündet und schlagartig verbrennt führt dies zu hörbaren Temperatur- und Druckspitzen im Brennraum, dem sogenannten Nageln des Dieselmotors. Daher ist es das Bestreben der Mineralölindustrie den Zündverzug des Dieselkraftstoffs klein, und damit der Anteil an verdampftem und homogenisiertem Kraftstoff gering zu halten. Allerdings hat die Verbrennung dieses homogenen Anteils auch einen entscheidenden Vorteil: Sie erfolgt praktisch rußfrei. Die revolutionäre Idee ist nun, das Dieselöl deutlich vor der Kompression einzuspritzen, so dass sich, ähnlich wie im Ottomotor mit Kraftstoffdirekteinspritzung, ein vollkommen homogenes, mageres Gemisch bilden kann, dass dann durch die Kompressionswärme selbst zündet. Der Zündzeitpunkt kann dabei durch das nachträgliche Einspritzen einer Kleinstmenge Kraftstoff festgelegt werden, die die Zündwilligkeit durch lokales Anfetten steigert. Unmittelbar nach dem Zünden dieser Kleinstmenge zündet dann durch den Temperatur- und Druckanstieg das homogene, magere Gemisch an vielen Stellen im Brennraum gleichzeitig. Dabei sind allerdings enge Grenzen in Bezug auf die Motorlast einzuhalten: Einerseits muss genügend Kraftstoff eingesetzt werden, damit das homogene Gemisch überhaupt noch brennbar ist. Andererseits darf der Luftüberschuss nicht zu klein und damit die Brenngeschwindigkeit und letztlich die Motorlast nicht zu hoch sein, um die mechanische Belastung des Aggregats auf einem vertretbaren Wert zu halten.

Beim Ottomotor ließe sich der Wirkungsgrad im Teillastbereich steigern, wenn er, wie bei Volllast, die größtmögliche Luftmenge durchsetzen würde. Durch die zusätzliche Luft stiege der Kompressionsdruck und damit die Druckerhöhung durch die Verbrennung. Wenn dann entsprechend weniger Kraftstoff für eine gleichbleibende Motorlast eingesetzt wird, verbessert sich der Wirkungsgrad. Das Problem dabei ist, dass unter den beschriebenen Bedingungen ein mageres Kraftstoff/Luft-Gemisch vorliegt. Es lässt sich nur schwer durch die Zündkerze zünden und/oder die Flammenfront durchläuft den Brennraum zu langsam, um einen vollständigen Ausbrand zu gewährleisten. Eine Lösung dieses Problems beruht auf dem Prinzip des Klopfens des Ottomotors, da dabei die Geschwindigkeit des Kraftstoffumsatzes bekanntermaßen stark erhöht ist. Beim Klopfen zündet das noch nicht verbrannte Gemisch jenseits der durchlaufenden Flammenfront aufgrund der Druck- und Temperatursteigerung. Somit entsteht mindestens eine weitere Flammenfront, die auf die Ursprüngliche, durch den Zündfunken erzeugte Flammenfront zuläuft. Dabei kommt es zu schnell wechselnden Temperatur- und Druckgradienten, und beim Auftreffen auf die Zylinderwand oder den Zylinderkopf zu Materialzerstörung führen kann. Unter den homogenen, mageren Motorlastpunkten die das HCCI- oder CAI- Verfahren mit sich bringt, kann diese Selbstzündung im gesamten Brennraum nach der Initialzündung eingeleitet werden, ohne das die mechanische Belastung des Aggregats zu groß wird. Die Initialzündung kann in einem, durch Einspritzen einer Kleinstmenge Kraftstoff, fetten Bereich nahe der Zündkerze erfolgen.

1.2 Partikelemission

Durch die Einspritzung von Kraftstoff direkt in den Brennraum ergeben sich im direkten örtlichen Umfeld des Einspritzstrahls Bereiche, in denen die Verbrennungsluft als Unterschusskomponente vorliegt. In diesen Zonen wird der Kraftstoff bei den Verbrennungstemperaturen pyrolysiert, so dass zunächst polyzyklische, aromatische Kohlenwasserstoffe und schließlich Rußpartikel entstehen [BOC 94]. Mit einer solchen Betriebsweise übernimmt ein DI-Ottomotor nicht nur Vorteile des Dieselmotors, sondern mit der Rußbildung durch partielle Kraftstoffpyrolyse auch dessen entscheidenden Nachteil.

Die von modernen DI- Motoren emittierten Rußpartikel sind sehr klein (< 3 µm) und vor allem die kleinsten Partikel unter ihnen können tief in die Lunge eintreten. Aufgrund dieser Eigenschaft stehen sie seit Jahren im Verdacht, die Lunge zu schädigen und ein Auslöser für Allergien und Astmaanfälle zu sein [NEL 98], [DIA 05], [RIE 05]. Insbesondere bei Langzeit- Auswirkungen kann auch Krebs nicht ausgeschlossen werden [POP 04]. Erst kürzlich hat die International Agency for Research on Cancer, die Teil der Weltgesundheitsorganisation (WHO) ist, Dieselabgas als krebserregend für Menschen eingestuft, während Ottomotorabgas weiterhin nur als möglicherweise krebserregend für Menschen gilt [WHO 12]. Weiterhin wird seit Mitte der neunziger Jahre ein Zusammenhang zwischen Feinstaub und Herzkrankheiten vermutet, der zumindest für Nichtraucher statistisch belegt ist [POP 04], [PET 05]. Die schädigende Wirkung auf Herz und Lungen wurde darüber hinaus in Tierversuchen nachgewiesen [NEM 07].

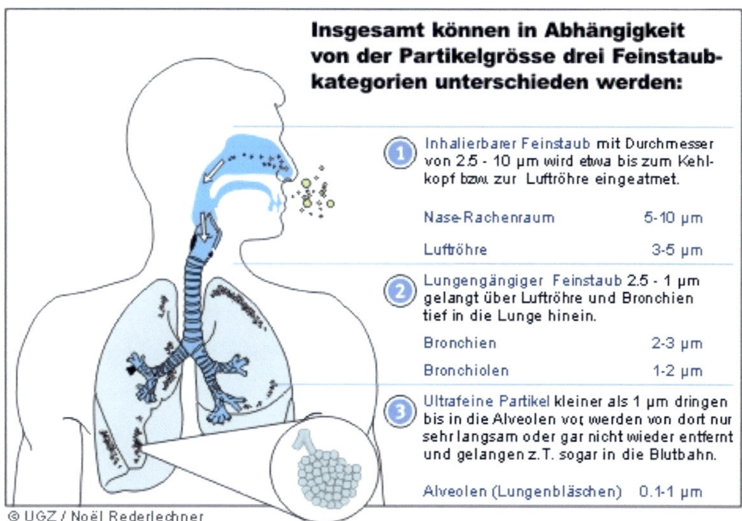

Abbildung 1-2: Eindringtiefe von Feinstaub verschiedener Größenbereiche in den menschlichen Atemtrakt [Quelle: Stadt Zürich, Gesundheits- und Umweltdepartment (UGZ)]

Dabei können Partikel der Größenordnungen von einigen bis vielen hundert Nanometern nur durch die Bildung von Rußagglomeraten, d.h. durch den Zusammenschluss von vielen, annähernd kugelförmigen Primärpartikeln erreicht werden. Die Primärpartikel an sich besitzen Durchmesser von unter 30 nm.

1.3 Ziele dieser Arbeit

Das Ziel dieser Arbeit ist die Untersuchung der Rußbildung und -oxidation im Brennraum von Motoren mit Direkteinspritzung mit Hilfe der RAYLIX- Technik. Dabei handelt es sich um eine bildgebende, zweidimensionale, laserbasierte Messtechnik [GEI 98], [SUN 99], [JUN 02], [HEN 06]. Sie basiert auf der nahezu gleichzeitigen Detektion der Rayleigh- Streuung der Rußteilchen, der Extinktion der Rußwolke und der laserinduzierten Inkandeszenz (LII), also dem thermischen Leuchten der durch den Laser aufgeheizten Rußpartikel. Durch die Kombination dieser drei Messtechniken lässt sich nicht nur eine quantitative Aussage über die Rußkonzentration, sondern auch über den mittleren Partikelradius und die Teilchenzahldichte machen. Da die RAYLIX- Technik bisher nur in Flammen mit sorgfältig kontrollierten Stoffströmen [BOC 02], [HEN 05] bzw. im Abgasstrom eines Dieselmotors [STU 04], [STU 05], eingesetzt wurde, besteht ein nicht uner-heblicher Anteil dieser Arbeit in der Anpassung der Messtechnik an die Bedingungen im Brennraum eines DI- Motors. Außerdem fanden die bisherigen Untersuchungen entwe-der an atmosphärischen Flammen oder in Brennkammern unter Drücken nahe dem At-mosphärendruck (0,1 - 2,5 bar) statt. Zur Anpassung der RAYLIX- Messtechnik zählen sowohl Änderungen im experimentellen Aufbau mit dem Ziel einen kompakten Aufbau mit so wenigen Spiegeln wie möglich zu erreichen als auch in der zeitlichen Steuerung um die Synchronisation von Laser, Motor und Kameras sicherzustellen. Nicht zuletzt muss auch die Genauigkeit der RAYLIX- Technik unter diesen erschwerten Bedingungen wie z.B. der Eigenbewegung des Motors, den Reflexionen an den Zylinderwänden und der hohen Absorptionsrate überprüft und quantifiziert werden.

Zunächst musste die Anwendbarkeit der RAYLIX- Messtechnik im Brennraum von Ver-brennungsmotoren untersucht werden. Dabei lag der Schwerpunkt im Wesentlichen auf zwei Herausforderungen: 1) Die Eigenschaften der Flamme in Verbrennungsmotoren unterscheiden sich grundlegend von denen einer turbulenten Flamme unter den kontrol-lierten Bedingungen eines Laboraufbaus. Ein solcher Aufbau kann zwar an verschiedene technische Verbrennungsprozesse wie zum Beispiel Gasbrenner oder Gasturbinen ange-passt werden, eignet sich jedoch nicht um die Verbrennung in Verbrennungsmotoren darzustellen. Zum einen ist die Flamme in Verbrennungsmotoren weder zeitlich stabil noch wird sie durch geschickte Spülgasführung örtlich stabilisiert, zum anderen wird sie von einem im Normalzustand flüssigen Brennstoff gespeist, der unter Umständen noch teilweise in kleinen Tröpfchen vorliegt und einen nicht unerheblichen Beitrag zur Licht-streuung beitragen kann. Weiterhin können Reaktionsprodukte, allen voran Wasser, nach Erlöschen der Flamme in der geschlossenen Umgebung der Brennkammer auskondensie-ren und so weitere Flüssigkeitströpfchen, das heißt Streuzentren, bilden. Der Umge-bungsdruck der Flamme ist sehr hoch (bis zu 60 bar) und in hohem Maße transient. Da-durch ist die Flamme sehr kompakt und dicht, das heißt sie hat einen hohen Rußvolu-menbruch, und die eingebrachte Energie für die laserinduzierte Inkandeszenz wird ent-sprechend schnell aus dem Messvolumen herausgeleitet, wodurch das LII- Signal nur für kurze Zeit zur Verfügung steht [BOU 06], [CHW 11.1], [CHW 11.2]. 2) Der Versuchs-aufbau ist weitaus weniger gut zugänglich als bei einem Laboraufbau mit einem Brenner mit oder ohne Brennkammer. Die optischen Zugänge für einen bestehenden Motor müs-sen zunächst geplant und angelegt werden, ohne dessen Funktionsfähigkeit zu beeinträch-tigen. Diese Aufgabe wird dadurch erschwert, dass sich der Motor in einem Prüfstand befindet, der die Versorgung mit Kraftstoff, Luft, Öl und Kühlwasser auf definierten

Temperaturen übernimmt. Oft bleibt nur wenig Raum für den optischen Aufbau sowohl für die Bereitstellung des Laserbandes (Linsen, Spiegel etc.) als auch für die Detektionstechnik (Kameras, Filter etc.). Weiterhin erzeugt ein laufender Verbrennungsmotor Vibrationen, die zwar bestmöglich gedämpft werden, aber dennoch zu stark für den ursprünglichen optischen Aufbau sind. Die Entkoppelung von Motor und optischem Aufbau kann zwar durch die Verwendung von separaten Tischen bzw. Gestellen annähernd sichergestellt werden, allerdings ist dann die Position des Motors relativ zum optischen Aufbau vibrationsbedingt zeitlich nicht mehr konstant. Zudem ist der Brennraum eines Motors, verglichen mit z.B. einer Unterdruckbrennkammer, sehr klein. Die Flammen können ihn praktisch vollständig ausfüllen, was mit entsprechend starken Reflexionen an den metallisch blanken Zylinderwänden einhergeht.

Die oben genannten Herausforderungen lassen sich in einem kontinuierlich arbeitenden Versuchsmotor nur sehr eingeschränkt kontrollieren oder gar beseitigen. Daher lag es nahe, die RAYLIX- Messtechnik zunächst unter lediglich motornahen Einsatzbedingungen zu testen. Zu diesem Zweck werden sogenannte Einhubtriebwerke eingesetzt. Sie bilden den Kompressions- und den Arbeitshub eines Vollmotors diskontinuierlich, das heißt bei jeder Nutzung nur ein Mal, nach. Dies hat den Vorteil, dass sie praktisch ölfrei und untemperiert, also ohne Kühlwasser, betrieben werden können. Das hier als erstes verwendete Einhubtriebwerk ist für die Untersuchung der dieselmotorischen Verbrennung konzipiert. Für die RAYLIX- Technik bietet es sich an, da der gesamte Brennraumquerschnitt durch den gläsernen Brennraumkopf beobachtet werden kann.

Nachdem gezeigt wurde, dass die RAYLIX- Technik mit akzeptablen Einschränkungen der Genauigkeit unter motornahen Bedingungen durchgeführt werden kann, wurden weitere Untersuchungen an einem Einzylinder- Ottomotor mit Benzindirekteinspritzung durchgeführt. Wesentlicher Grund für den Wechsel auf einen kontinuierlich arbeitenden Motor war die bessere Steuerbarkeit des Messzeitpunkts. Er ist bei der Untersuchung der innermotorischen Verbrennung stark begrenzt: Einerseits kann erst nach dem vollständigen Verdampfen des Kraftstoffsprays gemessen werden, da noch nicht verdampfte Kraftstofftröpfchen das Laserlicht um einige Größenordnungen stärker streuen (Mie-Streuung) als Rußpartikel (Rayleigh- Streuung). Außerdem ist damit der Zündzeitpunkt eindeutig festgelegt und nicht vom Zündverzug abhängig. Letzterer wird beim Dieselmotor von der Verdichtungsendtemperatur und Qualität des Spraybilds beeinflusst und ist beim zuerst untersuchten Einhubtriebwerk starken Schwankungen unterworfen.

Die Ergebnisse aus den Untersuchungen am Einzylinder- Ottomotor mit Benzindirekteinspritzung zeigten jedoch einen entscheidenden Nachteil dieses Versuchsträgers überdeutlich auf: Aufgrund der auf relativ späte Zeitpunkte im Motorzyklus beschränkten optischen Zugänglichkeit konnte die Rußbildung nicht zu Zeitpunkten kurz nach der Zündung bzw. nach Durchlaufen der Flammenfront untersucht werden. Für derartige Untersuchungen bedarf es eines Versuchsträgers der bis ins Brennraumdach, d.h. auch im oberen Totpunkt, optisch zugänglich ist. Diese Bedingung lässt sich hervorragend an einem Einhubtriebwerk realisieren: Der bei einem Ottomotor im Allgemeinen dachförmige Brennraumkopf kann mit einem Schnitt für das Laserband versehen werden ohne an den Kanten des Schnitts Probleme bei der Ableitung der vom Metall teilweise aufgenommenen Verbrennungswärme zu bekommen. Das für diese Untersuchungen gewählte Einhubtriebwerk bildet die fremdgezündete Verbrennung in einem Ottomotor nach und bietet außerdem die Möglichkeit im Vorfeld verschiedene Arten von Turbulenzen zu erzeugen, so dass unter anderem die Rotationsströmung (Tumble), die im Motor durch die dezentrale Anordnung der Einlassventile erzeugt wird, nachgebildet werden kann.

Zuletzt wurde ein Einzylinder- Dieselmotor mit der RAYLIX- Technik untersucht. Auch dieser Versuchsträger basiert auf einem serienmäßigen DI-Dieselmotor, allerdings für Nutzfahrzeuge. Die Ergebnisse am Einhubtriebwerk zur dieselmotorischen Verbrennung haben sehr hohe Rußkonzentrationen und damit ein hohes Potential für starke LII- und Rayleigh- Streulichtsignale gezeigt. Aus diesem Grund wurde erstmals versucht die RAYLIX- Technik durch ein Endoskop einzusetzen und somit, mit den optischen Zugängen, weniger stark in die Brennraumgeometrie einzugreifen. Außerdem sollte bestätigt werden, dass die an allen vorherigen Versuchsträgern aufgetretenen starken Schwankungen in der Rußbildung und Oxidation von Motorzyklus zu Motorzyklus in einem seriennahen Dieselmotor weitaus schwächer sind.

In einem weiteren Kapitel wurde die Rußbildung in DI-Dieselmotoren mit numerischen Methoden untersucht. Das genutzte Programm ERNEST (Extended reactor network structures) des Engler-Bunte-Instituts, Bereich Verbrennungstechnik macht die sukzessive Berechnung verschiedener, in einem Netzwerk angeordneter einfacher Reaktoren möglich. Basis ist das CHEMKIN II Programmpaket der Sandia National Laboratories. Dazu wurde ein einfaches Modell aufgestellt, das keine räumlichen Informationen beinhaltet und bei dem die diffusionskontrollierte Verbrennung auf der Wärmeübertragung auf ein durchschnittliches Kraftstofftröpfchen und dessen Verdampfung und der Diffusion von Luft in gasförmigen Brennstoff basiert. Die Randbedingungen dazu stammen aus den im Rahmen dieser Arbeit experimentell gewonnenen Ergebnissen.

2 Grundlagen der Rußentstehung und Oxidation

Die Bildung von Rußpartikeln in kohlenwasserstoffgespeisten Flammen ist ein komplexer chemischer und physikalischer Vorgang, der auf einer sehr großen Zahl von chemischen Reaktionen, einem wechselseitigen Stofftransport und makroskopischer sowie mikroskopischer Strömungsmechanik beruht. Er kann als Stoffübergang von der Gasphase in eine feste Phase angesehen werden, wobei die Oberfläche des Feststoffs weder eine definierte noch eine einheitliche chemische und physikalische Struktur besitzt. Obwohl die genaue Kinetik der Reaktionsmechanismen, die zur Rußbildung führen in manchen Details bis heute nicht verstanden sind [BOC 94], [BOC 09], gibt es weitestgehend Einigkeit darüber, dass sie in mehrere Phasen eingeteilt werden kann. Dies ist zunächst die Bildung von Rußvorläufern wie z.B. Ethin, Benzol oder kurzkettigen, ungesättigten Radikalen, dann die Bildung und das Wachstum von polyzyklischen, aromatischen Kohlenwasserstoffen und schließlich die Rußkeim- und Primärpartikelbildung, das Oberflächenwachstum und die Alterung und Agglomeration der Rußpartikel. Allen diesen Schritten ist die Oxidation überlagert, die auftritt, sobald Rußpartikel oder Rußvorläufer mit ausreichend hoher Temperatur in eine Zone mit O_2- Überschuss bzw. ausreichend hoher OH- Konzentration eintreten.

2.1 Chemische und physikalische Vorgänge

Zunächst muss der Begriff Rußvorläufer genauer definiert werden. Im Folgenden kann er sich einerseits auf einfache, stabile Kohlenwasserstoffverbindungen wie Ethin, Benzol und seine Derivate oder auch aliphatische Verbindungen und andererseits auf reaktive Spezies, wie Molekülbruchstücke, also Radikale wie $\cdot CH_3$, $\cdot CH_2{-}C{\equiv}CH$, $\cdot C{\equiv}C\text{-}CH{=}CH_2$ oder $\cdot CH{=}CH\text{-}CH{=}CH_2$ beziehen. Bei Verwendung von Brennstoffen, die allein aus n-Paraffinen, i-Paraffinen und cyclo-Paraffinen zusammengesetzt sind, ist die Bildung der ersten aromatischen Verbindungen, allen voran Benzol, besonders wichtig. Unter den hohen Temperaturen in der Flamme werden die Brennstoffmoleküle bei Sauerstoffmangel in Radikale aufgespalten. Diese spalten, z.B. durch β-Abstraktion, also den Bruch der zweitnähesten C-C Bindung bezogen auf die Radikalposition, kleine, ungesättigte Verbindungen wie kleine Alkene und Alkine und deren Radikale ab. Dadurch werden die ursprünglichen Brennstoffbruchstücke nicht nur sukzessive kurzkettiger, sondern durch Wasserstoff-Abstraktion auch zunehmend ungesättigter, so dass schließlich die oben erwähnten, reaktiven Spezies in vergleichsweise hoher Konzentration vorliegen. Diese

Fragmentierungen und gegebenenfalls Isomerisierungen der Radikale sind ausnahmslos unimolekulare Reaktionen, die gut verstanden sind und mit einer Arrhenius- Kinetik beschrieben werden können.

Der dominante Reaktionspfad zur Bildung von Benzol oder dem Phenyl-Radikal ist die Addition von zwei $\cdot C_3H_3$ Radikalen. Außerdem tragen i-$\cdot C_4H_3$ und i-$\cdot C_4H_5$ zusammen mit Ethin (C_2H_2) zur Bildung von Benzol bzw. ersten aromatischen Verbindungen bei [BOC 09]. Der exakte Reaktionsmechanismus, nach dem aus zwei $\cdot C_3H_3$ Radikalen Benzol entstehen könnte, war lange Gegenstand experimenteller und quantenchemischer Untersuchungen. Unstrittig ist, das dieses Radikal resonanzstabilisiert ist: $\cdot CH_2{-}C{\equiv}CH \leftrightarrow \cdot CH{=}C{=}CH_2$, wobei die erste Struktur aufgrund der höheren Elektronendichte am radikaltragenden Kohlenstoffatom begünstigt sein sollte. Die Kombination von zwei $\cdot C_3H_3$-Einheiten liefert, je nachdem welche Kombination aus dem Prop-1-in-3-yl und dem Propa-1,2-dienyl Radikal zugrunde gelegt werden, drei mögliche Zwischenprodukte:

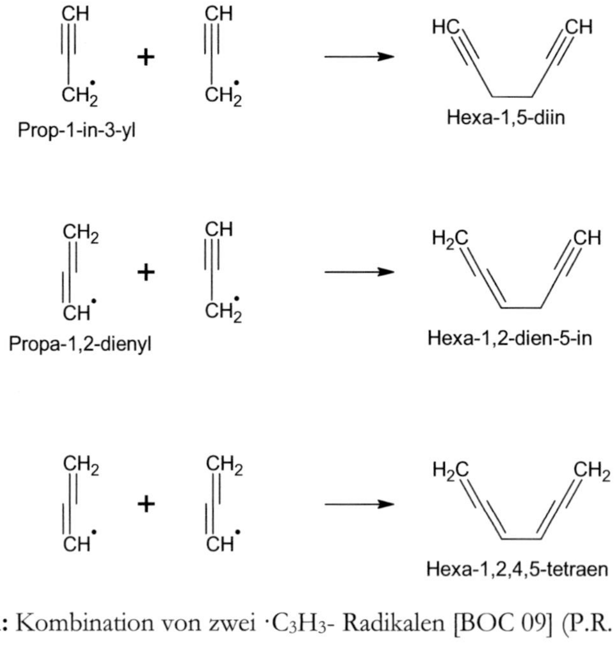

Prop-1-in-3-yl → Hexa-1,5-diin

Propa-1,2-dienyl → Hexa-1,2-dien-5-in

→ Hexa-1,2,4,5-tetraen

Abbildung 2-1: Kombination von zwei $\cdot C_3H_3$- Radikalen [BOC 09] (P.R. Westmoreland, Seite 41)

Bei der Pyrolyse von Hexa-1,5-diin, Hexa-1,2-dien-5-in und Hexa-1,2,4,5-tetraen entstehen Dimethylencyclobuten (DMCB), Fulven und Benzol. Somit konnten DMCB und

Fulven als weitere wichtige Zwischenprodukte auf dem Weg zum Benzol bestätigt werden.

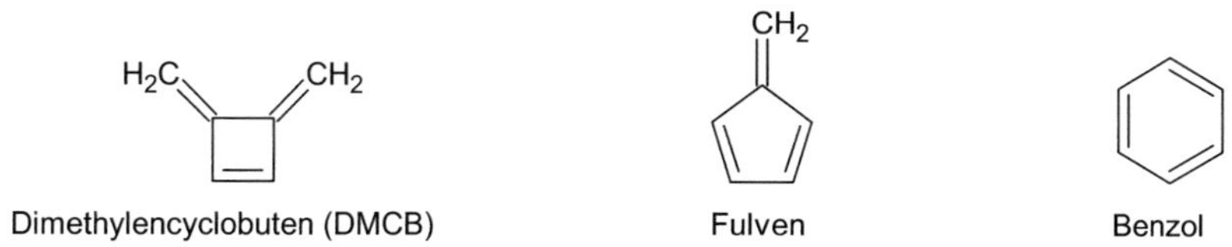

H₂C — CH₂ (Dimethylencyclobuten)   CH₂ / Fulven   Benzol

Dimethylencyclobuten (DMCB)   Fulven   Benzol

Abbildung 2-2: Pyrolyseprodukte der Verbindungen aus Abbildung 2-1 [HEN 72], [BOC 09] (P.R. Westmoreland, S. 41)

Polyzyklische aromatische Kohlenwasserstoffe (PAHs) werden durch weitere Addition der bereits oben genannten reaktiven Spezies an die ersten aromatischen Verbindungen gebildet. Da dieser Prozess mit dem Entfernen von Wasserstoff und dem anschließenden Anfügen von kurzkettigen Kohlenwasserstoffradikalen verbunden ist, wird er nach Frenklach und Wang [FRE 94], [KEL 99], [BOC 04] HACA-Mechanismus (Hydrogen Abstraction Carbon Addition bzw. Hydrogen Abstraction C_2H_2 Addition) genannt. Es können sich aber auch Benzolringe über einen Radikalmechanismus direkt zusammenschließen. Insbesondere wenn im eingesetzten Brennstoff Aromaten vorhandenen sind, ihre Konzentration während der Verbrennung also hoch ist, geht man heute davon aus, dass sie nicht zwangsläufig in kleinere Bruchstücke zerfallen, sondern auch direkt an der Bildung und dem Wachstum der PAHs teilnehmen [MCE 06] [MER 09].

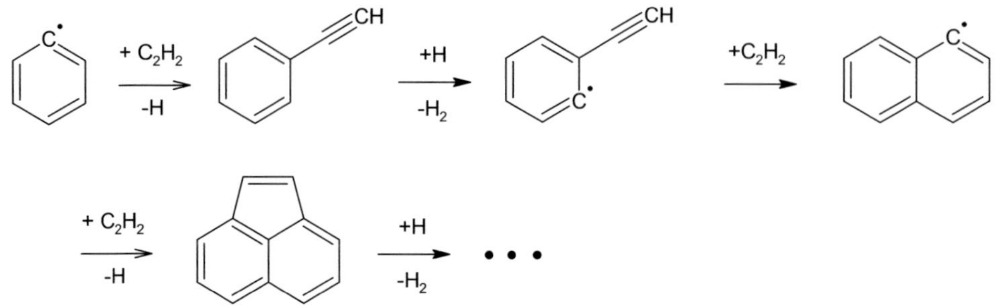

a) H - Abspaltung und C_2H_2 - Anlagerung

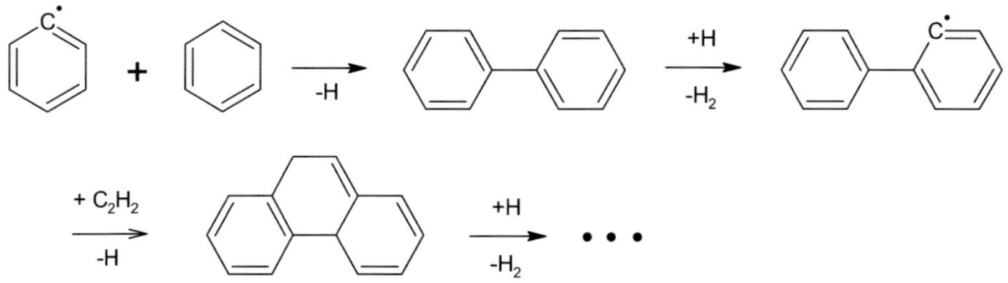

b) Ringzusammenschluss

Abbildung 2-3: PAH- Wachstum nach dem HACA- Mechanismus [BOC 94], [MER 09]

Auch wenn die polyzyklischen aromatischen Kohlenwasserstoffe eine Größe bis zu wenigen Nanometern in einzelnen Raumrichtungen erreichen können, ist ihre Struktur praktisch zweidimensional, da die Addition von Kohlenwasserstofffragmenten nach dem HACA- Mechanismus in einer Ebene stattfindet. Der entscheidende Punkt, ab dem man von Rußkeimen spricht, ist erreicht, wenn die PAHs ein räumliches Gebilde darstellen. Ein solches kann z.B. durch die Kollision von zwei PAH Molekülen entstehen. Die beiden Moleküle werden zunächst durch Van-der-Waals-Kräfte zusammengehalten, nachfolgend können sie jedoch durch aliphatische Brücken, die aus Seitenketten entstehen, verknüpft werden. Die so gebildeten Rußkerne besitzen Durchmesser von wenigen Nanometern und werden auch als PNP (precursor nanoparticles) oder NOC (nano organic carbon) bezeichnet [BOC 09]. Auf den Rußkernen findet im Weiteren ein Oberflächenwachstum statt, wobei die Gasphase als Kohlenstoffquelle dient. Dabei spielt Ethin als Rußvorläufer und der HACA- Mechanismus die entscheidende Rolle. Außerdem können polyzyklische aromatische Kohlenwasserstoffe an der Oberfläche auskondensieren und über den HACA- Mechanismus Brücken zu den Rußkeimen ausbilden.

Solange die Partikel klein sind, das heißt solange es noch Rußkerne sind, führt eine Kollision zu einer Koagulation, d.h. zwei kollidierende, näherungsweise sphärische Partikel bilden ein größeres, ebenfalls annähernd sphärisches Partikel. Dobbins gibt ein Größenintervall von 3 – 15 nm für PNP an, D'Alessio gibt für NOC ein Größenintervall von 1 – 5 nm und für Ruß Eines von 10 – 100 nm an [BOC 09]. Dies macht deutlich, dass der Übergang vom Rußkeim zum Rußpartikel fließend ist. Unstrittig durch TEM/REM Aufnahmen belegt ist, dass Ruß in der Größenordnung von 100 nm nicht mehr aus sphärischen Partikeln besteht. Vielmehr setzt er sich aus verzweigten Ketten von locker verknüpften, annähernd kugelförmigen Partikeln mit einem Durchmesser von 15 – 35 nm zusammen. Die zuletzt genannten, kugelförmigen Partikel, werden daher auch (Ruß-) Primärpartikel genannt. Offensichtlich ist, nachdem die Rußkerne auf die typische Größenordnung der Primärpartikel angewachsen sind, der Punkt erreicht, an dem sie bei einer Kollision untereinander nicht mehr koagulieren, sondern zu den besagten Ketten agglomerieren. Mögliche Ursachen hierfür können das zunehmende C/H- Verhältnis, abnehmende Kollisionsgeschwindigkeiten oder zunehmende Festigkeit durch Brückenbildung der größer werdenden Partikel sein. Außerdem sind äußere Effekte, wie eine abnehmende Temperatur nicht auszuschließen, da vor allem in stationären Flammen die Partikel mit dem aufsteigendem Gasstrom aus der heißen Reaktionszone transportiert werden.

2.2 Modellierung der Rußbildung und Oxidation

Die Modellierung der Rußbildung und -oxidation stellt insbesondere unter motorischen Bedingungen eine große Herausforderung dar. Dies liegt daran, dass die bei der diffusionskontrollierten Verbrennung entstehende Rußmenge von der sich lokal ändernden Stöchiometrie zwischen Brennstoff und Luft und der ebenfalls lokal veränderlichen Temperatur abhängt. Die Temperaturabhängigkeit des Rußertrags ist in der folgenden Abbildung dargestellt:

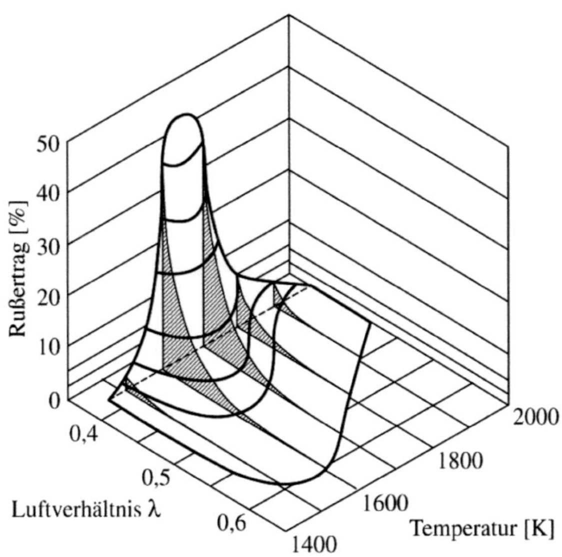

Abbildung 2-4: Rußertrag in Abhängigkeit von Luftzahl und Temperatur [BÖH 88], [PIS 88], [MER 09]

Temperatur und Stöchiometrie sind für die innermotorische Verbrennung in der benötigten Genauigkeit nur integriert über den gesamten Brennraum zum Beispiel durch eine Druckverlaufanalyse bestimmbar. Je nach verwendetem Modell zur Druckverlaufanalyse werden dabei zwar verschiedene Zonen, zum Beispiel verbrannte und unverbrannte Zone unterschieden, aber es liegt keine Information über die räumliche Lage dieser Zonen vor. Außerdem ist der Übergang von einer Zone in eine andere Zone immer mit einer sprunghaften Änderung der Temperatur und der Zusammensetzung verbunden.

Der Einfluss der Temperatur ist an sich bereits schwer zu beschreiben, da mit steigender Temperatur sowohl die Pyrolyse von Kraftstoff, d.h. die Rußbildung, als auch die Rußoxidation beschleunigt wird. Einfache, jedoch auch heute noch eingesetzte Modelle basieren auf jeweils einer Gleichung für die Rußbildung und für die Rußoxidation; die Netto-Änderung der Rußmasse ergibt sich dabei aus der Differenz der beiden Teilergebnisse. Allgemein wird in Ottomotoren mit Ladungsschichtung und Dieselmotoren zu Beginn der Verbrennung relativ viel Ruß gebildet, der im Anschluss in der Haupt- und Nachverbrennung größtenteils wieder oxidiert wird. Nur etwa 1 bis 10 % der maximal gebildeten Rußmenge wird mit dem Abgas emittiert [MER 09]. Dies macht einen wesentlichen Teil der Problematik bei der Modellierung der Rußbildung in Verbrennungsmotoren aus: Selbst wenn Modelle für die Rußbildung und -oxidation mit jeweils geringen Fehlergrenzen herangezogen werden, kann in der Kombination ein sehr großer Fehler in der absoluten emittierten Rußmenge resultieren [STI 03].

Das hier verwendete Modell zur numerischen Simulation der Rußbildung basiert auf den komplexen chemisch-kinetischen Mechanismen nach Appel [APP 99], die in das Chemkin II Programmpaket der Sandia National Laboratories zur Beschreibung der Reaktionskinetik in der Gasphase eingesetzt werden. Die numerische Simulation wird bei zusätzlicher Verwendung von Feldmodellen z.B. für die ortsaufgelöste Strömung oder Zusammensetzung aus ökonomischen Gründen nahezu unmöglich. Im numerischen Teil dieser Arbeit wurde sich deshalb auf idealisierte Subsysteme beschränkt, in denen weder Strömungen noch Temperaturgradienten vorliegen sollen. Die quantitative Beschreibung des Umsatzes in diesen Subsystemen kann dann durch idealisierte Reaktoren angenähert werden. Dies ist für die Simulation der Rußbildung im Brennraum von Motoren mit Direkteinspritzung auch deshalb eine praktikable Vorgehensweise, weil ortsaufgelöste Informationen über die Gemischzusammensetzung während der Verbrennung nicht bestimmt werden können. Diese Näherung ist für sehr kleine Volumenelemente im Brennraum hinreichend gut erfüllt. Bei Bedarf können mehrere dieser Reaktoren zu einem Netzwerk verschachtelt werden; in dieser Arbeit wurde der Brennraum durch ideale Strömungsrohre, Mischer und Ein-/Ausgangsmodule angenähert. Der zeitliche Verlauf von Temperatur und Druck, der in Verbrennungsmotoren auftritt, wurde als Randbedingung für die Simulation vorgegeben.

Im Folgenden wird ein mathematisches Modell zur numerischen Berechnung der Rußentstehung und -oxidation nach der Momentenmethode erläutert. Es ist die theoretische Grundlage zur Simulation der rußenden Verbrennung und wurde bereits in ähnlicher Weise von Appel [APP 99] und Charwath [CHW 11.2] beschrieben.

Die Entstehung von Ruß bei der Verbrennung kann, nach dem HACA- Mechanismus als Polymerisationsprozess von C_2-Einheiten an die PAH-Oberfläche verstanden werden. Die Größe des so gebildeten PAH- oder Rußteilchens korreliert daher mit der Anzahl der monomeren C_2-Einheiten die dieses Teilchen ausmachen. Die Dynamik der Anzahldichten N_i der Partikel, die aus i monomeren Einheiten bestehen, lässt sich für den laminaren, stationären Strömungszustand in Form der folgenden Erhaltungsgleichungen formulieren [MAU 94], [MAU 95]:

$$\varrho u \frac{\partial \left(\dfrac{N_i}{\varrho} \right)}{\partial y} = \frac{\partial}{\partial y} \left(\varrho D_i \frac{\partial \left(\dfrac{N_i}{\varrho} \right)}{\partial y} \right) + \frac{\partial}{\partial y} \left(0{,}55 \nu \frac{1}{T} \frac{\partial T}{\partial y} N_i \right) + S(N_i) \qquad (2.1)$$

Darin beschreibt der Term auf der linken Seite den konvektiven Stofftransport, der erste Term auf der rechten Seite die Partikeldiffusion, der zweite Term auf der rechten Seite die Thermophorese und der dritte Term auf der rechten Seite fasst die physikalischen und chemischen Quellterme zusammen. Dabei ist u die Strömungsgeschwindigkeit in y-Richtung und ϱ die Dichte. D_i ist der Diffusionskoeffizient der Teilchen mit i Monomeren. Er ist proportional zu d^{-2}, wobei d der Partikeldurchmesser ist. Die Größe eines Partikels V_i ist das Produkt aus der Größe einer monomeren C_2-Einheit und der Anzahl der Monomere i im Partikel. Demnach kann der Diffusionskoeffizient D_i folgendermaßen definiert werden:

$$D_i = i^{-\frac{2}{3}} \cdot D_1 \qquad (2.2)$$

Daraus ergibt sich, dass mit zunehmender Partikelgröße der Diffusionskoeffizient immer geringer und damit der konvektive Stofftransport gegenüber der Partikeldiffusion immer bedeutender wird. Die Thermophorese ist der Vorgang, bei dem Teilchen aufgrund eines Temperaturgradienten in die kälteren Zonen der Flamme transportiert werden. Die treibende Kraft für die Thermophorese ist die Temperaturabhängigkeit der mittleren Molekülgeschwindigkeiten von Gasen. Dies führt bei Stößen von Gasteilchen mit Rußteilchen statistisch zu einem stärkeren Impuls von der Seite höherer Temperatur, wodurch die Rußteilchen in Richtung niedrigerer Temperatur transportiert werden. Sie ist allerdings nur bei hohen Temperaturgradienten von Bedeutung. Zur vollständigen Beschreibung der Dynamik einer Partikelgrößenverteilung muss Gleichung (2.1) für eine unendliche oder zumindest eine sehr große Anzahl an Größenklassen i gelöst werden, was selbst mit heutigen Rechnersystemen nicht zu schaffen ist. Aus diesem Grund werden anstatt der Rußteilchengrößenverteilung die statistischen Momente $M_r^{Ruß}$ der Verteilung berechnet. Das r-te Moment der Rußteilchengrößenverteilung ist dabei wie folgt definiert:

$$M_r^{Ruß} = \sum_{i=1}^{\infty} i^r \cdot N_i \qquad (2.3)$$

Dabei haben das nullte Moment M_0 und das erste Moment M_1 eine anschauliche Bedeutung: Das nullte Moment entspricht der Teilchenzahl, das erste Moment entspricht der Anzahl der C_2-Masseneinheiten und ist damit proportional zum Rußvolumen.

$$M_0^{Ruß} = \sum_{i=1}^{\infty} N_i = N_T = \text{Teilchenzahl} \tag{2.4}$$

$$M_1^{Ruß} = \sum_{i=1}^{\infty} i \cdot N_i = \text{Gesamtzahl Masseneinheiten} \sim \text{Rußvolumen} \tag{2.5}$$

Aus den Gleichungen (2.1) und (2.3) lassen sich die Bilanzgleichungen der Momente $M_r^{Ruß}$ herleiten.

$$\varrho u \frac{\partial \left(\dfrac{M_r^{Ruß}}{\varrho} \right)}{\partial y} = \frac{\partial}{\partial y} \left(\varrho D_i \frac{\dfrac{\partial M_{(r-2/3)}^{Ruß}}{\varrho}}{\partial y} \right) + \frac{\partial}{\partial y} \left(0{,}55\nu \frac{1}{T} \frac{\partial T}{\partial y} M_r^{Ruß} \right) + S\!\left(M_r^{Ruß} \right) \tag{2.6}$$

Für die Quellterme $S(M_r^{Ruß})$ gilt:

$$S\!\left(M_r^{Ruß} \right) = S_r^{PB} + S_r^{PAH} + S_r^{KOAG} + S_r^{OW} + S_r^{OX} \tag{2.7}$$

Dabei stehen die Indizes PB für Partikelbildung, PAH für das Wachstum von Partikeln aufgrund von PAH- Anlagerung, KOAG für die Partikelkoagulation, OW für das Oberflächenwachstum und OX für die Oxidation. Auf die einzelnen Quellterme wird im Folgenden näher eingegangen.

Partikelbildung, PAH-Anlagerung, Partikelkoagulation

Bei der mathematischen Behandlung der Partikelbildung, der PAH-Anlagerung und der Partikelkoagulation wird auf ein und dieselbe Gleichung zurückgegriffen, da alle drei Vorgänge auf der gleichen Dynamik beruhen. Dabei ist die Partikelbildung die Zusammenlagerung von zwei PAH- Molekülen, die PAH-Anlagerung die Anlagerung von PAHs an Rußteilchen und die Koagulation die Kollision von Partikeln unter Bildung von Teilchen, die die gesamte Masse beider Stoßpartner in sich vereinen. All diese Kollisionsvorgänge können mit den Smoluchowskischen Koagulationsgleichungen [SMO 17] beschrieben werden:

$$S_r^{PB} = \frac{1}{2}\sum_{j=1}^{i-j}\beta_{j,i-j}\cdot N_j^{PAH}\cdot N_{i-j}^{PAH} - \sum_{j=1}^{\infty}\beta_{i,j}\cdot N_i^{PAH}\cdot N_j^{PAH}$$

$$S_r^{PAH} = \frac{1}{2}\sum_{j=1}^{i-j}\beta_{j,i-j}\cdot N_j^{PAH}\cdot N_{i-j}^{Partikel} - \sum_{j=1}^{\infty}\beta_{i,j}\cdot N_i^{PAH}\cdot N_j^{Partikel} \tag{2.8}$$

$$S_r^{KOAG} = \frac{1}{2}\sum_{j=1}^{i-j}\beta_{j,i-j}\cdot N_j^{Partikel}\cdot N_{i-j}^{Partikel} - \sum_{j=1}^{\infty}\beta_{i,j}\cdot N_i^{Partikel}\cdot N_j^{Partikel}$$

Hierbei sind N_i und N_j die Anzahldichte eines PAHs oder Partikels der Größenklasse i oder j und $\beta_{i,j}$ stellt einen größenabhängigen Stoßfaktor dar. Der jeweils linke Term beschreibt die Teilchenbildung, der jeweils rechte Term den Teilchenverbrauch. Für den Fall der Brownschen Molekularbewegung kann $\beta_{i,j}$ folgendermaßen formuliert werden [APP 99], [CHW 11.2]:

$$\beta_{i,j} = 2{,}2\left(\frac{3m_1}{4\pi\varrho_s}\right)^{\frac{1}{6}}\cdot\left(\frac{6k_B T}{\varrho_s}\right)^{\frac{1}{2}}\cdot\sqrt{\frac{1}{i}+\frac{1}{j}}\cdot\left(i^{\frac{1}{3}}+j^{\frac{1}{3}}\right)^2 \tag{2.9}$$

Dabei ist ϱ_s die Dichte von Ruß, m_1 die Masse einer monomeren C_2-Einheit, k_B die Bolzmann-Konstante und T die Temperatur. Die Umrechnung der einzelnen Quellterme in die Momentenformulierung erfolgt über Multiplikation von Gleichung (2.8) mit i^r und anschließender Summenbildung über alle i. Damit können, hier am Beispiel der Partikelkoagulation, unter der Annahme, dass der Stoßfaktor β größenunabhängig ist, die Quellterme $S_{KOAG}(M_r^{Ruß})$ wie folgt angegeben werden [APP 99], [CHW 11.2]:

$$S_{KOAG}\left(M_0^{Ruß}\right) = -\frac{1}{2}\beta\left(M_0^{Ruß}\right)^2 \tag{2.10}$$

$$S_{KOAG}\left(M_1^{Ruß}\right) = 0 \tag{2.11}$$

Die Geschwindigkeit der Abnahme der Anzahldichte durch Koagulation ist also proportional zum Quadrat der Anzahldichte. Hohe Anzahldichten führen zu großen Koagulationsgeschwindigkeiten. Zur Änderung des Rußvolumenbruchs trägt die Koagulation dagegen evidenterweise nichts bei (2.11), das heißt auch die gesamte Rußmasse bleibt durch die Koagulation unverändert.

Oberflächenwachstum und Oxidation

Die folgenden Reaktionen wurden von Mauß [MAU 94] zur Beschreibung der Oberflächenreaktionen formuliert:

$$C_i^{Ruß}H \; + \; H\cdot \; \rightleftharpoons \; C_i^{Ruß}\cdot \; + \; H_2 \qquad\qquad (R1)$$

$$C_i^{Ruß}H \; + \; OH\cdot \; \rightleftharpoons \; C_i^{Ruß}\cdot \; + \; H_2O \qquad\qquad (R2)$$

$$C_i^{Ruß}\cdot \; + \; H\cdot \; \longrightarrow \; C_i^{Ruß}H \qquad\qquad (R3)$$

$$C_i^{Ruß}\cdot \; + \; C_2H_2 \; \longrightarrow \; C_{i+1}^{Ruß}H \; + \; H\cdot \qquad\qquad (R4)$$

$$C_i^{Ruß}\cdot \; + \; O_2 \; \longrightarrow \; C_{i-1}^{Ruß}\cdot \; + \; 2\,CO \qquad\qquad (R5)$$

$$C_i^{Ruß}H \; + \; OH\cdot \; \longrightarrow \; C_{i-1}^{Ruß}\cdot \; + \; HCO\cdot \; + \; CH\cdot \qquad\qquad (R6)$$

Dieser Mechanismus beschreibt das Oberflächenwachstum beziehungsweise die Oxidation analog zum HACA- Mechanismus, Abbildung 2-3. $C_i^{Ruß}H$ stellt hierbei eine reaktive Stelle an der Partikeloberfläche dar, $C_i^{Ruß}\cdot$ ist das sich aus der reaktiven Stelle bildende Radikal. Über die umkehrbaren Reaktionen R1 und R2 sowie die Reaktion R3 kann die über Radikale verlaufende Rußbildung auch deaktiviert werden. Die Addition einer weiteren Monomereinheit geschieht in R4, während R5 und R6 Oxidationsreaktionen darstellen. Unter der Annahme, dass die radikalischen Spezies in zeitlich konstanter Konzentration vorliegen (Quasi- Stationaritätsprinzip), erhält man folgenden Ausdruck [APP 99], [CHW 11.2] für die Geschwindigkeit des Oberflächenwachstums W_{OW}:

$$W_{OW} = \alpha \frac{k_1[H] + (k_2 + k_6)[OH]}{k_{-1}[H_2] + k_{-2}[H_2O] + k_3[H] + k_4[C_2H_2]} k_4[C_2H_2] \qquad (2.12)$$

Hierbei ist α der Anteil der Gesamtoberfläche, der für chemische Reaktionen zugänglich ist. Die Oxidationsgeschwindigkeiten werden nach demselben Prinzip bestimmt. Daraus ergeben sich die Quellterme für die Momentenbilanz [APP 99], [CHW 11.2]:

$$S_r^{OW} = c \cdot W_{OW} \sum_{l=0}^{r-1} \binom{r}{1} M_{1+2/3}^{Ruß} \cdot 1^{r-1} \qquad (2.13)$$

$$S_r^{OX} = c \cdot W_{OX} \sum_{l=0}^{r-1} \binom{r}{l} M_{1+\frac{2}{3}}^{Ruß} \cdot \left(-1^{r-1}\right) \qquad (2.14)$$

mit

$$c = 4\pi \left(\frac{3m_1}{4\pi\varrho_s}\right)^{\frac{2}{3}} \qquad (2.15)$$

Wie bereits erwähnt, sind bei der numerischen Integration des Gleichungssystems (2.6) zur vollständigen Bestimmung der Größenverteilung unendlich viele Momente zu bestimmen. Es kann jedoch gezeigt werden, dass bei Berücksichtigung nur der ersten zwei Momente, M0 und M1, Ergebnisse erzielt werden, die einen maximalen Fehler von 20% gegenüber der Berechnung mit einer Vielzahl von Momenten erhalten werden [CHW 11.2]. Aus diesem Grund beschränkt man sich im Allgemeinen auf die Berechnung der ersten beiden Momente. Die bei der numerischen Integration erforderliche Bestimmung gebrochenrationaler Momente erfolgt über Inter- bzw. Extrapolationsverfahren. Da die ersten beiden Momente große Unterscheide in der Größe sowie im Gradienten aufweisen, hängt das numerische Ergebnis von (2.6) stark von der Wahl des Inter- bzw. Extrapolationsverfahrens ab [APP 99].

Das in dieser Arbeit verwendete chemisch-kinetische Modell zur Rußbildung ist detailliert in [APP 99], [APP 00] und [APP 01] beschrieben. In ihm sind 101 chemische Spezies mit 535 Gasphasenreaktionen erfasst. Der ursprüngliche Einsatzzweck beschränkt sich allerdings auf die Gasverbrennung, daher sind langkettige, nicht radikalische Kohlenwasserstoffe wie sie zum Beispiel in Dieselkraftstoff vorliegen, nicht im Mechanismus vertreten.

Die Gleichungen (2.8) beschreiben die Koagulationsgeschwindigkeiten für die freie Brownsche Bewegung der Rußteilchen bei Drücken bis zu 1 bar. Experimentell wurde beobachtet, dass bis zu Drücken von etwa 10 bar der maximale Rußvolumenbruch etwa quadratisch mit dem Druck steigt [BÖH 88]. Bei Drücken über 10 bar steigt der maximale Rußvolumenbruch dagegen etwa linear mit dem Druck. Das zuletzt genannte Ergebnis würde man erwarten, wenn der Druck keinen Einfluss auf die Kinetik der Rußbildung hat, da in diesem Fall mit der Steigerung des Drucks lediglich das Volumen komprimiert und somit der Rußvolumenbruch erhöht wird. Unterhalb von 10 bar macht sich dagegen bemerkbar, dass die Kinetik der Reaktion von Teilchen aus der Gasphase von der Stoßhäufigkeit z abhängt. Nach der kinetischen Gastheorie ist, in einem idealen Gas, z proportional zum Druck P [ATK 01].

3 Theoretische Grundlagen

In den folgenden Abschnitten dieser Arbeit werden die theoretischen und physikalischen Hintergründe der eingesetzten Messtechniken kurz dargestellt. Die Messtechnik wurde bereits 1999 von Suntz [GEI 98], [SUN 99] bei der Entwicklung der RAYLIX- Technik zusammengefügt und wird hier lediglich in gleicher Weise genutzt. Eine ähnlich ausführliche Darstellung findet sich außerdem bei Hentschel [HEN 06]. Die in der Praxis zur Auswertung verwendeten physikalischen Gleichungen sind im darauffolgenden Kapitel 4 noch einmal, in ihrer jeweils verwendeten Form, aufgeführt.

3.1 Rayleigh- Streuung und Extinktion

Die Extinktions- und Rayleigh- Streulichtmessungen wurden durchgeführt um, zusammen mit den Messungen der Laserinduzierten Inkandeszenz, sowohl die Rußkonzentration als auch die Anzahldichten und mittleren Radien der Rußpartikel simultan zweidimensional zu ermitteln.

Eine Grundlage der hier verwendeten Messtechnik ist die Mie- bzw. Rayleigh- Theorie der elastischen Lichtstreuung, die auf der Lösung der Maxwellschen Gleichungen basiert [MIE 08]. Bei der Lichtstreuung kommt es zu einer Wechselwirkung zwischen dem oszillierenden, elektrischen Feld der einfallenden Strahlung und Feststoffteilchen, Flüssigkeitströpfchen oder Gasmolekülen. Anders als bei der unelastischen Lichtstreuung zeigt bei der elastischen Lichtstreuung das gestreute Licht keine Frequenzverschiebung gegenüber dem einfallenden Licht.

Unter dem Begriff Extinktion sind die Prozesse zusammengefasst, welche die Abschwächung des durch eine Probenstrecke hindurchtretenden Lichtes beschreiben. An der Abschwächung ist neben der Absorption des Lichtes durch die Materie auch die Lichtstreuung an den Teilchen und Tröpfchen beteiligt. Der Grund für den Beitrag der Streuung zur Extinktion ist, dass sich das gestreute Licht in alle Raumrichtungen verteilt anstatt die Probenstrecke in der Richtung des Einfallsstrahls zusammen mit dem nicht gestreuten Anteil des Lichts zu verlassen. Jedoch erfolgt die Extinktion bei Rußpartikeln in einer Flamme aufgrund des geringen Teilchenradius nahezu vollständig über die Absorption des Lichtes, während die Streuung nur eine untergeordnete Rolle spielt [SUN 99].

3.1.1 Die Mie-Theorie der elastischen Lichtstreuung

Für den Einsatz der Streulichtmessung in der Partikelmesstechnik ist zunächst die Streulichtintensität eines einzelnen Partikels von Interesse. Die der Mie-Theorie zugrundeliegenden Teilchen sind kugelförmig und optisch isotrop. Ein Sonderfall der Mie- Streuung ist die Rayleigh- Streuung, bei der das streuende Teilchen als klein gegenüber der Wellenlänge des einfallenden Lichtes angesehen werden kann. Zur Abgrenzung des Rayleigh-Bereiches wird ein dimensionsloser Teilchengrößeparameter α definiert:

$$\alpha = \frac{2\pi r}{\lambda} \tag{3.1}$$

Er setzt den Radius r des Teilchens in eine Beziehung zur Wellenlänge λ des Lichts, π ist die Kreiskonstante. Die Abgrenzung des Rayleigh-Bereiches erfolgt nach Jones [JON 79] entsprechend $\alpha \cdot |m| < 0{,}6$ und damit wegen (3.1) und (3.11) bei der hier verwendeten Wellenlänge von 532 nm für r < 27 nm.

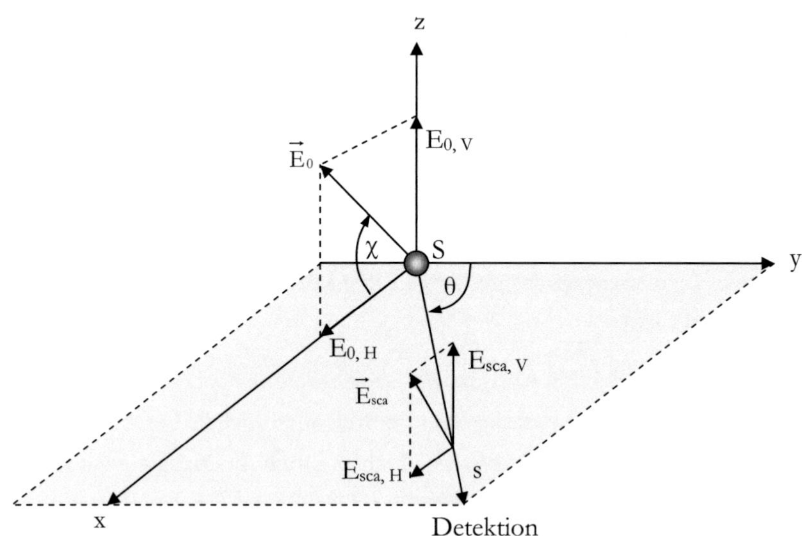

Abbildung 3-1: Geometrische Verhältnisse bei der Lichtstreuung

In Abbildung 3-1 sind die geometrischen Verhältnisse bei der elastischen Lichtstreuung an einem einzelnen, kugelförmigen Teilchen verdeutlicht. Ein unter dem Polarisationswinkel χ linear polarisierter Lichtstrahl der Intensität I_0 breitet sich in positive y-Richtung aus und trifft auf ein Streuzentrum S. Die Detektion der gestreuten Welle erfolgt in der Entfernung s vom Streuzentrum unter dem Streuwinkel θ. Der elektrische Feldvektor $\vec{E}_{sca}$ der gestreuten Welle ist dem eingestrahlten Feldvektor $\vec{E}_0$ proportional und es gilt [JON 79], [BAY 81]:

$$\vec{E}_{sca} = \frac{e^{iks}}{k \cdot s} \cdot \mathbf{S} \cdot \vec{E}_0 \tag{3.2}$$

In dieser Gleichung bezeichnet S die Streumatrix und k die Wellenzahl $k = 2\pi/\lambda$. Die Feldvektoren $\vec{E}_{sca}$ und $\vec{E}_0$ können in zur Beobachtungsebene horizontale und vertikale Komponenten mit den Indizes H und V zerlegt werden. Damit nimmt Gleichung (3.2) die folgende Form an:

$$\begin{pmatrix} E_{sca,H} \\ E_{sca,V} \end{pmatrix} = \frac{e^{iks}}{k \cdot s} \begin{pmatrix} S_2 & S_3 \\ S_4 & S_1 \end{pmatrix} \cdot \begin{pmatrix} E_{0,H} \\ E_{0,V} \end{pmatrix} \tag{3.3}$$

Da die einzelnen Rußpartikel (die Primärpartikel, nicht die Agglomerate) wie vorausgesetzt isotrop sind, gilt $S_3 = S_4 = 0$. Das heißt $E_{sca,H}$ kann nur einen Beitrag aus $E_{0,H}$ erhalten, nicht aus $E_{0,V}$. Genauso kann $E_{sca,V}$ nur einen Beitrag aus $E_{0,V}$ und nicht aus $E_{0,H}$ erhalten.

Für die polarisationsabhängigen Komponenten der unter dem Streuwinkel θ in ein Raumwinkelelement emittierten Intensitäten $I_{sca,H}(\theta)$ und $I_{sca,V}(\theta)$ gilt wegen

$$I_0 = I_{0,V} + I_{0,H} \sim |E_0|^2 = E_{0,H}^2 + E_{0,V}^2 = \left(|E_0| \cdot \sin(\chi)\right)^2 + \left(|E_0| \cdot \cos(\chi)\right)^2 \tag{3.4}$$

und Gleichung (3.3) für isotrope Teilchen der Zusammenhang [KER 69], [BAY 81]

$$I_{sca;V}(\theta) = \frac{1}{k^2 s^2} \cdot |S_1(\theta)|^2 \cdot I_0 \cdot (\sin(\chi))^2$$
$$\text{bzw.} \tag{3.5}$$
$$I_{sca;H}(\theta) = \frac{1}{k^2 s^2} \cdot |S_2(\theta)|^2 \cdot I_0 \cdot (\cos(\chi))^2$$

Zwischen den differentiellen Streuquerschnitten $\sigma_1(\theta)$ und $\sigma_2(\theta)$ und den Elementen der Streumatrix S_1 und S_2 besteht die Beziehung

$$\sigma_1(\theta) = \frac{\lambda^2}{4\pi^2} \cdot |S_1(\theta)|^2 \quad \text{bzw.} \quad \sigma_2(\theta) = \frac{\lambda^2}{4\pi^2} \cdot |S_2(\theta)|^2 \tag{3.6}$$

Damit ist die in ein Raumwinkelelement gestreute Lichtintensität abhängig von der Einstrahlintensität, dem Quadrat des Abstands zum Streuzentrum und dem differentiellen Streuquerschnitt:

$$I_{sca,V}(\theta) = \frac{I_0 \cdot (\sin\chi)^2 \cdot \sigma_1(\theta)}{s^2}$$

bzw. $$\hspace{6cm}(3.7)$$

$$I_{sca,H}(\theta) = \frac{I_0 \cdot (\cos\chi)^2 \cdot \sigma_2(\theta)}{s^2}$$

Nach [KER 69] erhält man für die Elemente der Streumatrix S_1 und S_2 unendliche konvergente Reihen:

$$S_1(\theta) = \sum_{n=1}^{\infty} \frac{2n+1}{n(n+1)} \cdot \left[a_n(\alpha,m) \cdot \pi_n(\cos\theta) + b_n(\alpha,m) \cdot \tau_n(\cos\theta) \right] \hspace{2cm}(3.8)$$

$$S_2(\theta) = \sum_{n=1}^{\infty} \frac{2n+1}{n(n+1)} \cdot \left[a_n(\alpha,m) \cdot \tau_n(\cos\theta) + b_n(\alpha,m) \cdot \pi_n(\cos\theta) \right] \hspace{2cm}(3.9)$$

Die Winkelfunktionen $\pi_n(\cos\theta)$ und $\tau_n(\cos\theta)$ sind die Legendre-Polynome, die Funktionen $a_n(\alpha,m)$ und $b_n(\alpha,m)$ sind die Mie-Koeffizienten. Sie können als Linearkombination von Bessel-Funktionen dargestellt werden, diese wiederum können, genauso wie die Legendre-Polynome, durch Rekursionsformeln bestimmt werden [KER 69], [BAY 81]. Die Mie-Koeffizienten hängen neben dem Teilchengrößeparameter α noch vom Verhältnis zwischen dem komplexen Brechungsindex des Rußes und dem komplexen Brechungsindex des Umgebungsmediums ab [KER 69], [JON 79], [BAY 81]. Da jedoch der Brechungsindex des Verbrennungsgases in guter Näherung eins ist, kann direkt der komplexe Brechungsindex des Rußes verwendet werden. Nach Chang und Charalampopoulos [CHA 90] kann der komplexe Brechungsindex m von Flammenruß aus der Wellenlänge λ des eingestrahlten Lichts berechnet werden:

$$m = o - p \cdot i$$
$$o = 1{,}811 + 0{,}1263 \cdot \ln\lambda + 0{,}027 \cdot (\ln\lambda)^2 + 0{,}0417 \cdot (\ln\lambda)^3 \hspace{2cm}(3.10)$$
$$p = 0{,}5821 + 0{,}1213 \cdot \ln\lambda + 0{,}2309 \cdot (\ln\lambda)^2 - 0{,}01 \cdot (\ln\lambda)^3$$

Mit der hier verwendeten Wellenlänge von 0,532 µm erhält man:

$$m = 1{,}73 - 0{,}60i \hspace{6cm}(3.11)$$

Jones zeigte [JON 79], dass für $\alpha \cdot |m| < 0,6$ und damit wegen (3.1) und (3.11) für $r < 27$ nm die Reihenentwicklungen (3.8) und (3.9) nach dem ersten Glied abgebrochen werden können. Für die Laufzahl $n = 1$ gibt Kerker [KER 69] für die Mie-Koeffizienten und die Wellenfunktionen die folgenden Ergebnisse an:

$$a_1 = \frac{2}{3} i \cdot \left(\frac{m^2 - 1}{m^2 + 2} \right) \cdot \alpha^3$$

$$b_1 = -\frac{1}{45} i \cdot \left(m^2 - 1 \right) \cdot \alpha^5$$

$$\pi_1 = 1$$

$$\tau_1 = \cos\theta$$

$$(3.12)$$

Der Term des Mie-Koeffizienten b_1 ist für $\alpha \cdot |m| < 0,6$ sehr klein gegenüber dem Term des Mie-Koeffizienten a_1 und kann vernachlässigt werden. Damit ergeben sich aus den Gleichungen (3.1), (3.6), (3.8), (3.9) und (3.12) die differentiellen Streuquerschnitte:

$$\sigma_1 = \frac{16 \cdot \pi^4}{\lambda^4} \cdot \left| \frac{m^2 - 1}{m^2 + 2} \right|^2 \cdot r^6 \tag{3.13}$$

und

$$\sigma_2(\theta) = \frac{16 \cdot \pi^4}{\lambda^4} \cdot \left| \frac{m^2 - 1}{m^2 + 2} \right|^2 \cdot r^6 \cdot \left(\cos\theta \right)^2 \tag{3.14}$$

Eine weitere Vereinfachung ergibt sich dann, wenn die Streustrahlung ausschließlich unter dem Winkel $\theta = 90°$ detektiert wird. Damit folgt $\sigma_2(\theta) = 0$, es kann also nur der vertikal polarisierte Anteil des Streulichts mit dem Streuquerschnitt σ_1 jedoch nicht der horizontal polarisierte Anteil des Streulichts mit dem Streuquerschnitt σ_2 detektiert werden.

3.1.2 Lichtstreuung an Teilchenkollektiven

Unter der Voraussetzung, dass die einzelnen Partikel untereinander die gleichen optischen Eigenschaften besitzen, kann die Streuung eines einzelnen Partikels auf ein Teilchenensemble übertragen werden, sofern die folgenden Bedingungen erfüllt werden [JON 79]

1) Jedes Teilchen streut als separate Einheit, also unabhängig voneinander.

2) Es gibt keine optischen Interferenzen zwischen den durch unterschiedliche Partikel gestreuten Wellen.

3) Es tritt keine Vielfachstreuung auf.

Diese Bedingungen sind streng genommen lediglich für schwach bis mäßig rußende Flammen gut erfüllt. In ihnen wird der einfallende Lichtstrahl um weniger als auf $1/e$- tel seiner ursprünglichen Intensität abgeschwächt. In der Praxis hat sich gezeigt, dass die zuletzt genannte Bedingung in DI- Motoren nur in Einzelfällen erfüllt ist, für die weiteren Ausführungen wird sie jedoch näherungsweise angenommen.

Allerdings bilden die Primärpartikel aus rußenden Flammen im allgemeinen Aggregate, die auf eine Größe von bis zu vielen hundert Primärpartikeln anwachsen können. Obwohl die Struktur dieser Aggregate komplex ist, kann sie nach einem fraktalen Ansatz mathematisch beschrieben werden [KÖY 95], [LIU 11]:

$$N_{T/A} = k_f \cdot \left(\frac{R_g}{r} \right)^{D_f} \tag{3.15}$$

Wobei $N_{T/A}$ die Anzahl der Primärpartikel im Aggregat, k_f der fraktale Vorfaktor, D_f die fraktale Dimension, R_g der Gyrationsradius und r der Radius der Primärpartikel ist. Als Grundlage für die Absorption, Emission und Streuung von Licht durch diese Aggregate wird häufig die Rayleigh-Deby-Gans-Theorie für fraktale Aggregate (RDG-FA) verwendet. Durch Analyse der Streuintensitäten unter verschiedenen Winkeln (Angular Light Scattering ALS beziehungsweise Wide-angle Light Scattering WALS) ist es möglich diese fraktalen Aggregate zu charakterisieren [DAL 70], [KÖY 95], [REI 09], [OLT 10].

Der RDG-FA Theorie liegt zugrunde, dass die Primärpartikel unabhängig voneinander absorbieren und emittieren [SOR 01], [LIU 11], so dass für die Absorption von Licht an einem einzelnen Aggregat gilt:

$$C_{abs}^{agg} = N_{T/A} C_{abs}^{pp} \tag{3.16}$$

Die hochgestellten Indizes in den Absorptionsquerschnitten C_{abs} stehen für die Aggregate (agg) beziehungsweise für die Primärpartikel (pp). Der Absorptionsquerschnitt eines Primärpartikels im Rayleigh-Bereich ist:

$$C_{abs}^{pp} = -4\pi k r^3 \cdot Im\left(\frac{m^2 - 1}{m^2 + 2} \right) \tag{3.17}$$

Dabei ist k die Wellenzahl des absorbierten Lichts. Gleichung (3.16) macht deutlich, dass nach der RDG-FA Theorie die Absorption und Emission der Rußteilchen durch die mögliche Aggregatbildung nicht beeinflusst wird. Im Gegensatz dazu stehen neuere Forschungsergebnisse, die von einem Abschirmeffekt durch die Aggregatbildung bei der Wärmeleitung an die Umgebung ausgehen [FIL 00], [LIU 06], [KUH 09]. Der integrale Streuquerschnitt eines Agglomerats wächst nach der RDG-FA Theorie nicht linear mit der Summe der integralen Streuquerschnitte der Primärpartikel, die es aufbauen. Vielmehr gehen der integralen Streuquerschnitte der Primärpartikel quadratisch in den Streuquerschnitt eines Agglomerats ein, multipliziert mit einem Korrelationsfaktor $G(kR_g)$ [FIS 67], [SOR 01], [CHA 07]:

$$C_{sca}^{agg} = N_{T/A}^2 \, C_{sca}^{PP} \cdot G\left(kR_g\right) \tag{3.18}$$

mit

$$G\left(kR_g\right) = \left(1 + \frac{4}{3D_f} k^2 R_g^2\right)^{-\frac{D_f}{2}} \tag{3.19}$$

Der integrale Streuquerschnitt eines Primärpartikels in (3.18) ist gegeben durch [FIS 67], [SOR 01]

$$C_{sca}^{PP} = \frac{8\pi}{3} k^4 r^6 \left|\frac{m^2 - 1}{m^2 + 2}\right|^2 . \tag{3.20}$$

Die Aggregatbildung wirkt sich gemäß der Rayleigh-Deby-Gans-Theorie also auf den Absorptionsquerschnitt nicht aus (3.16), während sich für den integralen Streuquerschnitt der Faktor $N_T \cdot G(k \cdot R_g)$ ergibt, der die Abweichung der Streuintensität eines Agglomerats $N_{T/A}^2 C_{sca}^{PP} \cdot G\left(kR_g\right)$ gegenüber der gleichen Anzahl einzelner, nicht agglomerierter Primärpartikel $N_{T/A} \cdot C_{sca}^{PP}$ beschreibt (3.18). Köylü hat die Morphologie von Rußaggregaten aus turbulenten und laminaren Flammen untersucht und gibt sowohl für die fraktale Dimension als auch für den fraktalen Vorfaktor die folgenden, universellen Werte für Flammenruß an [KÖY 95]: $D_f = 1{,}7 \pm 0{,}15$ und $k_f = 2{,}4 \pm 0{,}4$. Sie wurden aus TEM Aufnahmen von Ruß aus vier verschiedenen Brennern und neun verschiedenen Brennstoffen bei Aggregaten mit Primärpartikeldurchmessern von $12 - 26$ nm und $2 - 10000$ Primärpartikeln pro Aggregat bestimmt. Da der Gyrationsradius R_g nicht direkt aus den auf zwei Dimensionen projizierten TEM Aufnahmen der Agglomerate ersichtlich ist, verwenden einige Autoren statt R_g die halbe maximale Länge der Agglomerate $R_l = L/2$:

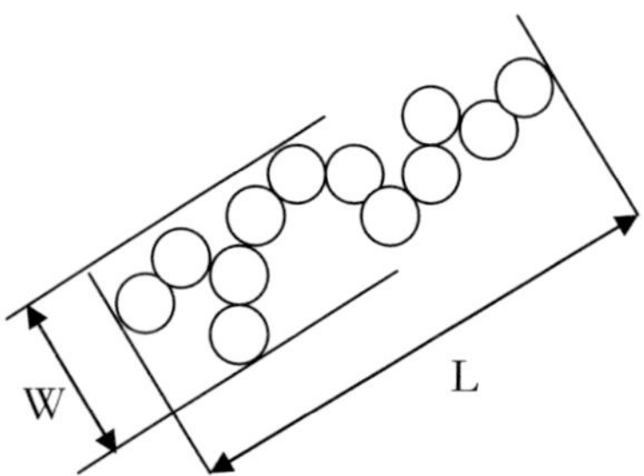

Abbildung 3-2: Schematische Zeichnung einer TEM-Aufnahme eines Rußagglomerats

Köylü gibt dagegen einen Umrechnungsfaktor zwischen R_g und R_l an [KÖY 95], so dass sich R_g über R_l direkt aus TEM Aufnahmen ableiten lässt:

$$\frac{R_l}{R_g} \approx 1{,}64 \tag{3.21}$$

Weiterhin hat er, basierend auf empirischen Untersuchungen an turbulenten Diffusionsflammen, den folgenden Zusammenhang zwischen der Anzahl der Primärpartikel im Aggregat, dem Primärpartikelradius und R_l vorgeschlagen:

$$N_{T/A} = 1{,}24 \cdot \left(\frac{R_l}{r}\right)^{1{,}67} \tag{3.22}$$

So dass für R_g aus (3.21) und (3.22) folgt:

$$R_g = \frac{\left(\dfrac{N_T}{1{,}24}\right)^{\frac{1}{1{,}67}} \cdot r}{1{,}64} \tag{3.23}$$

$N_{T/A} \cdot G(k \cdot R_g)$, also der Faktor, der die Abweichung des integralen Streuquerschnitts von Rußagglomeraten gegenüber einer entsprechenden Anzahl von Primärpartikeln basierend auf der RDG-FA-Theorie beschreibt, ist in der folgenden Tabelle für zwei verschiedene Radien und einen weiten Bereich von Aggregatgrößen exemplarisch berechnet:

Tabelle 3-1: Abweichung des Streuquerschnitts von Agglomeraten im Vergleich zu einer entsprechenden Anzahl an Einzelpartikeln nach der Rayleigh-Deby-Gans-Theorie

Primärpartikelradius 12 nm		Primärpartikelradius 26 nm	
Primärpartikel/Aggregat	$N_{T/A}\cdot G(k\cdot R_g)$	Primärpartikel/Aggregat	$N_{T/A}\cdot G(k\cdot R_g)$
2	1,98	2	1,92
5	4,87	5	4,45
10	9,34	10	7,82
20	17,58	20	12,32
50	35,62	50	18,11
100	52,70	100	20,98
200	67,65	200	22,44
500	79,28	500	23,08
1000	82,87	1000	23,09
5000	83,77	5000	22,62
10000	83,06	10000	22,37

Dies bedeutet, dass sich die integrale Streuintensität mit beginnender Aggregatbildung, also bei Aggregaten bestehend aus erst wenigen Primärpartikeln, fast linear mit der Anzahl der Primärpartikel im Aggregat vervielfacht. Diese Steigerung nimmt, abhängig vom Primärpartikelradius, nach Bildung von Agglomeraten aus einigen zehn bis einigen hundert Primärpartikeln ab. Anhand der Tabelle 3-1 wird deutlich, dass zur Berücksichtigung der Rayleigh-Deby-Gans-Theorie sowohl die Größenverteilung der Primärpartikel als auch die Verteilung der Primärpartikelanzahl in den Aggregaten zu berücksichtigen sind und demnach absolut bekannt sein müssen. Eine Analyse von Flammenruß im Brennraum von Verbrennungsmotoren mit Kraftstoffdirekteinspritzung durch Angular Light Scattering (ALS) [KÖY 95] ist in den meisten Fällen wegen fehlender optischer Zugänglichkeit unter beliebigen Beobachtungswinkeln experimentell nicht möglich. Außerdem kann eine solche Analyse nicht in einer Ebene, also zweidimensional, sondern nur in einem Punkt oder einer Achse durchgeführt werden. Dem gegenüber steht die Forderung von Entwicklungsingenieuren für die Untersuchung der Rußbildung und Rußoxidation in Motoren mit Kraftstoffdirekteinspritzung sowohl den Ort als auch den Zeitpunkt diese Prozesse zu erfahren.

Bei den in dieser Arbeit durchgeführten Messungen hat sich herausgestellt, dass die Rayleigh- Streulichtintensität, relativ zum Rußvolumenbruch schwach war. Dies ist nach zugrundelegen der Rayleigh-Deby-Gans-Theorie nur zu verstehen, wenn überwiegend Primärpartikel vorliegen, da selbst kleinste Agglomerate die Rayleigh- Streulichtintensität vervielfachen würden. In dieser Arbeit wurden, basierend auf der Rayleigh- Streuung mittlere Primärpartikeldurchmesser von 5 - 20 nm erhalten, was im Vergleich mit Primärpartikeldurchmessern wie sie im Abgas von Dieselmotoren vorliegen (9 - 50 nm) [SNE 00], [KOC 05], [MAT 05], [STU 05], [KOC 06], [KIR 09] bereits klein ist. Würde die Rayleigh-Deby-Gans Theorie angewendet, so würde der berechnete Durchmesser der Primärpartikel nochmals sinken, weil darin die Aggregate einen erheblichen Anteil zur Lichtstreuung beitragen. Köylü hat einen entsprechenden Vergleich bereits durchgeführt [KÖY 97]. Mit den Ergebnissen dieser Arbeit erhält man auf diese Weise Primärpartikel- und Aggregatgrößen, wie sie von Mosbach [MOS 09.1], [MOS 09.2] auf der Grundlage numerischer Simulationen beschrieben werden: Primärpartikel mit Durchmessern von von 0,7 - 5 nm, bilden Aggregate mit mittleren Durchmessern von 5 - 30 nm. Zum einen ist bei kohlenstoffbasierten Objekten unter 2,5 nm die Bezeichnung als (Feststoff-) Partikel fragwürdig, siehe Abbildung 10-1, zum anderen müssen die daraus gebildeten Aggregate später in die im Abgas zu findenden Aggregate übergehen. Dies bestätigt, dass es sich bei den Partikeln bzw. Agglomeraten mit den oben genannten Durchmessern eben nicht um feste Partikel handeln kann. Aufgrund der oben genannten Argumente wird im Folgenden vereinfachend davon ausgegangen, dass lediglich annähernd kugelförmige Primärpartikel vorliegen.

Ist für das Teilchenensemble eine Partikelgrößenverteilung p(r) bekannt, so kann ein mittlerer differentieller Streuquerschnitt $\overline{\sigma}_i(\theta)$ bestimmt werden:

$$\overline{\sigma}_i(\theta) = \int_0^\infty \sigma_i(\theta) \cdot p(r) \cdot dr\,, \qquad i = 1, 2 \tag{3.24}$$

Nach der Definition von D'Alessio [D'AL 83] sind die integralen Streukoeffizienten $Q_H(\theta)$ (parallele / horizontale Komponente) und Q_V (vertikale Komponente) gegeben durch:

$$Q_V = \overline{\sigma}_1 \cdot N_V \qquad bzw. \qquad Q_H(\theta) = \overline{\sigma}_2(\theta) \cdot N_V \tag{3.25}$$

Hierbei ist N_V die Teilchenzahldichte (Teilchen pro Volumeneinheit). Ist das Partikelensemble koagulationsdominiert [ULR 71], [SUN 99], so stellt sich eine selbsterhaltende Größenverteilung ein, die durch eine logarithmische Normalverteilung

$$p(r) = \frac{1}{\sqrt{2} \cdot \sigma \cdot r} \cdot \exp\left[-\frac{1}{2} \cdot \frac{(\ln(r) - \ln(\bar{r}_m))^2}{\sigma^2} \right] \tag{3.26}$$

beschrieben werden kann. Hierbei ist $\bar{r}_m$ der Medianwert des Teilchenradius und σ die Standardabweichung der Verteilung. Für letztere wird ein Wert von $\sigma = 0{,}34$ angenommen. Dies entspricht den Ergebnissen aus den Untersuchungen von Rußpartikeln aus Flammen mit Hilfe der Elektronenmikroskopie [WAN 83], [BOC 84], [HED 86]. Aber auch neuere Messungen in einem Nutzfahrzeugmotor legen einen Wert von 0,25 bis 0,35 nahe [BOU 07]. Der Medianwert, der auch als geometrischer Mittelwert der Verteilung bezeichnet wird, ist definiert durch

$$\int_0^{\bar{r}_m} p(r) \cdot dr = \frac{1}{2} = \int_{\bar{r}_m}^{\infty} p(r) \cdot dr . \tag{3.27}$$

Für das n-te Moment der Verteilung, das durch die Integration von r^n über die Verteilung (3.26) gegeben ist, gilt [HOS 72]:

$$\int_0^{\infty} r^n \cdot p(r) \cdot dr = \bar{r}_m^n \cdot \exp\left(\frac{\sigma^2 \cdot n^2}{2} \right) \tag{3.28}$$

Der Medianwert des Radius ist das erste Moment, das zweite Moment ist proportional zur Teilchenoberfläche, das dritte Moment ist proportional zum Teilchenvolumen. Durch Berechnung des sechsten Moments der Verteilung und Kombination der Gleichungen (3.13) bzw. (3.14), (3.24) (3.25) und (3.28) erhält man

$$Q_V = \frac{16 \cdot \pi^4}{\lambda^4} \cdot \left| \frac{m^2 - 1}{m^2 + 2} \right|^2 \cdot \bar{r}_m^6 \cdot \exp\left(18\sigma^2\right) \cdot N_V \tag{3.29}$$

und

$$Q_H(\theta) = \frac{16 \cdot \pi^4}{\lambda^4} \cdot \left| \frac{m^2 - 1}{m^2 + 2} \right|^2 \cdot (\cos\theta)^2 \cdot \bar{r}_m^6 \cdot \exp\left(18\sigma^2\right) \cdot N_V . \tag{3.30}$$

Für die Streulichtintensität des Teilchenensembles im Beobachtungsvolumen V in der Beobachtungsebene (I_H) und senkrecht zur Beobachtungsebene (I_V) erhält man wegen

$$I_V = I_{sca,V} \cdot N_T \qquad \text{und} \qquad I_H = I_{sca,H} \cdot N_T \tag{3.31}$$

mit $N_T = N_V \cdot V$ und folglich

$$I_V = \frac{I_0 \cdot (\sin\chi)^2 \cdot \overline{\sigma}_1(\theta)}{s^2} \cdot N_T = \frac{I_0 \cdot (\sin\chi)^2 \cdot Q_V}{s^2} \cdot V \tag{3.32}$$

und

$$I_H(\theta) = \frac{I_0 \cdot (\cos\chi)^2 \cdot \overline{\sigma}_2(\theta)}{s^2} \cdot N_T = \frac{I_0 \cdot (\cos\chi)^2 \cdot Q_H(\theta)}{s^2} \cdot V. \tag{3.33}$$

Siehe vergleichend dazu auch die Streulichtintensitäten an einem einzelnen Teilchen (3.7). Aus (3.29), (3.30), (3.32) und (3.33) erhält man schließlich:

$$I_V = \frac{16 \cdot \pi^4}{\lambda^4 \cdot s^2} \cdot \left| \frac{m^2 - 1}{m^2 + 2} \right|^2 \cdot \overline{r}_m^6 \cdot \exp\!\left(18\sigma^2\right) \cdot I_0 \cdot (\sin\chi)^2 \cdot N_V \cdot V \tag{3.34}$$

und

$$I_H(\theta) = \frac{16 \cdot \pi^4}{\lambda^4 \cdot s^2} \cdot \left| \frac{m^2 - 1}{m^2 + 2} \right|^2 \cdot (\cos\theta)^2 \cdot \overline{r}_m^6 \cdot \exp\!\left(18\sigma^2\right) \cdot I_0 \cdot (\cos\chi)^2 \cdot N_V \cdot V \tag{3.35}$$

Da bei den Experimenten unter $\theta = 90°$ detektiert wird, ist $Q_H(\theta) = 0$ und folglich auch $I_H(\theta) = 0$ und zwar unabhängig davon, ob das eingestrahlte Laserlicht senkrecht zur Streuebene polarisiert ist ($\chi = 90°$) oder nicht. Daher wird aus Q_V und $Q_H(\theta)$ ein einzelner Streukoeffizient K_{sca} und analog aus I_V und $I_H(\theta)$ eine einzelne Streuintensität definiert. Für $\chi = 90°$ gilt:

$$K_{sca} = \frac{16 \cdot \pi^4}{\lambda^4} \cdot \left| \frac{m^2 - 1}{m^2 + 2} \right|^2 \cdot \overline{r}_m^6 \cdot \exp\!\left(18\sigma^2\right) \cdot N_V \tag{3.36}$$

$$I_{sca} = \frac{16 \cdot \pi^4 \cdot I_0}{\lambda^4 \cdot s^2} \cdot \left| \frac{m^2 - 1}{m^2 + 2} \right|^2 \cdot \overline{r}_m^6 \cdot \exp\!\left(18\sigma^2\right) \cdot N_V \cdot V \tag{3.37}$$

3.1.3 Extinktion

Durch die Wechselwirkung von Licht mit vom ihm durchstrahlter Materie erfolgt eine Abschwächung des Lichts, die Extinktion. Wird für die Betrachtung der Extinktion von einem homogenen Medium ausgegangen, ist die Abschwächung des Lichts dI proportional zur durchstrahlten Weglänge dx und der Lichtintensität I. Der wellenlängenabhängige Proportionalitätsfaktor K_{ext} wird Extinktionskoeffizient genannt:

$$-dI = K_{ext} \cdot I \cdot dx \tag{3.38}$$

Die Integration zwischen Einstrahlintensität I_0 und (Austritts-) Intensität I bzw. zwischen der Wegstrecke 0 bis L liefert:

$$\ln\left(\frac{I_0}{I}\right) = K_{ext} \cdot L \qquad bzw. \qquad I = I_0 \cdot \exp(-K_{ext} \cdot L) \tag{3.39}$$

In einer ideal durchmischten Probe ist die Rußkonzentration und damit der Extinktionskoeffizient K_{ext} von der Position in der Messstrecke unabhängig. In Diffusionsflammen ändert er sich jedoch über die Weglänge der Messstrecke, so dass anstatt einem K_{ext} ein sich mit dem Ort ändernder Extinktionskoeffizient $K_{ext}(x)$ eingesetzt werden muss:

$$\ln\left(\frac{I_0}{I}\right) = \int_0^L K_{ext}(x) \cdot dx \qquad bzw. \qquad I = I_0 \cdot \exp\left(-\int_0^L K_{ext}(x) \cdot dx\right) \tag{3.40}$$

Dem Streukoeffizienten entsprechend lässt sich der Extinktionskoeffizient als Produkt aus dem mittleren Extinktionsquerschnitt $\overline{C}_{ext}$ und der Teilchenzahldichte beschreiben. Den mittleren Extinktionsquerschnitt erhält man wiederum durch Integration des teilchengrößenabhängigen Extinktionsquerschnitts C_{ext} eines Teilchens über die Teilchengrößenverteilung:

$$K_{ext} = N_V \cdot \overline{C}_{ext} = N_V \cdot \int_0^\infty C_{ext}(r) \cdot p(r) \cdot dr \tag{3.41}$$

Der Extinktionskoeffizient C_{ext} für ein einzelnes Teilchen setzt sich aus der Summe des Querschnitts für die Absorption C_{abs} und des Querschnitts der integralen Streuung C_{sca} zusammen und ist gegeben durch [KER 69], [JON 79], [BAY 81]:

$$C_{ext} = C_{abs} + C_{sca} = \frac{\lambda^2}{2\pi} \cdot \sum_{n=1}^{\infty} (2n+1) \cdot Re(a_n + b_n) \tag{3.42}$$

Wie im Fall der Streuung kann für ausreichend kleine Teilchen (r < 27 nm) die Rayleigh-Näherung angewendet werden indem die Reihenentwicklung aus Gleichung (3.42) nach dem ersten Glied abgebrochen und der Mie-Koeffizient b_1 vernachlässigt wird. Mit a_1 aus Gleichung (3.12) erhält man:

$$C_{ext} = -\frac{8\pi^2}{\lambda} \cdot Im\left(\frac{m^2-1}{m^2+2}\right) \cdot r^3 \tag{3.43}$$

Setzt man (3.43) in (3.41) ein ergibt sich für den Extinktionskoeffizienten

$$K_{ext} = -\frac{8\pi^2}{\lambda} \cdot Im\left(\frac{m^2-1}{m^2+2}\right) \cdot N_V \cdot \int_0^\infty r^3 \cdot p(r) \cdot dr \tag{3.44}$$

und schließlich mit (3.28)

$$K_{ext} = -\frac{8\pi^2}{\lambda} \cdot Im\left(\frac{m^2-1}{m^2+2}\right) \cdot \bar{r}_m^3 \cdot \exp\left(4,5\sigma^2\right) \cdot N_V . \tag{3.45}$$

3.1.4 Bestimmung von Rußvolumenbruch, Teilchenzahldichte und mittlerem Radius

Der Rußvolumenbruch f_V ist eine Größe, die das Volumen des Rußes dem Probenvolumen gegenüberstellt. Es ist anschaulich klar, dass der Druck einen Einfluss auf den Rußvolumenbruch hat. Mit steigendem Druck verkleinert sich das Gasvolumen, so dass der Rußvolumenbruch bei gleicher Rußmenge steigt. Die Teilchenzahldichte N_V steigt ebenfalls, da auch sie eine volumenbezogene Größe ist.

Basierend auf dem Kugelvolumen $V = 4/3\ \pi \cdot r^3$ kann eine dimensionslose Größe für die Beschreibung der Rußmenge in einem Volumen, der Rußvolumenbruch, im betrachteten Volumenelement definiert werden:

$$f_V = \frac{4}{3}\pi \cdot N_V \cdot \int_0^\infty r^3 \cdot p(r) \cdot dr \tag{3.46}$$

Umstellen von (3.44) nach $N_V \cdot \int_0^\infty r^3 \cdot p(r) \cdot dr$ und einsetzen in (3.46) liefert eine Beziehung zwischen dem Rußvolumenbruch und dem Extinktionskoeffizienten

$$f_V = -\frac{K_{ext}}{\frac{6\pi}{\lambda} \cdot Im\left(\frac{m^2-1}{m^2+2}\right)} \tag{3.47}$$

mit der, in einem wohldefinierten System wie zum Beispiel flachen, laminaren Vormischflammen in Ebenen parallel zur Brennerebene, direkt der Rußvolumenbruch nach (3.39) und (3.47) bestimmt werden kann. In nicht eindimensionalen Flammen jedoch ist der Extinktionskoeffizient ortsabhängig (3.40), aus dem Verhältnis der Intensitäten vor und nach der Flamme I_0/I kann dagegen nur ein über die Messstrecke gemittelter Rußvolumenbruch bestimmt werden. Für eine örtlich aufgelöste Bestimmung des Rußvolumenbruchs ist eine andere Methode, die laserinduzierte Inkandeszenz (LII), die im nächsten Kapitel beschrieben wird, geeignet. Ihre Intensität I_{LII} ist in erster Näherung dem Rußvolumenbruch direkt proportional (siehe dazu Kapitel 3.2). Da diese Methode aber keine absoluten Rußvolumenbrüche, sondern nur relative Werte liefert, muss eine Kalibrierung erfolgen, für die hier die Extinktionsmessung herangezogen wurde. Dazu wird eine über das tatsächliche Messvolumen gemittelte LII- Intensität $I_{LII,mit}$, die näherungsweise dem Rußvolumenbruch f_V aus Gleichung (3.47) entspricht, berechnet. Der Quotient aus beiden Größen entspricht einem Kalibrierfaktor, mit dem sich der örtlich aufgelöste Rußvolumenbruch direkt aus den LII- Intensitäten I_{LII} berechnen lässt.

Sowohl der Streulicht- als auch der Extinktionskoeffizient sind, gemäß den Beziehungen (3.36) und (3.45) Funktionen des mittleren Partikelradius und der Teilchenzahldichte. Der Streukoeffizient ist proportional zum mittleren Radius in der sechsten Potenz, der Extinktionskoeffizient ist dagegen zum mittleren Radius in der dritten Potenz proportional. Durch Division der Gleichungen (3.36) und (3.45) erhält man den mittleren Radius zu:

$$\bar{r}_m = \sqrt[3]{-\frac{\lambda^3 \cdot \mathrm{Im}\left(\frac{m^2-1}{m^2+2}\right) \cdot K_{sca}}{2\pi^2 \cdot \left|\frac{m^2-1}{m^2+2}\right|^2 \cdot \exp\left(13{,}5\sigma^2\right) \cdot K_{ext}}} \tag{3.48}$$

Setzt man Gleichung (3.48) in Gleichung (3.45) ein, so erhält man für die Teilchenzahldichte:

$$N_V = \frac{K_{ext}^2 \cdot \left|\frac{m^2-1}{m^2+2}\right|^2 \cdot \exp\left(9\sigma^2\right)}{4\lambda^2 \cdot K_{sca} \cdot \left(\mathrm{Im}\left(\frac{m^2-1}{m^2+2}\right)\right)^2} \tag{3.49}$$

Zur absoluten Bestimmung von K_{sca} ist eine Kalibrierung erforderlich, da die gemessene Rayleigh- Streulichtintensität I_{sca} von der Einstrahlintensität, den optischen Verhältnissen beim Versuchsaufbau (Transmission von optischen Komponenten) und der Kameraeinstellung (Blende, Belichtungszeit, Verstärkung etc.) abhängig ist. Dazu muss als Referenz die Rayleigh- Intensität $I_{sca,ref}$ einer Substanz mit absolut bekanntem Streuquerschnitt $K_{sca,ref}$ experimentell bestimmt werden. Als Referenzsubstanz eignen sich Gase, deren differentieller Streuquerschnitt σ_v^{Gas} für einen Streuwinkel von $\theta = 90°$ an einem einzelnen Molekül bekannt ist [RUD 68], [ECK 87]:

$$\sigma_v^{Gas} = \frac{4\pi^2 \cdot (n-1)^2}{\left(N_0^{Gas}\right)^2 \cdot \lambda^4} \cdot \frac{3}{3-4\varrho_{DP}} \tag{3.50}$$

Dabei ist n der Brechungsindex, N_0^{Gas} die Teilchenzahldichte des Gases $\left(N_0^{Gas} = P/(k_B \cdot T)\right)$, λ die Wellenlänge des einfallenden Lichtes und ϱ_{DP} dessen Depolarisationsverhältnis. Letzteres kann außer Acht gelassen werden, da die in diesem Zusammenhang interessierenden Gase im Allgemeinen und hier Luft im Speziellen nur eine geringe Anisotropie aufweisen. Den entsprechenden Streuquerschnitt $K_{sca,ref}$ erhält man durch Multiplikation mit der Teilchenzahldichte des Gases:

$$K_{sca,ref} = \sigma_v^{Gas} \cdot N_0^{Gas} \approx \frac{4\pi^2 \cdot (n-1)^2}{N_0^{Gas} \cdot \lambda^4} \tag{3.51}$$

Der Quotient aus $K_{sca,ref}$ und $I_{sca,ref}$ entspricht dann dem Kalibrierfaktor zur Berechnung von K_{sca} aus den Streulichtintensitäten I_{sca}.

3.2 Laserinduzierte Inkandeszenz

Wie im vorangegangenen Abschnitt erläutert, liefern Extinktionsmessungen nur den entlang der Ausbreitungsrichtung des Lichtes integrierten Rußvolumenbruch. Dies ist eine Konsequenz daraus, dass die absorbierenden Teilchen entlang der „line of sight" beobachtet werden, wodurch die Ortsinformation verloren geht. Eine Kombination aus Rayleigh- Streulicht und Extinktion liefert demnach zwar ein örtlich aufgelöstes Streulichtbild, aber nur einen einzigen, örtlich gemittelten Rußvolumenbruch. Daher kann sie nur in laminaren, flachen Vormischflammen, parallel zur Brennerebene mit, entlang der Ausbreitungsrichtung des Lichtes, einheitlichem Rußvolumenbruch direkt zur Bestimmung der Teilchenradien und Teilchenzahldichten eingesetzt werden.

Eine Möglichkeit zur Erfassung des örtlich aufgelösten Rußvolumenbruchs ist die laserinduzierte Inkandeszenz (LII) [ECK 77], [DAS 84], [MEL 84], [QUA 94], [SUN 99], [JUN 02], [LIU 06], [KUH 09]. Sie beruht darauf, dass die Rußpartikel für eine kurze

Zeitdauer einer sehr hohen Laserbestrahlung ausgesetzt werden. Aufgrund der Absorption des Lichtes erhitzen sich die Teilchen sehr schnell, weit über die Temperatur des sie umgebenden Gases (Flammentemperatur $\approx$ 2000 K) bis an die Verdampfungsgrenze bei etwa 4000 K [LIN 08]. Dadurch wird die Leistung der emittierten, thermischen Strahlung weitaus größer als bei der Ausgangstemperatur und das Maximum der Emission wird gemäß dem Wienschen Verschiebungsgesetz zu kürzeren Wellenlängen hin verschoben. Dieser kurzwellige Anteil der sogenannten Weißglut kann durch geeignete wellenlängenselektive Filter vom Eigenleuchten der Flamme separiert detektiert werden und wird bei der LII genutzt, um die relative Rußkonzentration zu bestimmen.

Für einen schwarzen Strahler mit einem Emissionskoeffizienten $\varepsilon = 1$, folgt die spektrale Strahlungsintensität $L_{\lambda,S}(\lambda,T)$ dem Planckschen Strahlungsgesetz in der Wellenlängendarstellung

$$L_{\lambda,S}(\lambda,T) = \frac{2\pi \cdot h \cdot c^2}{\lambda^5} \cdot \frac{1}{\exp\left(\dfrac{h \cdot c}{\lambda \cdot k_B \cdot T}\right) - 1} \tag{3.52}$$

Sieht man Ruß als realen Strahler an, so gilt $\varepsilon = Q_{abs}$. Dabei ist Q_{abs} gemäß Gleichung (3.55) mit dem Planckschen Wirkungsquantum h, der Boltzmannkonstante k_B, der Lichtgeschwindigkeit c und der Temperatur T definiert. Die Verteilungskurven der spektralen Strahlungsdichte für verschiede Temperaturen sind in der folgenden Abbildung dargestellt.

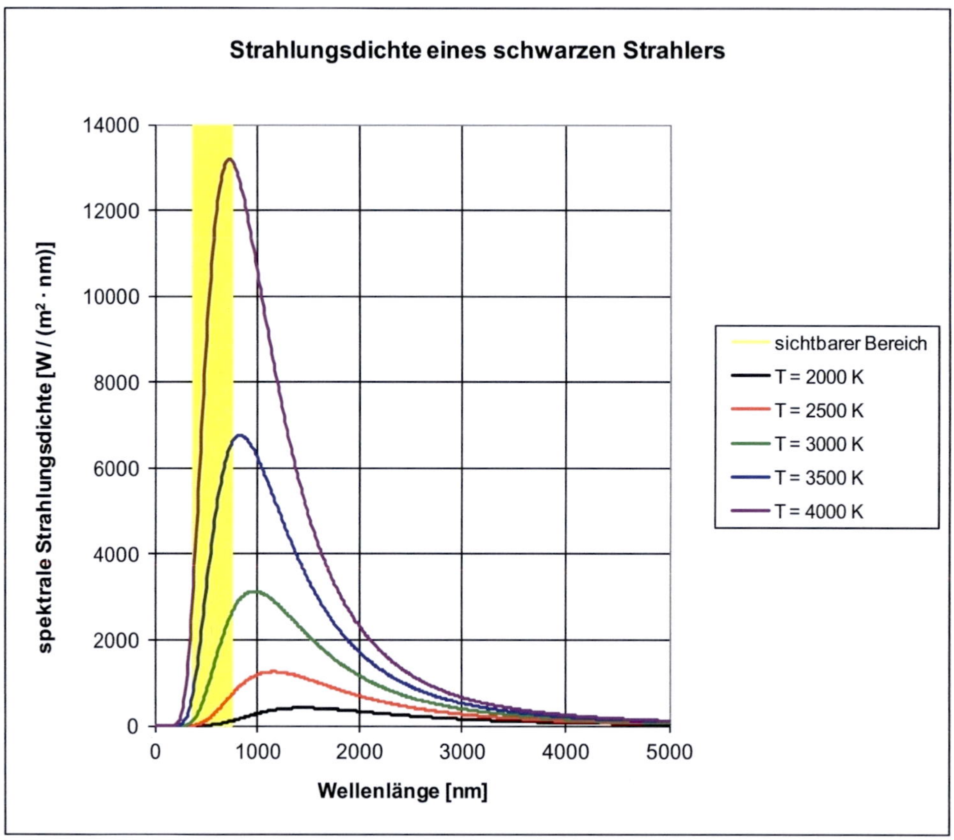

Abbildung 3-3: Spektrale Strahlungsintensität als Funktion der Wellenlänge für einen schwarzen Strahler nach dem Planckschen Strahlungsgesetz

Nach dem Laserpuls kühlen sich die heißen Rußpartikel durch Wärmeübertragung an die umgebende Gasphase, durch Verdampfung und durch Emission von Wärmestrahlung ab. Die resultierende Abkühlrate hängt unter anderem vom Verhältnis von Partikeloberfläche zu Partikelvolumen der einzelnen Teilchen ab. So kühlen kleinere Partikel aufgrund der Wärmeübertragung an die Umgebung schneller ab als große Partikel.

Eine detaillierte, mathematische Beschreibung der LII findet sich in der Literatur: [MEL 84], [DAS 84], [HOF 93], [MEW 97], [FIL 99], [LEH 03]. Sie beruht auf einer Energie- und Massenbilanz und kann wie folgt formuliert werden:

$$\frac{4}{3} r \cdot c_{p,s} \cdot \varrho_s \frac{dT}{dt} = I \cdot Q_{abs}(r) - 4k(T - T_g) - 4\Delta H_v \cdot \varrho_v \cdot U_v / M_v - 4\sigma_{SB} \cdot \varepsilon \cdot (T^4 - T_a^4) \quad (3.53)$$

$$\varrho_s \frac{dr}{dt} = -\varrho_v \cdot U_v \tag{3.54}$$

mit:

$Q_{abs}(r)$:   Absorptionswirkungsfaktor $Q_{abs}(r) = Q_{abs} = C_{abs}/(\pi \cdot r^2)$

C_{abs}: Absorptionsquerschnitt [m²]

r: Teilchenradius [m]

k: Wärmeübergangskoeffizient $k = \alpha_T \dfrac{p}{8} \left(\dfrac{8R}{\pi \cdot M_g \cdot T_g} \right)^{\frac{1}{2}} \left(\dfrac{\gamma + 1}{\gamma - 1} \right)$

α_T: Akkommodationskoeffizient $\alpha_T = 0{,}28$ [CHW 11.2]

T: Teilchentemperatur [K]

T_g: Flammentemperatur [K]

γ: Adiabatenexponent $C_P/C_V \approx 1{,}37$

ΔH_v: Verdampfungsenthalpie von Kohlenstoff $\Delta H_v = 7{,}1 \cdot 10^5$ J/mol

M_v: Molare Masse von gasf. Kohlenstoff $M_v = 36$ g/mol

M_g: Mittlere Molmasse der Gasphase

ϱ_v: Dichte von gasförmigem Kohlenstoff [kg/m³]

$$\varrho_v = 2{,}3031 - 7{,}3106 \cdot 10^{-5} \cdot T \text{ [g/cm³] [MIC 03], [MIC 07]}$$

T^*:   Verdampfungstemperatur von Kohlenstoff $T^* = 3915$ K

U_v: Geschwindigkeit des Dampfs [m/s] $U_v = \sqrt{\dfrac{RT}{2\pi M_v}}$

ε: Emissionskoeffizient

σ_{SB}:   Stefan- Boltzmann- Konstante $\sigma_{SB} = 5{,}6704 \cdot 10^{-8}$ W/(m²K⁴)

T_a: Temperatur der Brennkammerwände [K]

ϱ_s: Dichte von Kohlenstoff $\varrho_s = 1860$ kg/m³

$c_{p,s}$: spezifische Wärmekapazität von Kohlenstoff $c_{p,s} = 1900$ J/(kg·K)

Die bei LII- Experimenten auftretenden Wärme- und Stoffströme sind ausführlich in der folgenden Abbildung 3-4 veranschaulicht. Dabei sind die Terme für die Absorption, der Anstieg der inneren Energie, der Verdampfung und der Strahlung die Terme aus (5.53) mit $\pi\cdot r^2$ erweitert:

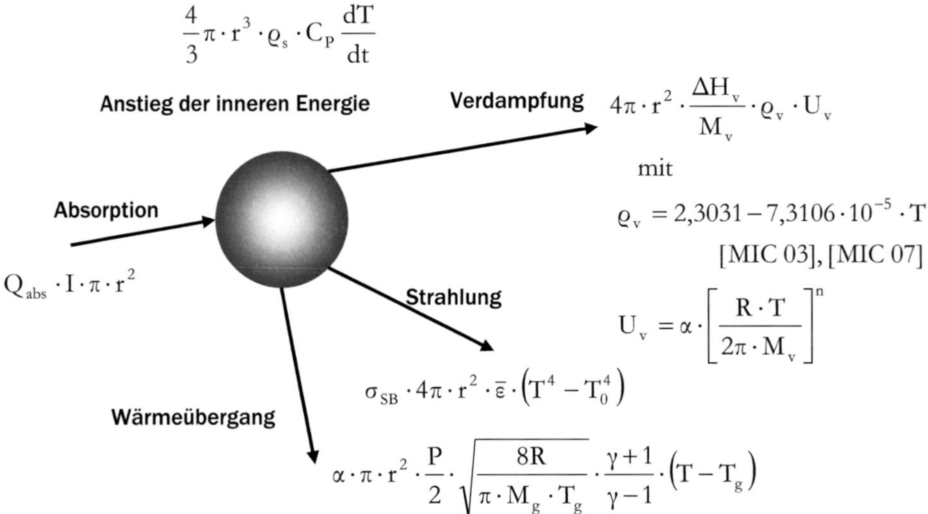

Abbildung 3-4: Energiebilanz eines Rußteilchens bei der Laserinduzierten Inkandeszenz [LEH 03], [CHW 11.2]

Der zeitliche Temperaturverlauf der Partikel kann durch numerische Integration dieses Systems gekoppelter Differentialgleichungen berechnet werden. Der Miesche Wirkungsfaktor Q_{abs} für Teilchen in der Rayleigh- Näherung ($r < 27$ nm) erhält man aus den Gleichungen (3.42) und (3.43):

$$Q_{abs} = Q_{ext} - Q_{sca} \approx Q_{ext} = \frac{C_{ext}}{\pi r^2} = -\frac{8\pi r}{\lambda_{ext}}\cdot Im\left(\frac{m^2-1}{m^2+2}\right) \tag{3.55}$$

Hierbei sind Q_{abs}, Q_{ext} und Q_{sca} die Wirkungsfaktoren der Absorption, der Extinktion und der Streuung und λ_{ext} die Emissionswellenlänge des frequenzverdoppelten Nd:YAG- Lasers, der zur Erzeugung der LII eingesetzt wird.

Die Zeitskalen der Aufheizung durch Absorption der Laserstrahlung und der Einstellung einer homogenen, gradientenfreien Teilchentemperatur für Teilchen im Rayleigh- Bereich liegt im Bereich von Pikosekunden [DAS 84], also deutlich unterhalb der Zeitskalen der Aufheizung (> 10 ns) und Detektion der Inkandeszenz (> 30 ns). Verdampfung und Wärmestrahlung können daher als räumlich isotrop in einem Partikel betrachtet werden.

Im Rahmen dieser Arbeit wird allerdings nicht der zeitliche Verlauf des LII-Signals (Time-Resolved LII) ausgewertet, sondern die gesamte LII-Intensität, die innerhalb des Kamera-Gates, also eines festgesetzten Zeitraums nach dem Laserpuls, integriert auftritt. Der hohe Umgebungsdruck der Flammen in Verbrennungsmotoren führt zu einem schnellen Temperatur- und Signalabfall. Daher kann nach Laserpulsen mit einer Halbwertsbreite von einigen Nanosekunden nicht mehr von einer einzigen Temperatur, gültig für alle Partikel, ausgegangen werden [CHW 11]. Dies ist aber die Vorausetzung, dass die Größenverteilung der Partikel basierend auf dem oben beschriebenen Modell aus dem zeitlichen Verlauf des LII- Signals numerisch simuliert werden kann. Charwath gibt für die Time-Resolved LII eine Grenze von wenigen bar an, schreibt aber weiter, dass sie bei Verwendung von Picosekunden-Laserpulsen auch bei hohen Drücken erfolgreich sein kann [CHW 11]. Obwohl aus dem oben genannten Grund keine Informationen aus dem LII-Signal über Partikel- oder Aggregatgrößen gewonnen werden können, ist es nahezu proportional zum Rußvolumenbruch [MEL 84], [VAN 94]

$$I_{LII} \sim N_V \cdot \int_0^\infty r^3 \cdot p(r) \cdot dr \sim f_v \qquad . \tag{3.56}$$

4 Eingesetzte Messtechniken

In diesem Kapitel werden die im Rahmen dieser Arbeit verwendeten Messtechniken vorgestellt. Dabei reicht die Bandbreite von Standardmesstechniken wie der Filter-Smoke-Number (FSN) über etablierte Messtechniken in der Forschung und Entwicklung (Zwei-Farben-Methode, LII) bis hin zu Messtechniken, die in dieser Form bisher noch nicht im Brennraum von laufenden Verbrennungsmotoren eingesetzt worden sind (RAYLIX).

Eine Beschreibung der experimentellen Anordnung an den untersuchten Einhubtriebwerken und Motoren erfolgt inklusive einer Zusammenfassung der technischen Daten des jeweiligen Versuchsträgers zu Beginn des jeweiligen Kapitels der experimentellen Ergebnisse.

4.1 Smoke-Meter (Filter-Smoke-Number FSN)

Ein Smoke-Meter dient zur Erfassung der Rauchwerte im Abgas von Dieselmotoren. Das Messprinzip beruht auf der Schwärzung eines weißen Filterpapiers durch Abscheidung von Ruß. Es ist offensichtlich, dass nur Partikel, die eine Verfärbung des Filterpapiers verursachen, erfasst werden. Dabei wird vorausgesetzt, dass nur Rußpartikel signifikant zur Filterschwärzung beitragen. Um eine quantitative Aussage über die emittierte Rußmenge zu treffen, muss weiterhin davon ausgegangen werden, dass die Partikel, unabhängig von ihrer Größe und Beschaffenheit, einheitlich effektiv abgeschieden werden. Dies stellt, vor allem im Hinblick auf sehr kleine Partikel mit wenigen Nanometern Durchmesser, wie sie bei der innermotorischen Verbrennung entstehen können, lediglich eine Näherung dar.

Nichts desto trotz ist die Bestimmung der Rauchwertmessung in den vergangenen Jahren zu einer Standardmethode in der Dieselmotorenentwicklung geworden, da mit überschaubarem Aufwand wichtige und reproduzierbare Aussagen über die Qualität der innermotorischen Verbrennung gemacht werden können. Durch die 1998 in der ISO DP 10054 festgelegte Standardisierung der Rauchwertmessung wurde der Messwert als Filter-Smoke-Number (FSN) definiert. Bis dahin war auch die Bosch-Schwärzungs-Zahl (BSZ) üblich, die direkt Proportional zur FSN ist: BSZ = FSN/1,12 [MAY 00].

Zur Bestimmung der FSN wird mittels einer Sonde ein definierter Volumenstrom aus der Mitte des Abgasstroms entnommen und durch ein spezielles Filterpapier geleitet. Die nach einer bestimmten Zeit durch die Rußpartikel verursachte Schwärzung des Filters wird automatisch durch einen optischen Messkopf (Reflektometer) erfasst. Die Papier-Schwärzung PS wir über Gleichung (4.1) bestimmt:

$$PS = 10 \cdot \left(1 - \frac{R_G}{R_W}\right) \tag{4.1}$$

Dabei ist R_G das Reflexionsvermögen des geschwärzten Filterpapiers, R_W das Reflexionsvermögen des ungenutzten, weißen Filterpapiers. Damit bekommt ungenutztes also weißes Filterpapier die Papier- Schwärzung Null, vollständig schwarzes Papier bekommt die Papier- Schwärzung Zehn. Da diese Zahl nicht nur von der Rußkonzentration im Abgas sondern auch von der angesaugten Probenmenge V_S und der Filterfläche A_F abhängt, sind letztere durch die Normsauglänge L_{norm} festgelegt:

$$L_{norm} = \frac{V_S - V_T - V_L}{A_F} \tag{4.2}$$

Dabei ist V_T das Totvolumen zwischen Entnahmesonde und Filterpapier. Da die Entnahmeleitung bis unmittelbar vor der Messung mit Druckluft (rück-)gespült wird, ist das Totvolumen immer frei von Partikeln. Das Leckagevolumen V_L besteht aus (Umgebungs-) Luft, die durch Undichtigkeiten mit angesaugt wird.

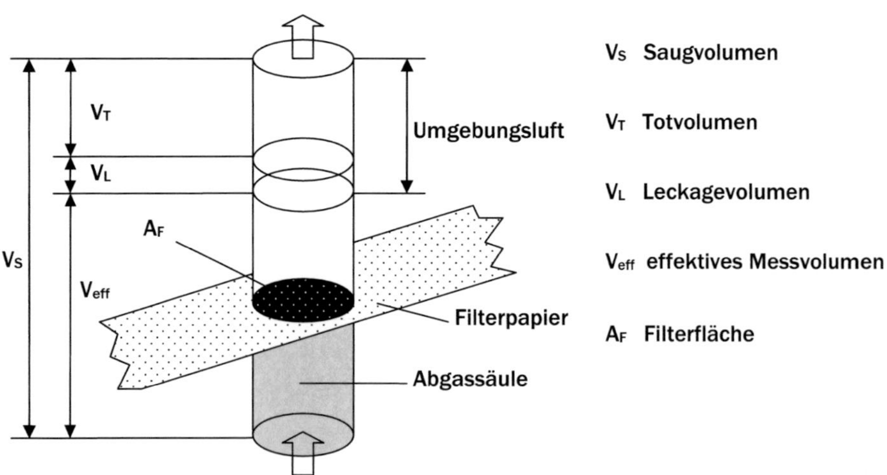

Abbildung 4-1: Prinzipskizze der FSN- Messung [AVL 05], [STU 08]

Ist die Normsauglänge nach ISO DP 10054 genau 405 mm, dann entspricht die FSN direkt der Papierschwärzungszahl PS. Für besonders hohe oder niedrige Rußkonzentrationen gleicht das Gerät das angesaugte Abgasvolumen an, um eine Papierschwärzungszahl von $2{,}5 \pm 1{,}5$ und damit den bestmöglichen Messbereich des Reflektometers zu erreichen. In diesem Fall wird die gemessene PS auf die Normsauglänge umgerechnet und als FSN ausgegeben. Zur Vermeidung von Kondensation des im Abgas enthaltenen Wasserdampfs wird sowohl die Probennahmeleitung als auch das Geräteinnere beheizt.

Eine Umrechnung der Filter-Smoke-Number in eine Rußkonzentration in $\mathrm{mg/m^3}$ kann geräteintern geschehen oder nach Rothe [ROT 06]:

$$c_{\mathrm{Ruß}} = 12{,}2 \cdot \mathrm{FSN} \cdot e^{(0{,}38 \cdot \mathrm{FSN})} \tag{4.3}$$

4.2 (Erweiterte) Zwei-Farben-Methode (2FM)

Die Zwei-Farben-Methode ist ein pyrometrisches Verfahren zur Bestimmung von Temperatur und Rußkonzentration in einer leuchtenden Flamme. Leuchtende Flammen sind solche, die Rußteilchen beinhalten, welche bei der Flammentemperatur durch die thermische Strahlung ein breitbandiges, meist gelbliches Licht abstrahlen. Leuchtende Flammen (z.B. Kerze, Streichholz, Öllampe, Verbrennung im Dieselmotor) sind im Allgemeinen wesentlich heller als nicht leuchtende Flammen (z.B. Gasherd, Lötlampe, Laborbrenner, Gasheizung), die nur in diskreten Wellenlängen(-bereichen) durch chemische angeregte Spezies wie der Verbrennungsreaktion meist bläuliches Licht emittieren. Diese angeregten Spezies sind nach Anikin $CH(A^2\Delta,\ B^2\Sigma^-)$, $OH(A^2\ \Sigma^+)$, $C_2(d^3\Pi_g)$ $HCO(A^2A'',\ B^2A')$, $CO(A^1\Pi,\ d^3\Delta,\ a^3\Pi)$ und $CO_2(A^1B_2)$ [ANI 10], [ANI 12].

Wie der Name bereits vermuten lässt, basiert die Zwei-Farben-Methode auf der Analyse zweier diskreter Wellenlängen. Da jedoch Annahmen hinsichtlich der optischen Rußeigenschaften getroffen werden müssen und sich weiterhin Fehlereinflüsse bei Messung und Kalibrierung ergeben, verwendet man bei der erweiterten Zwei-Farben-Methode drei Wellenlängen. Damit ergeben sich drei Wellenlängenpaare, die zur Berechnung herangezogen werden können. Die damit ermittelten Temperatur- und Rußkonzentrationen liegen im besten Fall übereinander.

Die im Brennraum entstehende elektromagnetische Strahlung des Rußes kann über optische Sonden und Lichtleiter den Detektoren zugeführt werden. Als Detektor eignen sich Fotodioden, die in hoher zeitlicher Auflösung ein der Einstrahlintensität proportionales

Spannungssignal erzeugen. Der in dieser Arbeit verwendete Aufbau ist in Abbildung 4-2 dargestellt.

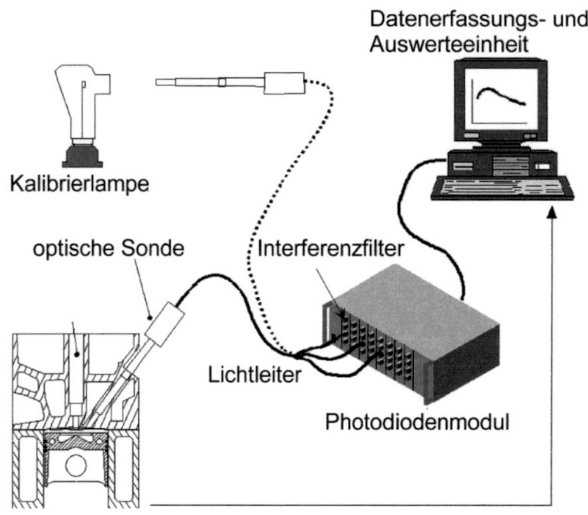

Abbildung 4-2: Prinzipskizze des Versuchsaufbaus der Erweiterten Zwei-Farben-Methode [MAY 00], [STU 08]

Die optische Sonde besitzt ein kegelförmiges Erfassungsvolumen. Das einfallende Licht wird demnach über ein sich daraus ergebendes Messvolumen integriert. Das Lichtleitkabel wird in drei einzelne Bündel aufgeteilt, die jeweils an einem separaten Eingang am Fotodiodenmodul enden. Dort erfolgt die Selektion der Wellenlängen durch Interferenzfilter. Die Strahlungssignale, die nach dem Passieren der Interferenzfilter auf die Fotodioden treffen, werden von diesen in zur Intensität proportionale Spannungssignale umgewandelt. Die Ausgangsspannungen der einzelnen Kanäle werden mit Hilfe eines Zylinderdruckindiziersystems kurbelwinkelaufgelöst aufgezeichnet. Sie setzen sich wie folgt zusammen:

$$U = e(\lambda) \cdot r(\lambda) \cdot L_\lambda(\lambda) \cdot \Delta\lambda \cdot \Omega_K \cdot A_{LL} \tag{4.4}$$

mit:

U: Ausgangsspannung [V]

$e(\lambda)$:   Proportionalitätsfaktor des Messkanals [V/W]

$r(\lambda)$:   spektraler Transmissionsgrad des optischen Messweges

$L_\lambda(\lambda)$ spektrale Strahldichte [$W \cdot sr^{-1} \cdot m^{-3}$]

$\Delta\lambda$ Halbwertsbreite der Interferenzfilter [m]

Ω_K Raumwinkel der auftreffenden Strahlung [sr]

A_{LL} bestrahlte Lichtleiterfläche [m^2]

Jeder Körper absorbiert und emittiert elektromagnetische Strahlung, lediglich am absoluten Nullpunkt wird keine Strahlung mehr emittiert. Die Intensität der emittierten Strahlung steigt stark mit der Temperatur des Körpers an. Ebenso ändert sich die spektrale Verteilung der Strahlung mit der Temperatur. Man unterscheidet hierbei grundsätzlich zwischen drei Arten strahlender Körper: Der schwarze Strahler absorbiert die gesamte auf ihn auftreffende Strahlung. Parallel dazu emittiert er elektromagnetische Strahlung entsprechend seiner Temperatur. Ein grauer Strahler absorbiert einen Teil der auf ihn treffenden Strahlung, der Rest wird reflektiert. Nach dem Kirchhoffschen Gesetz muss die Summe aus Emissions- und Reflexionsvermögen gleich eins sein. Demnach besitzt ein grauer Strahler ein kleineres Emissionsvermögen als ein schwarzer Strahler, was durch einen Emissionskoeffizienten $\varepsilon < 1$ ausgedrückt wird. Bei realen Strahlern ist dieser Emissionskoeffizient nicht konstant, sondern von der Wellenlänge abhängig.

Als Grundlage für die Berechnung der Temperatur dient das Plancksche Strahlungsgesetz aus Gleichung (3.52) und Abbildung 3-3. Für die Temperaturbestimmung stehen zwei Methoden zur Auswahl, die in den folgenden Kapiteln 4.2.1und 4.2.2 erläutert werden. Bei der Relativmethode wird der Ruß näherungsweise als grauer Strahler (Emissionskoeffizient unabhängig von der Wellenlänge) betrachtet [PER 80] und man erhält eine analytische Lösung für die Temperatur. Bei der Absolutmethode wird der Ruß als realer Strahler betrachtet und man kann neben der Temperaturbestimmung aus den gemessenen Strahlungsintensitäten auch die Rußkonzentration berechnen. Die Berechnung muss allerdings iterativ geschehen, so dass das Ergebnis nicht mehr analytisch, sondern numerisch erhalten wird.

4.2.1 Relativmethode

Die spektrale Strahlungsintensität eines realen Temperaturstrahlers L_λ leitet sich vom Planckschen Strahlungsgesetz für den schwarzen Strahler ab:

$$L_\lambda(\lambda, T) = \varepsilon(\lambda) \cdot L_{\lambda,S}(\lambda, T) \qquad (4.5)$$

Unter der Voraussetzung, dass die Rußteilchen graue Strahler sind, ist ihr spektraler Emissionsgrad ε unabhängig von der Wellenlänge, d.h. $\varepsilon(\lambda_1) = \varepsilon(\lambda_2)$ [RWT 11], [UNI 12]. Die spektrale Strahlungsintensität kann innerhalb des hier interessierenden Temperatur- und Wellenlängenbereichs (300 K - 2800 K und 600 nm - 900 nm) in der Wienschen Näherung

$$\exp\left(\frac{h \cdot c}{\lambda \cdot k_B \cdot T}\right) - 1 \quad \approx \quad \exp\left(\frac{h \cdot c}{\lambda \cdot k_B \cdot T}\right) \qquad (4.6)$$

verwendet werden, da gilt $\exp\left(\dfrac{h \cdot c}{900 \cdot 10^{-9}\,\mathrm{m} \cdot k_B \cdot 2800\,\mathrm{K}}\right) = 301 \qquad \gg 1$.

Damit folgt für die spektrale Strahlungsintensität:

$$L_{\lambda,S}(\lambda, T) = \frac{2\pi \cdot h \cdot c^2}{\lambda^5} \cdot \frac{1}{\exp\left(\dfrac{h \cdot c}{\lambda \cdot k_B \cdot T}\right)} \qquad (4.7)$$

Mit (4.5), (4.7) und einem wellenlängenunabhängigen ε lässt sich aus dem Verhältnis der Strahlungsdichten bei zwei verschiedenen Wellenlängen

$$\frac{\varepsilon \cdot L_{\lambda,S}(\lambda_1, T)}{\varepsilon \cdot L_{\lambda,S}(\lambda_2, T)} = \frac{L_{\lambda,S}(\lambda_1, T)}{L_{\lambda,S}(\lambda_2, T)} = \frac{L_\lambda(\lambda_1, T)}{L_\lambda(\lambda_2, T)} \qquad (4.8)$$

direkt die Temperatur berechnen:

$$T = \frac{\dfrac{h \cdot c}{k_B}\left(\dfrac{1}{\lambda_2} - \dfrac{1}{\lambda_1}\right)}{\ln\left(\dfrac{L_\lambda(\lambda_1)}{L_\lambda(\lambda_2)} \cdot \left(\dfrac{\lambda_1}{\lambda_2}\right)^5\right)} \qquad (4.9)$$

Das Verhältnis der Strahldichten eines schwarzen Strahlers bei den gewählten Wellenlängen $L_{\lambda,S}(\lambda_1)/L_{\lambda,S}(\lambda_2)$ entspricht dem Verhältnis der Messsignale (z.B. der Spannungen

U_1/U_2 nach Abbildung 4-2) multipliziert mit einem Kalibrierfaktor $K(\lambda_1, \lambda_2)$, der zuvor mit Hilfe einer kalibrierten Strahlungsquelle (Kalibrierlampe) mit bekannten Strahldichten $L_{\lambda,S}(\lambda_1)$ und $L_{\lambda,S}(\lambda_2)$ ermittelt wurde. Die Messsignale sind hier die aufgezeichneten Spannungen U_1 und U_2:

$$T = \frac{\dfrac{h \cdot c}{k_B}\left(\dfrac{1}{\lambda_2} - \dfrac{1}{\lambda_1}\right)}{\ln\left(\dfrac{U_1}{U_2} \cdot \dfrac{1}{K(\lambda_1,\lambda_2)} \cdot \left(\dfrac{\lambda_1}{\lambda_2}\right)^5\right)} \tag{4.10}$$

4.2.2 Absolutmethode

Die Abhängigkeit des Absorptionskoeffizienten von der Wellenlänge für teilweise lichtdurchlässige Medien folgt dem Lambert- Beerschen- Gesetz (Gleichung (3.40)) für eine Schicht bestimmter Dicke L:

$$\varepsilon(\lambda) = 1 - e^{(-K_{ext}(\lambda)\cdot L)} \tag{4.11}$$

Im Folgenden wird der Extinktionskoeffizient ersetzt durch das Produkt aus Massenextinktionsquerschnitt $A_{ext}(\lambda)$ und Massenkonzentration C:

$$K_{ext} = A_{ext}(\lambda) \cdot C \tag{4.12}$$

Der Massenextinktionsquerschnitt A_{ext} ist die Summe aus Massenabsorptionsquerschnitt A_{abs} und Massenstreuquerschnitt A_{str}. Im Folgenden wird angenommen, dass der Massenstreuquerschnitt A_{str} gegenüber dem Massenabsorptionsquerschnitt A_{abs} vernachlässigbar klein ist. Dies führt, entsprechend [ZHA 98] zur folgenden, empirischen Korrelation für den spektralen Emissionskoeffizienten:

$$\varepsilon(\lambda) = 1 - e^{(-A_{abs}(\lambda)\cdot C \cdot L)} \tag{4.13}$$

Dabei ist A_{abs} der Massenabsorptionsquerschnitt, der sich aus dem dimensionslosen Absorptionsquerschnitt C_{abs}, der Dichte ϱ_s und dem Radius r der Rußteilchen berechnen lässt [ISH 78]:

$$A_{abs} = \frac{3 \cdot C_{abs}}{4 \cdot \varrho_s \cdot r} \tag{4.14}$$

Der Zusammenhang zwischen der Strahlungsdichte eines realen und eines schwarzen Temperaturstrahlers (Gleichung (4.5)) kann auch mit Hilfe der Schwarzstrahlertemperatur T_S anstatt mit Hilfe des Emissionskoeffizienten $\varepsilon(\lambda)$ beschrieben werden:

$$L_\lambda(\lambda, T) = L_{\lambda,S}(\lambda, T_S) \tag{4.15}$$

Die Temperatur T_S ist die Temperatur, die ein schwarzer Strahler annehmen müsste, um die gleiche Strahlungsdichte zu emittieren wie der reale Strahler bei der gesuchten realen Temperatur T. T_S kann über die Gleichung für die spektrale Strahlungsleistung (4.7) aus Kalibrierung und Messung berechnet werden.

Aus Gleichung (4.5) und (4.15) folgt

$$\varepsilon(\lambda) = \frac{L_{\lambda,S}(\lambda, T_S)}{L_{\lambda,S}(\lambda, T)} \tag{4.16}$$

und nach Verwendung von Gleichung (4.7)

$$\varepsilon(\lambda) = \frac{\exp\left(\dfrac{h \cdot c}{\lambda \cdot k_B \cdot T}\right)}{\exp\left(\dfrac{h \cdot c}{\lambda \cdot k_B \cdot T_S}\right)} \cdot \tag{4.17}$$

Dieser Ausdruck für den Emissionskoeffizienten eingesetzt in (4.13) ergibt

$$\exp\left(-A_{abs}(\lambda) \cdot C \cdot L\right) = -\left(\frac{\exp\left(\dfrac{h \cdot c}{\lambda \cdot k_B \cdot T}\right)}{\exp\left(\dfrac{h \cdot c}{\lambda \cdot k_B \cdot T_S}\right)} - 1\right) \tag{4.18}$$

beziehungsweise

$$C \cdot L = \frac{-1}{A_{abs}(\lambda)} \cdot \ln\left(1 - \frac{\exp\left(\dfrac{h \cdot c}{\lambda \cdot k_B \cdot T}\right)}{\exp\left(\dfrac{h \cdot c}{\lambda \cdot k_B \cdot T_S}\right)}\right) \cdot \tag{4.19}$$

Für zwei verschiedene Wellenlängen λ_1 und λ_2 ergeben sich zwei Massenabsorptionsquerschnitte $A_{abs,1}$ und $A_{abs,2}$ sowie zwei Schwarzstrahlertemperaturen $T_{S,1}$ und $T_{S,2}$:

$$\frac{1}{A_{abs,1}} \cdot \ln\left(1 - \frac{\exp\left(\dfrac{h \cdot c}{\lambda_1 \cdot k_B \cdot T}\right)}{\exp\left(\dfrac{h \cdot c}{\lambda_1 \cdot k_B \cdot T_{S,1}}\right)}\right) = \frac{1}{A_{abs,2}} \cdot \ln\left(1 - \frac{\exp\left(\dfrac{h \cdot c}{\lambda_2 \cdot k_B \cdot T}\right)}{\exp\left(\dfrac{h \cdot c}{\lambda_2 \cdot k_B \cdot T_{S,2}}\right)}\right) \qquad (4.20)$$

beziehungsweise

$$\left(1 - \exp\left[\frac{h \cdot c}{\lambda_1 \cdot k_B} \cdot \left(\frac{1}{T} - \frac{1}{T_{S,1}}\right)\right]\right)^{\frac{1}{A_{abs,1}}} = \left(1 - \exp\left[\frac{h \cdot c}{\lambda_2 \cdot k_B} \cdot \left(\frac{1}{T} - \frac{1}{T_{S,2}}\right)\right]\right)^{\frac{1}{A_{abs,2}}} \qquad (4.21)$$

und weiterhin

$$\exp\left[\frac{h \cdot c}{\lambda_1 \cdot k_B} \cdot \left(\frac{1}{T} - \frac{1}{T_{S,1}}\right)\right] = 1 - \left(1 - \exp\left[\frac{h \cdot c}{\lambda_2 \cdot k_B} \cdot \left(\frac{1}{T} - \frac{1}{T_{S,2}}\right)\right]\right)^{\frac{A_{abs,1}}{A_{abs,2}}} . \qquad (4.22)$$

Nach weiterer Umformung erhält man einen Ausdruck, aus dem sich die reale Temperatur T iterativ berechnen lässt [MAY 00], [STU 08]:

$$T = \frac{1}{\dfrac{1}{T_{s,1}} + \dfrac{\lambda_1 \cdot k_B}{h \cdot c} \cdot \ln\left[1 - \left(1 - \exp\left[\dfrac{h \cdot c}{\lambda_2 \cdot k_B} \cdot \left(\dfrac{1}{T} - \dfrac{1}{T_{S,2}}\right)\right]\right)^{\frac{A_{abs,1}}{A_{abs,2}}}\right]} \qquad (4.23)$$

Mit der nun bekannten, realen Temperatur als Lösung kann ausgehend von Gleichung (4.18) die zugehörige Rußkonzentration berechnet werden:

$$\exp\left(-A_{abs}(\lambda) \cdot C \cdot L\right) = 1 - \frac{\exp\left(\dfrac{h \cdot c}{\lambda \cdot k_B \cdot T}\right)}{\exp\left(\dfrac{h \cdot c}{\lambda \cdot k_B \cdot T_S}\right)} \qquad (4.24)$$

beziehungsweise

$$-A_{abs}(\lambda) \cdot C \cdot L = \ln\left(1 - \exp\left[\frac{h \cdot c}{\lambda \cdot k_B} \cdot \left(\frac{1}{T} - \frac{1}{T_S}\right)\right]\right) \qquad (4.25)$$

und schließlich [MAY 00], [STU 08]:

$$C = \frac{-1}{A_{abs}(\lambda) \cdot L} \cdot \ln\left(1 - \exp\left[\frac{h \cdot c}{\lambda \cdot k_B} \cdot \left(\frac{1}{T} - \frac{1}{T_S}\right)\right]\right) \tag{4.26}$$

Zur Berechnung der Temperatur- und Rußkonzentrationsverläufe wurde von Mayer [MAY 00] ein Programm erstellt, das die mit dem Zylinderdruckindiziersystem COMBI aufgezeichneten Spannungsverläufe einlesen kann und für jedes Wellenlängenpaar in hoher zeitlicher Auflösung von Bruchteilen eines Kurbelwinkels einen Temperatur- und Rußkonzentrationsverlauf berechnet. Dazu müssen den Spannungsverläufen mittels Kalibrierung des optischen Aufbaus spektrale Strahlungsgrößen zugeordnet werden. Als Strahlungsnormal für die Kalibrierung dient eine kalibrierte Wolframbandlampe für die die Strahldichteverteilung über den betrachteten Wellenlängenbereich bekannt ist (Abbildung 4-2).

4.3 RAYLIX / LII

Bei der RAYLIX- Technik [GEI 98], [SUN 99], [BOC 02], handelt es sich um eine zweidimensionale Messtechnik zur Untersuchung von nanoskaligen Teilchen in gasförmiger Umgebung. Dabei wird eine kombinierte Messung von Rayleigh- Streuung, Laserinduzierter Inkandeszenz (LII) und Extinktion innerhalb einer zeitlich kurzen Messdauer ($\leq 0{,}1$ µs) vorgenommen. Allerdings müssen der komplexe Brechungsindex und die Partikelgrößenverteilung des Partikelensembles bekannt sein. Diese Daten liegen nur in wenigen Fällen, wie z.B. bei Ruß vor. Sie eignet sich als zweidimensionales, örtlich aufgelöstes und berührungsloses Messverfahren sehr gut zur Untersuchung der Struktur rußender, laminarer und turbulenter Flammen. In jüngerer Zeit kam die RAYLIX-Technik auch bei der Analyse von Abgasen aus bzw. Flammen in Verbrennungsmotoren zum Einsatz [STU 04], [HEN 05], [STU 05], [STU 08]. Mit Hilfe der RAYLIX- Technik ist es möglich nicht nur über die Rußmenge, sondern auch über die Partikelgröße und Partikelanzahl Informationen zu gewinnen. Konkret liefert sie örtlich aufgelöst den Rußvolumenbruch, den mittleren Teilchenradius und die Teilchenzahldichte.

4.3.1 Optischer Aufbau

Als Quelle sowohl für die Erzeugung der Rayleigh- Streuung als auch für die Aufheizung der Partikel bis zur Weißglut (LII) dient ein frequenzverdoppelter Nd:YAG- Laser (PIV

200-10 von Newport Spectra-Physics) mit einer Wellenlänge von 532 nm und einer Puls-dauer (FWHM, Full Width Half Maximum) von 10 ns. Zur Bestimmung der Rayleigh-Streuung von festen Partikeln und muss die Lasersbestrahlung klein genug sein (hier: < 1 mJ/cm^2), um die genannten Streuzentren nicht zu verdampfen. Dagegen wird eine verhältnismäßig große Bestrahlung benötigt (> 12 mJ/cm^2), um die Rußpartikel bis nahe an ihre Verdampfungstemperatur zu erhitzen und so die Weißglut einzuleiten. Daher wird der Laserpuls an einer Glasplatte in zwei Teilstrahlen, die über eine optische Verzöge-rungsstrecke zeitlich separiert werden, aufgeteilt (Abbildung 4-3). Sofern, wie hier, ein leistungsstarker Doppelpulslaser (PIV-Laser) zur Verfügung steht, kann auf die optische Verzögerungsstrecke verzichtet werden. Jeder der beiden Laserstrahlen durchläuft die gleiche Teleskopoptik, wodurch er jeweils auf ein Lichtband mit einer Dicke von wenigen Millimetern, typischerweise < 2 mm, aufgeweitet. Nach Passieren der Messstrecke werden die Laserpulse in einen einfachen Strahlfänger geleitet.

Der erste, intensitätsschwache Strahl wird beim Durchlaufen der Messstrecke an allen Streuzentren (Rußpartikel, aber auch Kraftstoff- oder Kondensattröpfchen) gestreut. Die-ses Licht wird von einer ICCD- Kamera (Intensified Charge-Coupled Device), die senk-recht zur Ausbreitungsrichtung des Laserstrahls positioniert ist, aufgezeichnet. Um den Einfluss sowohl des Flammeneigenleuchtens als auch von Umgebungslicht möglichst ge-ring zu halten, wird ein Schmalband- Interferenzfilter (532 nm, 10 nm FWHM), der nur Licht der Wellenlänge des Lasers transmittiert, verwendet. Gleichzeitig kann diese Kame-ra die Intensität des Laserstrahls vor und nach dem Durchlaufen des Messvolumens auf-zeichnen. Dazu wird mit Hilfe von Planglasplatten jeweils ein Teilstrahl ausgekoppelt und nach Fokussierung und mehrmaligem Umlenken bei gleichzeitiger Reduktion der Intensi-tät in Küvetten mit Farbstofflösung (z.B. Rhodamin 6G) gelenkt. Das sich aus den Kü-vetten ergebende Fluoreszenzlicht wird auf die Randbereiche der ICCD- Kamera proji-ziert. Aus der Intensität des ersten Laserstrahls vor und nach Durchlaufen des Messvolu-mens kann die Extinktion (Abschwächung) des Lichtes bestimmt werden. Unter der An-nahme, dass lediglich die Absorption an Rußteilchen einen wesentlichen Beitrag zur Ex-tinktion liefert, ist sie direkt proportional zu einem im Messvolumen örtlich gemittelten Rußvolumenbruch.

20 - 60 ns danach durchläuft der zweite, energiereiche Laserstrahl das Messvolumen und heizt die Rußpartikel deutlich über die Flammentemperatur, bis an ihre Verdampfungs-schwelle auf. Die Lichtemission der Rußteilchen als Temperaturstrahler ist nach dem Planckschen Strahlungsgesetz durch die im Vergleich zur Flammentemperatur erhöhte Temperatur stark gesteigert und das Maximum in der spektralen Verteilung zu kleineren

Wellenlängen gemäß dem Wienschen Verschiebungsgesetz verschoben. Dadurch lässt sich die Lichtemission des vom Laser aufgeheizten Rußes von der Lichtemission des umgebenden Rußes mit einem Breitband- Interferenzfilter (Transmission > 90% bei 420 nm, FWHM 100 nm) separieren. Eine zweite ICCD- Kamera, die ebenfalls senkrecht zur Ausbreitungsrichtung des Laserstrahls positioniert ist, zeichnet das LII- Signal auf.

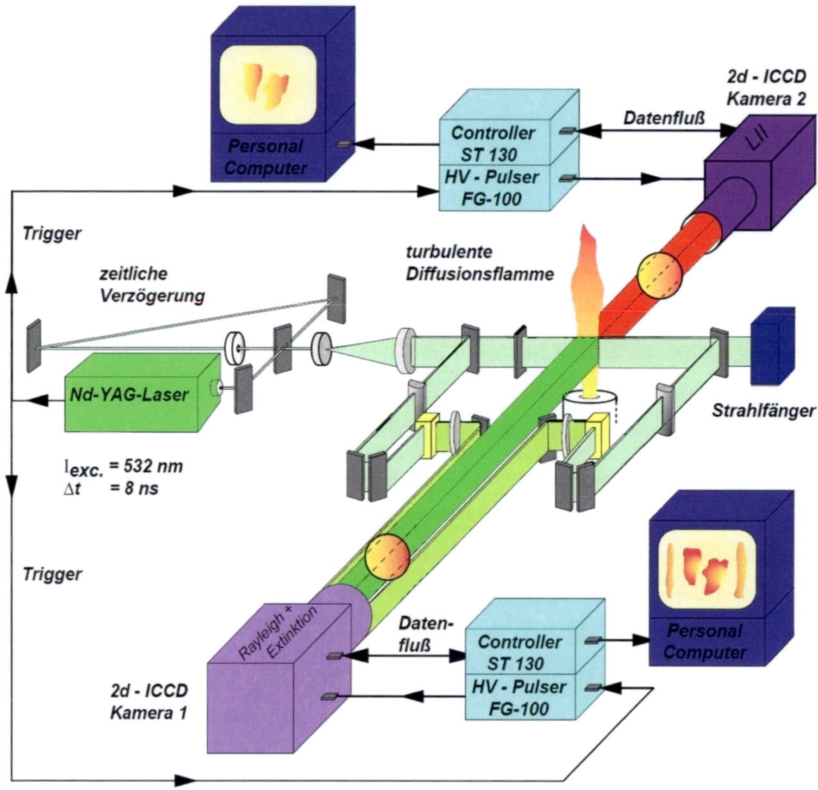

Abbildung 4-3: Messaufbau der RAYLIX- Technik (Laboraufbau) [SUN 99]

Da der Laserstrahl beim Durchlaufen der Probenstrecke teilweise absorbiert wird, muss seine Stärke idealerweise auch am Austritt der Messstrecke noch ausreichen um die Ruß- partikel dort auf annähernd die gleiche Temperatur aufzuheizen wie am Eingang der Messstrecke. Um dies zu erreichen wird genutzt, dass das LII- Signal bei gegebener Ruß- konzentration zunächst mit steigender Laserstärke steigt, dann ein Maximum durchläuft und schließlich leicht abfällt. Die Bestrahlung muss also so gewählt werden, dass sie etwas über der Verdampfungsschwelle, d.h. dem erwähnten Maximum, liegt. Leider geben verschiedene Autoren äußerst unterschiedliche Verdampfungsschwellen an. Sie reichen von 11 mJ/cm² [JUN 02] bis 200 mJ/cm² [LEH 05]. In dieser Arbeit wird von einer Verdampfungsschwelle von etwa 55 mJ/cm² ausgegangen. Damit liegen die eingesetzten Bestrahlungsstärken mit 110-210 mJ/cm² etwa zwei- bis dreimal höher als die angenommene Verdampfungsschwelle, so dass eine Extinktion von bis zu 66% nur einen sehr geringen Effekt auf die LII- Intensität haben sollte. Eine Ausnahme bilden lediglich die Messungen in Kapitel 6 mit einer Bestrahlungsstärke von ca. 30 mJ/cm². Dort wurde allerdings wegen der geringen Rußvolumenbrüche auch nur eine Extinktion von maximal 25% beobachtet.

Wie bereits erwähnt, ist die RAYLIX- Technik eine zweidimensionale Messtechnik. Bei dieser laserbasierten Messtechnik werden die Messsignale nur in der eng begrenzten Schnittebene, die das Laserband im Messvolumen aufspannt, generiert. Insbesondere bei hohen Rußkonzentrationen, wie sie in Verbrennungsmotoren teilweise auftreten können, können diese Messsignale allerdings auf ihrem Weg zu den Kameras durch Absorption oder Streuung verfälscht werden. Zur Quantifizierung kann man sich exemplarisch eine kugelförmige Rußwolke vorstellen, die 95% des Laserlichts absorbiert, d.h. $I_0/I = 20$. Derartig hohe Werte für die Extinktion sind im Rahmen dieser Messungen durchaus beobachtet worden. Das aus dem Zentrum der rotationssymmetrischen Rußwolke kommende LII-Signal wird in gleichem Maße wie das eingesetzte Laserlicht absorbiert, allerdings verbleibt von dort für die Extinktion lediglich die Hälfte der Strecke durch den absorbierenden Raum. Damit ergibt sich nach Gleichung (3.39) durch Halbierung der Strecke L ein Verhältnis I_0/I von 4,47. Im ungünstigsten Fall, das heißt für ein Volumenelement im Zentrum einer solchen kugelförmigen Rußwolke werden also nur 22,4% des LII-Signals erfasst, wohingegen der Effekt am Rand der detektierten Rußwolke stark abnimmt. Zusätzlich wird durch so hohe Rußkonzentrationen auch der Laserstrahl entsprechend stark absorbiert, was zu einer Asymetrie bei der Aufheizung der Partikel zwischen Lasereintritts- und Laseraustrittsseite führt. Leider gibt es keine Möglichkeit den daraus resultierenden Fehler zu korrigieren ohne detaillierte Informationen über die dreidimensionale Gestalt der Rußwolke. Um den Effekt möglichst klein zu halten, wurden nach den Erfahrungen aus der ersten Messkampagne (Kapitel 5) Einhubtriebwerke und Motoren untersucht, die wesentlich geringere Rußkonzentrationen zeigten (Kapitel 6 und 7) und zusätzlich die Dicke des Laserbandes erhöht. Durch die zuletzt genannte Maßnahme wird auch bei geringeren Rußkonzentrationen ausreichend viel Ruß aufgeheizt um ein starkes LII-Signal zu generieren.

Der oben beschriebene Aufbau ist jedoch gegen Erschütterungen und Bewegungen des Versuchsträgers durch die vielen Strahlumlenkungen recht störanfällig. Außerdem ist zwischen der Verkabelung und den Versorgungsleitungen eines Motoren- oder Einhubtriebwerks- Prüfstands oft nur wenig Raum für Halterungen für Linsen, Spiegel und Küvetten. Um den optischen Aufbau der RAYLIX- Technik an einem solchen Prüfstand zu vereinfachen respektive überhaupt zu ermöglichen, wurde ein PIV-Laser (Doppelpulslaser), der zwei aufeinander folgende Laserpulse mit unterschiedlicher Intensität und frei wählbarer zeitlicher Verzögerung bereitstellen kann, verwendet. Damit konnte auf den aufwändigen Aufbau und das Ausrichten der Verzögerungsstrecke verzichtet werden. Für eine weitere Vereinfachung wurden die Intensitäten der ausgekoppelten Teilstrahlen vor und nach der Messstrecke höhenintegriert von schnellen Fotodioden anstatt von der Streulicht- Kamera erfasst. Der Spannungsverlauf der Fotodioden wurde von einem digitalen Speicheroszilloskop (Bandbreite 500 MHz, Digitalisierungsrate 2 GS/s) aufgezeichnet. Weiterhin reicht ein einzelner, großer, optischer Zugang für beide ICCD- Kameras aus, wenn das Rayleigh- und das LII- Signal über einen Langpassfilter getrennt werden. Licht kleinerer Wellenlänge als die des Lasers wird dann an diesem, um 90° umgelenkt zur LII- Kamera reflektiert, während die Rayleigh Kamera in der direkten optischen Achse steht und das Streulicht des Lasers durch den Langpassfilter hindurch aufnimmt.

4.3.2 Kalibrierung und Auswertung

Wie bereits in Kapitel 3.1.4 erwähnt, müssen die ortsaufgelösten LII- Signale mit dem Rußvolumenbruch aus der Extinktion kalibriert werden. Die Extinktion liefert jedoch nur dann direkt einen Wert für die Konzentration, wenn letztere über das gesamte Messvolumen konstant ist. Dies kann durch Verkleinerung des Messvolumens zumindest näherungsweise erreicht werden. In stabilisierten Diffusionsflammen brachte Yang [YAN 05] zu diesem Zweck gegenüberliegende Rohre in die Flamme, durch die der Laserstrahl ohne Abschwächung zum Messvolumen bzw. ohne weitere Abschwächung vom Messvolumen zum Detektor gelangen konnte. Im Brennraum eines Verbrennungsmotors scheidet diese Methode aus naheliegenden Gründen aus. Stattdessen werden zur Ermittlung des Kalibrierfaktors lediglich Messungen mit einer kleinen, möglichst homogenen Rußwolke herangezogen. Das Messvolumen kann bei waagerecht verlaufendem Laserband auf die Höhe der Rußwolke zugeschnitten werden, wenn keine Extinktion außerhalb der Rußwolke stattfindet. Leider ergibt sich im praktischen Messbetrieb durch die Ein- und Austrittsfenster für den Laserstrahl immer eine Extinktion aufgrund von Lichtstreuung und/oder Absorption [SCH 00]. Unter der Voraussetzung, dass dieser Beitrag für alle Messungen konstant ist, kann er durch Referenzmessungen ohne Flamme und Einführung eines Korrekturfaktors d_{korr} eliminiert werden. Gleichung (3.39) nimmt dann die folgende Form an:

$$\frac{I_{0,mess}}{I_{mess}} = d_{korr} \cdot \exp(K_{ext} \cdot L) \tag{4.27}$$

Der Korrekturfaktor wird durch eine Referenzmessung von I und I_0 ohne Flamme bestimmt. Die Extinktion durch das Gas (Luft) kann dabei vernachlässigt werden, das heißt für den Extinktionskoeffizienten gilt $K_{ext,ref} = 0$, woraus folgt:

$$\frac{I_{0,ref}}{I_{ref}} = d_{korr} \tag{4.28}$$

Aus den Gleichungen (4.27) und (4.28) folgt daraus

$$\frac{I_{0,mess}}{I_{mess}} = \frac{I_{0,ref}}{I_{ref}} \cdot \exp(K_{ext} \cdot L) \tag{4.29}$$

beziehungsweise mit (3.39)

$$\frac{I_0}{I} = \frac{I_{0,mess}}{I_{0,ref}} \cdot \frac{I_{ref}}{I_{mess}} \cdot \tag{4.30}$$

Damit ergibt sich ein über das zugeschnittene Messvolumen gemittelter Extinktionskoeffizient K_{ext}, der zur Berechnung eines, über das zugeschnittene Messvolumen gemittelten, Rußvolumenbruchs herangezogen wird (3.47). Dasselbe zugeschnittene Messvolumen wird genutzt, um eine mittlere Intensität aus den gemessenen LII- Signalen zu berechnen. Das bedeutet, die Länge der Extinktionsstrecke L stimmt mit der Ausdehnung des zugeschnittenen Messvolumens in Ausbreitungsrichtung des Laserlichtbands überein.

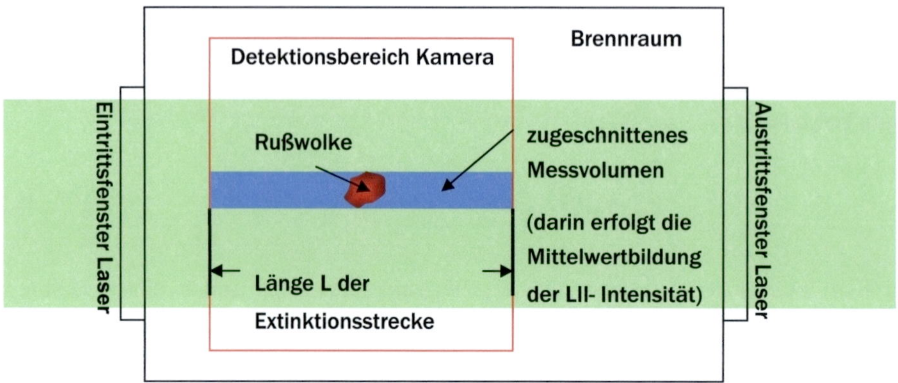

Abbildung 4-4: Geometrische Abhängigkeit bei Kalibrierung der LII- Signale mit der Extinktion

Sowohl in dieser Arbeit als auch in Abbildung 4-4 wurde die von der Kamera erfasste Länge gewählt, da sich daraus eine Vereinfachung bei der Auswertung ergibt. Dazu muss der Detektionsbereich der Kameras vollständig innerhalb der Brennkammer liegen und zusätzlich darf außerhalb des Detektionsbereichs kein Ruß vorliegen. Alternativ dazu muss sichergestellt sein, dass eventuell auftretendem Fremdlichteinfluss auf dem Kamerachip außerhalb des Brennraums nicht versehentlich Ruß zugeordnet wird. Aus dem mittleren Rußvolumenbruch $f_{V,mit}$ aus der Extinktion und der mittleren LII- Intensität $I_{LII,mit}$ folgt ein Kalibrierfaktor für die LII- Kalibrierung u_{cal}. Mit ihm können alle Messungen, die unter denselben Bedingungen (optischer Aufbau, Laserstärke, Kameraeinstellungen) gemacht werden, kalibriert werden. Der örtlich aufgelöste Rußvolumenbruch f_V lässt sich damit aus den LII- Intensitäten I_{LII} berechnen:

$$f_V = I_{LII} \cdot u_{cal} \tag{4.31}$$

mit

$$u_{cal} = \frac{f_{V,mit}}{I_{LII,mit}} \tag{4.32}$$

Zur Kalibrierung der ortsaufgelösten Rayleigh- Streulichtintensitäten wird, wie in Kapitel 3.1.4 beschrieben, eine Referenz- Streulichtmessung an Luft durchgeführt und man erhält aus (3.48) und (3.49):

$$\bar{r}_m = \sqrt[3]{-\frac{\lambda^3 \cdot \mathrm{Im}\left(\frac{m^2-1}{m^2+2}\right) \cdot \frac{I_{sca} \cdot K_{sca,ref}}{I_{sca,ref}}}{2\pi^2 \cdot \left|\frac{m^2-1}{m^2+2}\right|^2 \cdot \exp\left(13,5\sigma^2\right) \cdot K_{ext}}} \qquad (4.33)$$

$$N_V = \frac{K_{ext}^2 \cdot \left|\frac{m^2-1}{m^2+2}\right|^2 \cdot \exp\left(9\sigma^2\right)}{4\lambda^2 \cdot \frac{I_{sca} \cdot K_{sca,ref}}{I_{sca,ref}} \cdot \left(\mathrm{Im}\left(\frac{m^2-1}{m^2+2}\right)\right)^2} \qquad (4.34)$$

$K_{sca,ref}$ ist wiederum in Gleichung (3.51) definiert. Mit dem lokalen Rußvolumenbruch nach Gleichung (3.47) anstelle des lokalen Extinktionskoeffizienten folgt für den mittleren Partikelradius und die Teilchenzahldichte schließlich

$$\bar{r}_m = \sqrt[3]{\frac{\lambda^4 \cdot \frac{I_{sca} \cdot K_{sca,ref}}{I_{sca,ref}}}{12\pi^3 \cdot \left|\frac{m^2-1}{m^2+2}\right|^2 \cdot \exp\left(13,5\sigma^2\right) \cdot f_V}} \qquad (4.35)$$

und

$$N_V = \frac{f_V^2 \cdot \left|\frac{m^2-1}{m^2+2}\right|^2 \cdot \exp\left(9\sigma^2\right) \cdot \frac{9\pi^2}{\lambda^4}}{\frac{I_{sca} \cdot K_{sca,ref}}{I_{sca,ref}}}. \qquad (4.36)$$

In Analogie zu Gleichung (4.32) kann zweckmäßigerweise auch hier ein Kalibrierfaktor für die Rayleigh- Kalibrierung v_{cal} definiert werden

$$v_{cal} = \frac{K_{sca,ref}}{I_{sca,ref}}, \qquad (4.37)$$

womit die Gleichungen (4.35) und (4.36) übergehen zu

$$\bar{r}_m = \sqrt[3]{\frac{\lambda^4 \cdot I_{sca} \cdot v_{cal}}{12\pi^3 \cdot \left|\frac{m^2-1}{m^2+2}\right|^2 \cdot \exp\left(13,5\sigma^2\right) \cdot f_V}} \qquad (4.38)$$

und

$$N_V = \frac{f_v^2 \cdot \left|\dfrac{m^2-1}{m^2+2}\right|^2 \cdot \exp\!\left(9\sigma^2\right) \cdot \dfrac{9\pi^2}{\lambda^4}}{I_{sca} \cdot v_{cal}} \qquad (4.39)$$

5 Verifizierung der Anwendbarkeit der RAYLIX- Messtechnik zur innermotorischen Rußdiagnostik

Wie bereits mehrfach erwähnt, wurde die RAYLIX- Technik bisher noch nicht im Inneren eines Verbrennungsmotors eingesetzt. Die Gründe dafür sind vielschichtig, jedoch ausnahmslos der schwierigen experimentellen Durchführbarkeit zuzuordnen. Aus den in Kapitel 1.3 erläuterten Gründen war es angebracht, die RAYLIX- Messtechnik zunächst unter lediglich motornahen Einsatzbedingungen zu testen und durch Vergleich mit etablierten Messtechniken deren grundsätzliche Anwendbarkeit zu demonstrieren. Motornahe Verbrennungsbedingungen werden seit vielen Jahrzehnten erfolgreich durch den Einsatz sogenannter Einhubtriebwerke (EHT) realisiert und untersucht. Sie sind auch unter ihrem englischen Namen „Rapid Compression Machine" oder kurz RCM bekannt. Die im Rahmen dieser Messungen eingesetzten Einhubtriebwerke verrichten im Prinzip zwei Hübe eines 4-Takt-Motors: Den Kompressionshub und den Expansions-/Arbeitshub. Anders als im Verbrennungsmotor nimmt die Geschwindigkeit des Kolbens vor/beim Erreichen des unteren Totpunkts, also zum Ende der beiden ausgeführten Takte, allerdings nicht mechanisch kontrolliert ab. Ein wesentlicher Vorteil von Einhubtriebwerken ist die Möglichkeit sie, im Gegensatz zu kontinuierlich betriebenen Motoren, praktisch schmierölfrei betrieben zu können. Öl stellt beim Einsatz von optischen Messtechniken immer eine potentielle Herausforderung dar, da es sich leicht als dünner Film auf Fenster oder optische Komponenten niederschlagen kann.

5.1 Experimenteller Aufbau

Zur Adaption der RAYLIX- Messtechnik mussten sowohl konstruktive Änderungen am genutzten Einhubtriebwerk vorgenommen, als auch der experimentelle Aufbau der Lasermesstechnik aufgrund der beengten räumlichen Verhältnisse vereinfacht werden. Da es sich bei Flammen in einem Verbrennungsmotor um ein temporär eng begrenztes Ereignis handelt, ist bei der Durchführung eines Messvorgangs eine fest definierte Abfolge der Auslösung der beteiligten Komponenten einzuhalten. Die erforderliche zeitliche Genauigkeit erstreckt sich dabei über einige Größenordnungen: Die mechanischen Komponenten bewegen sich mit einer zeitlichen Ungenauigkeit zwischen den einzelnen Zyklen von etwa einer Millisekunde, die Ansteuerung der Einspritzdüse erfolgt mit einer Präzision von wenigen Mikrosekunden und die RAYLIX- Technik mit der Auslösung von Laser,

Kameras und Oszilloskop erfordert eine Triggerung mit einer Unsicherheit von lediglich wenigen Nanosekunden.

5.1.1 Einhubtriebwerk

Das hier verwendete Einhubtriebwerk befindet sich am Institut für Kolbenmaschinen (IFKM) und wurde von Mitarbeitern des IFKM auf optische Zugänglichkeit umgebaut und betrieben. In seiner ursprünglichen Auslegung wurde es erstmalig von Wirtz [WIR 88] beschrieben. Aufgrund seiner massiven Ausführung, vor allem aber aufgrund des flachen, gläsernen Brennraumdachs und damit einem Konstruktionselement, das zur zentralen Anbringung einer Zündkerze nicht geeignet ist, ist es zur Simulation der dieselmotorischen Verbrennung ausgelegt. Konstruktive Änderungen am Zylinderkopf ermöglichen die Ein- und Auskopplung des Laserlichtschnitts und die optische Zugänglichkeit für die Zwei-Farben-Methode. Die folgende Abbildung zeigt das gesamte Einhubtriebwerk inklusive Rahmen, Bewegungsmechanik und optischen Zugängen. Der X-förmige Rahmen ist stoßgedämpft an Raumdecke und Boden fixiert. Im Zylinder läuft ein Kolben aus Aluminium mit Teflondichtringen. Er ist über die Kolbenstange und das Kniehebelgelenk (ebenfalls aus Aluminium) mit dem feststellbaren Schlitten verbunden. Der Schlitten dient als Endanschlag und bestimmt mit seiner Position den oberen Totpunkt (OT). Der Raum zwischen Kolbenstange und Zylinderrohr unterhalb des Kolbens bzw. in Abbildung 5-1 links vom Kolben wird als Kammer für den Treibdruck bzw. zum Aufbau des Bremsdrucks genutzt. Dazu ist der untere Abschlussflansch des Zylinders gegen die Kolbenstange abgedichtet.

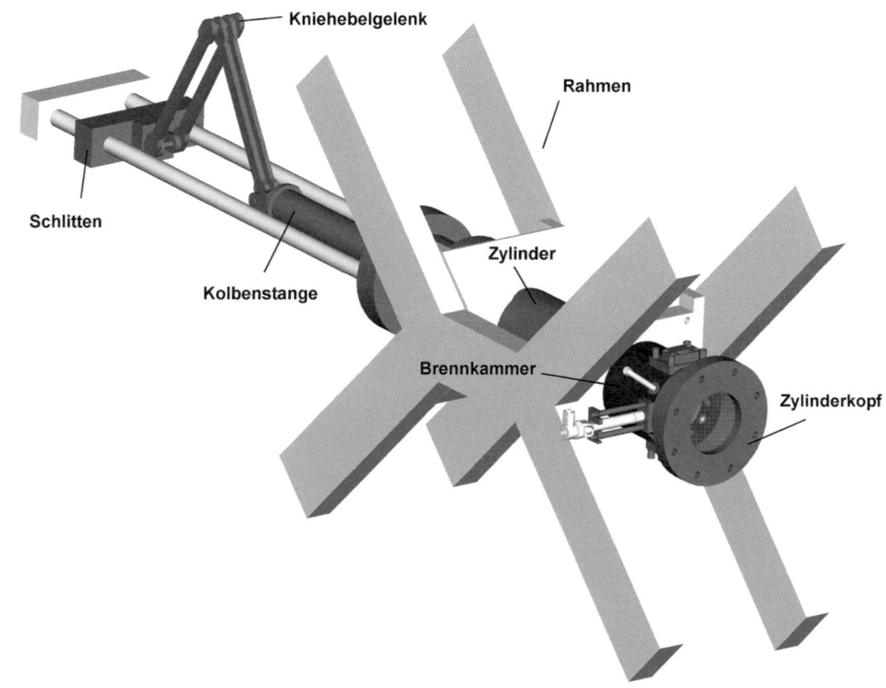

Abbildung 5-1: CAD Modell des Einhubtriebwerks [STU 08]

Beim Ausführen eines Arbeitszyklus wird der Koben in die gewünschte Lage (unterer Totpunkt, UT) gebracht und dort mit Hilfe einer hydraulischen Klemmvorrichtung fixiert. Dann wird der Treibvolumenbehälter mit Stickstoff bis zu einem definierten Druck, hier 30 bar, gefüllt. Nach Auslösen des Messvorgangs wird der Öldruck der hydraulischen Klemmvorrichtung entspannt, die Klemmkraft fällt ab und der Kolben wird nach vorne beschleunigt. Über einen Wegaufnehmer an der Kolbenstange wird der Zeitpunkt der Kraftstoffeinspritzung festgelegt. Bei der Vorwärtsbewegung wird das Gas in der Brennkammer verdichtet, während der Druck in der Treibkammer abnimmt. Nach Erreichen des OT verhält es sich entgegengesetzt, so dass der Kolben dann durch die Kompressionsarbeit, die er am Treibvolumen verrichtet, abgebremst wird. Der Anteil der (Druck-)Energie aus dem Arbeitsvolumen, der durch die Verbrennung des Kraftstoffs gewonnen wurde, wird dabei nicht kompensiert. Als Konsequenz ist ein mechanischer Anschlag am UT notwendig und der Kolben wechselt noch einige Male seine Bewegungsrichtung. Das anschließende Spülen des Brennraums muss manuell durchgeführt werden bevor ein erneuter Arbeitszyklus eingeleitet werden kann. In den Zylinderkopf ist eine Quarzglasscheibe mit einem Durchmesser von 100 mm und einer Dicke von 60 mm eingelassen. Sie ermöglicht den bestmöglichen optischen Zugang unabhängig von der Kolbenstellung über den gesamten Brennraum.

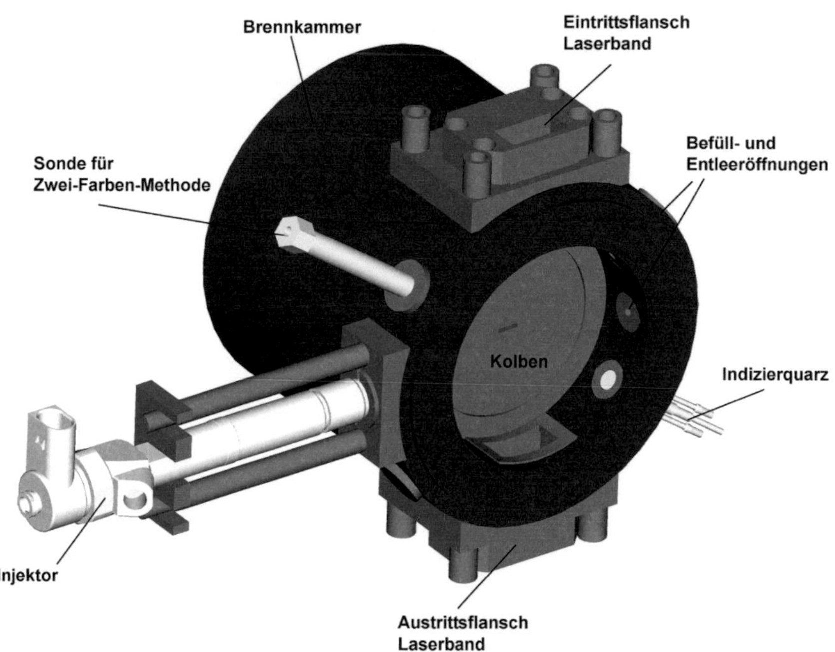

Abbildung 5-2: CAD Modell der Brennkammer mit Anbauteilen, jedoch ohne Zylinderkopf [STU 08]

An der Ober- und Unterseite des Zylinders sind zwei Flansche für das Ein- und Auskoppeln des Laserbandes vorgesehen. Darin befinden sich rechteckige Quarzglasblöcke der Dimension $20 \cdot 20 \cdot 35$ mm. Zwischen Glas und Glashalterung befinden sich Gummi-Flachdichtungen. An den Seiten der Brennkammer sind Öffnungen zum Spülen und Befüllen des Brennraums sowie jeweils eine Bohrung für den Zylinderdruck-Indizierquarz, die Zwei- Farben- Sonde und die Einspritzdüse vorgesehen. Der Kolben in Abbildung 5-2 steht im oberen Totpunkt, wie zu erkennen ist, überstreicht er während des Betriebs niemals die beschriebenen Öffnungen. Für die in dieser Arbeit genutzte Schlittenposition und die Position des Anschlags am unteren Totpunkt sind die wichtigsten technischen Daten in Tabelle 5-1 aufgelistet.

Tabelle 5-1: Technische Daten des Einhubtriebwerks mit runden Kolbenquerschnitt

Bohrung	100	mm
Hub	185	mm
Hubvolumen	1454	cm^3
Verdichtungsverhältnis	8,7 : 1	---

Die Einspritzung des Kraftstoffs erfolgt mit Hilfe eines externen, mobilen Common-Rail-Einspritzsystems. Es verfügt über alle erforderlichen Komponenten, wie Kraftstoff- Rail, Hochdruckpumpe, Niederdruckpumpe und Kraftstoffkühlung. Die Niederdruckpumpe, betrieben von einem Gleichstrommotor, versorgt das System aus einem externen Behälter mit Kraftstoff, die Hochdruckpumpe wird über einen Asynchronmotor mit vorgeschalteten Frequenzumrichter bei Bedarf betrieben.

Zur Steuerung des Einspritzsystems wird ein Prüfstands- Motorsteuergerät der Firma Genotec verwendet. Es übernimmt die Regelung des Kraftstoffdrucks, der Einspritzdauer und der Einspritzzeitpunkte, wobei bis zu neun Einspritzungen pro Arbeitsspiel realisiert werden können. Die Einspritzung erfolgt über einen Piezo-Injektor. Bei den hier durchgeführten Messungen wurde der Kraftstoffdruck auf 200 und 400 bar eingestellt und es wurde nur eine Einspritzung pro Arbeitsspiel realisiert.

Mit der RAYLIX- Messtechnik ist die Erfassung von Rayleigh- Streulicht eines Lasers, also eines sehr intensiven Nutzsignals verbunden. Trotzdem sind Reflexionen an Metallteilen genauso stark oder sogar stärker als das Nutzsignal, wenn Teile des Laserstrahls direkt reflektiert werden. Daher kann die Qualität dieser Signale deutlich verbessert werden, indem die Zylinderwände und die Kolbenoberfläche geschwärzt werden. Dies ist bei dem genutzten Einhubtriebwerk recht gut möglich, weil die Temperaturen der Zylinderwände und der Kolbenoberfläche nur für jeweils eine kurze Zeit den hohen Verbrennungstemperaturen ausgesetzt sind und die Wiederholrate der Arbeitszyklen durch das manuelle Spülen des Brennraums sehr gering ist.

5.1.2 RAYLIX- Messtechnik und zeitliche Steuerung

Aus Abschnitt 5.1.1 kann entnommen werden, dass eine Anordnung der Kameras auf zwei gegenüberliegenden Seiten der Flamme ausgeschlossen ist, da es nur ein Beobachtungsfenster gibt. Aus diesem Grund müssen beide Messsignale (Rayleigh- Streulicht und LII- Signal) mittels eines wellenlängenselektiven Spiegels getrennt werden. Weiterhin wird deutlich, dass im Bereich um die Brennkammer aufgrund der Kraftstoffleitung, der Kabel der Druckindizierung und der Zwei-Farben-Methode und insbesondere der Rahmenkonstruktion ein komplexer optischer Aufbau zur Bestimmung der Extinktion, wie in Abbildung 4-3 dargestellt, äußerst schwierig zu realisieren ist. Stattdessen werden die Intensitäten des Laserstrahls vor und nach Durchlaufen des Messvolumens mit Hilfe von schnellen Fotodioden (Thorlabs DET210, Wavelength Range 200 - 1100 nm, Peak Response 730±50 nm, Rise/Fall Time 1 ns) gemessen und deren Spannungsverläufe von einem digitalen Speicheroszilloskop aufgezeichnet. Auf eine Aufspaltung des Laserpulses und Verzögerung des zweiten LII- Laserpulses durch eine größere Laufstrecke kann dank der Verwendung eines Doppelpulslasers ebenfalls verzichtet werden. Es handelt sich um einen frequenzverdoppelten Nd:YAG- Laser von Newport Spectra Physics mit der Modellbezeichnung PIV-200-10. Er stellt bei einer Wellenlänge von 532 nm Doppelpulse mit jeweils einer maximalen Pulsenergie von 200 mJ und einer Wiederholrate von 10 Hz zur Verfügung. Der erste Laserpuls, der der Rayleigh- Streulichtmessung gilt, wird durch ein entsprechend langes Q-Switch-Delay abgeschwächt. Das bedeutet nach dem Zünden der Blitzlampen wird mit der Laseremission so lange gewartet, bis sich die Besetzungsinversion bereits wieder sehr weit abgebaut hat. Anders als bei einer Reduzierung der Blitzlampenenergie bleibt das Profil des Laserstrahls dabei nahezu symmetrisch und der Grad der Abschwächung ist über das Q-Switch-Timing jederzeit reproduzierbar. Der Versuchsaufbau ist in der folgenden Abbildung 5-3 dargestellt.

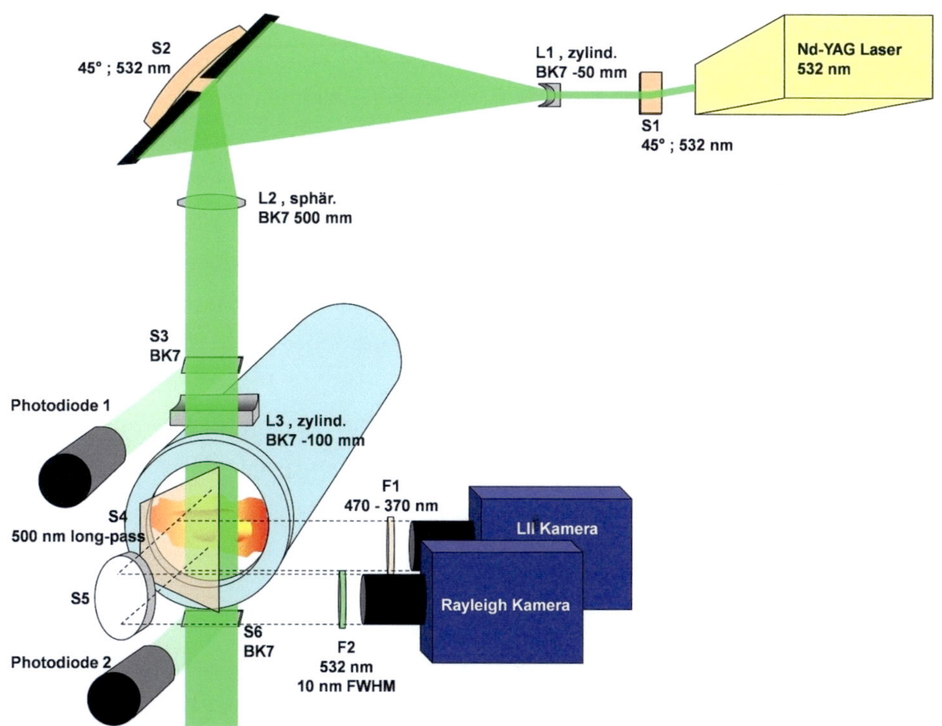

Abbildung 5-3: Messaufbau der RAYLIX- Technik am Einhubtriebwerk

Der Laserstrahl wird zunächst durch den Spiegel S1 in die Ebene der Messstrecke gelenkt und vertikal durch die zylindrische Linse L1 mit einer Brennweite von -50 mm aufgeweitet. Der Spiegel S2 leitet, in Kombination mit der auf ihm angebrachten Blende, einen Teil des Laserstrahls in Richtung Eintrittsfenster am Einhubtriebwerk. Die sphärische Linse L2 mit einer Brennweite von 500 mm begrenzt das weitere Aufweiten des nun senkrecht verlaufenden Laserstrahls in der Breite und initiiert die Fokussierung in der Tiefe. Die zylindrische Linse L3 mit einer Brennweite von -100 mm stoppt die zuletzt genannte Fokussierung und definiert damit die Dicke des entstandenen Laserbandes. Danach ist das Laserband ca. 22 mm breit und 0,8 mm dick. Die Trennung des LII- und des Rayleigh- Streulichtsignals geschieht durch eine dichroitische Platte S4, einen Longpass-Filter mit einer Cutoff- Wellenlänge von 500 nm. Zur Verbesserung der Selektivität der Messsignale sind direkt vor den Kameras nochmals Interferenzfilter F1 beziehungsweise F2 positioniert, die die jeweils störenden Wellenlängen blocken. F1 ist ein Bandpassfilter (Linos DT-Blue) der Licht mit Wellenlängen zwischen 370 und 470 nm passieren lässt, F2 ist ein Laserline-Filter, der Licht mit 532 nm und 10 nm FWHM durchlässt. Der Spiegel

S5 leitet das Rayleigh-Bild in die entsprechende Kamera. Die baugleichen Kameras von LaVision haben die Modellbezeichnung DynaMight 2000 und werden im Rahmen dieser Messungen lediglich mit unterschiedlichen Verstärkungsfaktoren und ICCD- Gates betrieben. Die durch die BK7 Glasplatten S3 und S6 (Borosilikatglas, Laborglas) ausgekoppelten Teilstrahlen werden zur Bestimmung der über die Laserbandbreite integrierten Extinktion direkt in Richtung der Fotodioden geleitet. In den zylindrischen Aufsätzen vor den Gehäusen der Fotodioden befinden sich jeweils zwei Streuscheiben, ein Laserspiegel und eine Sammellinse. Die außen positionierte Streuscheibe hat dabei die Aufgabe die gerichtete Rückreflexion des Laserlichtes zu unterbinden. Der weiter innen folgende Interferenzspiegel schwächt den Laserstrahl soweit ab, dass die Photodioden nicht in die Sättigung geraten. Die verbleibende Lichtmenge gelangt auf eine weitere Streuscheibe, deren Abbild mit einer Sammellinse auf die aktive Fläche der Fotodiode fokussiert wird.

Im Folgenden werden die zur aufeinander abgestimmten Triggerung von Versuchsträger, Laser und Messtechnik verwendeten Konzepte erläutert. Die Aufgabe der zeitlichen Steuerung wird dadurch erschwert, das der Nd:YAG- Laser eine fest vorgegebene Wiederholrate von 10 Hz hat, jede Nutzung des Einhubtriebwerks jedoch ein zeitlich einmaliges Ereignis darstellt. Der Arbeitszyklus des Einhubtriebwerks muss also so ausgelöst werden, dass zum erwarteten Zeitpunkt der Verbrennung, ein Laserpuls (Doppelpuls) für die RAYLIX- Messtechnik zur Verfügung steht. Dem gegenüber steht die Notwendigkeit, die Messung durch das Indiziersystem SMETEC Combi auszulösen, das die konventionellen Messdaten wie Druck- und Kolbenwegverlauf und die Signale der Zwei-Farben-Methode aufzeichnet. Die Kameras und das Oszilloskop zur Speicherung der Spannungsverläufe der Fotodioden müssen in Abhängigkeit zu den Laserpulsen, d.h. zum Laser- Q-Switch ausgelöst werden. Eine Triggerung der Kameras und des Oszilloskops durch das Zylinderdruck-Indiziersystem SMETEC Combi liefert nicht annähernd die benötigte Präzision. Zur Lösung dieses Problems ergab sich der in der folgenden Abbildung skizzierte Versuchsaufbau.

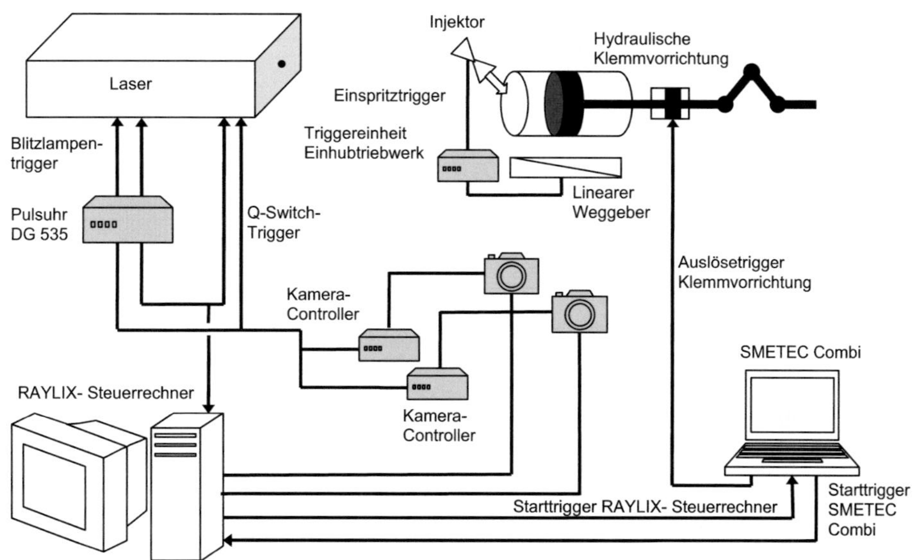

Abbildung 5-4: Schematischer Aufbau und Messablauf am Einhubtriebwerk mit Selbstzündung

Nachdem der Laser durch die Pulsuhr DG 535 mit einer festen Wiederholrate von 10 Hz in Betrieb war, wurde der Messvorgang am Steuerrechner des SMETEC Combi gestartet. Das Startsignal wurde jedoch nicht zum Einhubtriebwerk, sondern zum RAYLIX- Steuerrechner übertragen. Dieser überwachte daraufhin die Wiederholrate des Lasers, und gab ein zum nächsten detektierten Q-Switch Signal (Laseremission) relatives Startsignal an das SMETEC Combi zurück. Daraufhin wurde von ihm die hydraulische Halteklammer am Einhubtriebwerk gelöst, so dass sich der Kolben nach vorne bewegte und an einer definierten Position das Einspritzsignal ausgelöst wurde. Der Kraftstoff verdampfte und zündete nun möglichst synchron zum nächsten Laserpuls, d.h. 100 ms nach dem Laserpuls, der vom RAYLIX- Steuerrechner eindeutig detektiert wurde. In diesen 100 ms wurden auch die Kameras aufnahme- und triggerbereit geschaltet, so dass sie, wie auch das Oszilloskop, direkt vom Q-Switch Trigger des Lasers ausgelöst wurden. In der folgenden Abbildung 5-5 ist der Messablauf nochmals anhand eines Triggerschemas dargestellt.

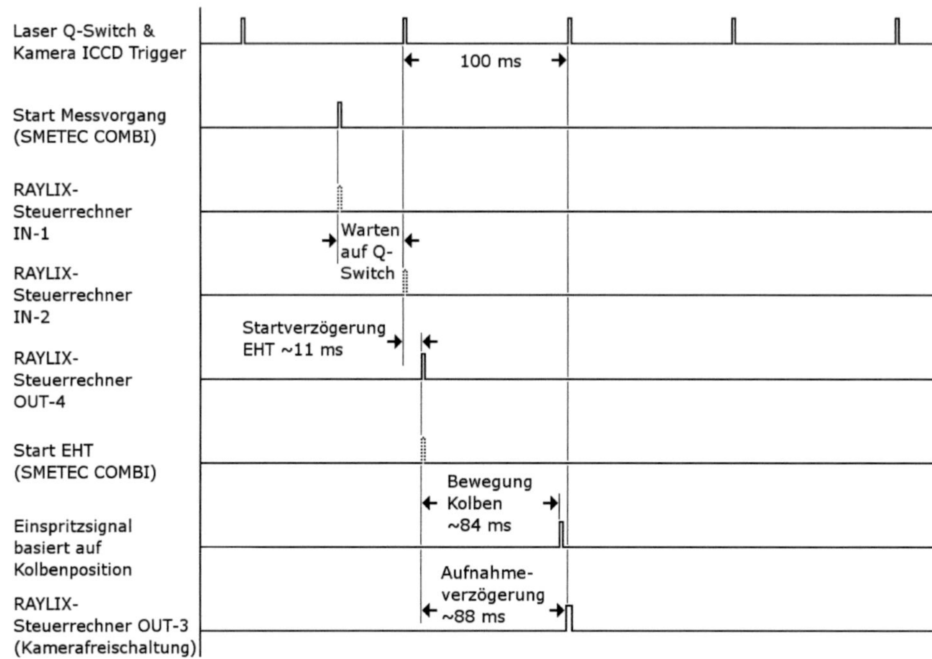

Abbildung 5-5: Triggerschema einer Messung am Diesel- Einhubtriebwerk

Entscheidend für den oben beschriebenen Messablauf war, dass der Bewegungsablauf des Kolbens bzw. dessen Geschwindigkeit und Startzeitpunkt gut reproduzierbar war. Der durch den Laser festgelegte Messzeitpunkt im Arbeitsspiel des EHT wurde direkt durch Ungenauigkeiten in der Kolbenbewegung beeinflusst. Um einen möglichst genauen Startzeitpunkt der Kolbenbewegung sicherzustellen musste nicht nur der Öldruck im hydraulischen System immer auf einen konstanten Wert eingestellt werden, sondern auch das Ventil, das diesen Öldruck zum Auslösezeitpunkt in den Ölvorratsbehälter entspannt, getauscht werden: Das ursprüngliche Wechselstrom-Magnetventil wurde durch ein Gleichstrom-Magnetventil ersetzt, das ohne eine durch die Phasenlage des Stromnetzes bestimmte Verzögerung schalten konnte. Bei einer Frequenz des Stromnetzes von 50 Hz, also 100 Halbwellen pro Sekunde sind das bis zu 10 ms. Beschleunigung und Geschwindigkeit des Kolbens hängen dagegen unmittelbar vom Treibdruck ab. Um ihn reproduzierbar zu halten, lag er bis zur Auslösung über das Füllventil an der Treibkammer an. Das Befüllen der Treibkammer wurde also erst beim Auslösen des Einhubtriebwerks durch ein weiteres, synchron geschaltetes Magnetventil gestoppt. Eine weitere Quelle für Schwankungen im Messzeitpunkt relativ zur Selbstzündung waren Ungenauigkeiten im linearen Weggeber und damit im Einspritzzeitpunkt.

5.2 Messungen und Ergebnisse

Die hier beschriebenen Messungen bestätigen die Nutzbarkeit des Einhubtriebwerks zur Erzeugung von Verbrennungsbedingungen, die denen in einem Dieselmotor sehr nahe kommen. Andererseits verdeutlichen sie die Anwendbarkeit und Grenzen der RAYLIX-Messtechnik zur Untersuchung der Rußbildung in Flammen im Brennraum von Verbrennungsmotoren. Dazu wird die RAYLIX- Technik mit der Zwei-Farben-Methode, die ebenfalls die Rußkonzentration im Brennraum liefern kann, verglichen. Die Ergebnisse dieses Vergleichs sollten allerdings nicht überstrapaziert werden, da es sich um zwei an sich getrennt anzusehende Ergebnisse handelt: So liefert die Zwei-Farben-Methode die Rußkonzentration integriert über den sich kegelförmig erweiternden Erfassungsbereich der Sonde, die RAYLIX- Technik dagegen liefert den Rußvolumenbruch innerhalb eines (vergleichsweise kleinen) Volumens, das durch den Laserlichtschnitt aufgespannt wird. Darüber hinaus haben beide Methoden das Problem, dass ein Teil des Messsignals vom Flammenruß selber absorbiert wird.

5.2.1 Bestimmung der experimentellen Randbedingungen

Beim Dieselmotor bzw. der dieselmotorischen Verbrennung in einem Einhubtriebwerk ist entscheidend, dass der eingespritzte Kraftstoff selbständig und zuverlässig zündet. Neben den physikalisch-chemischen Eigenschaften des Kraftstoffs selbst (z.B. in Form der Cetanzahl) ist das Erreichen einer ausreichend hohen Verdichtungsendtemperatur entscheidend. Erste Versuche unter Verwendung von atmosphärischer Luft zeigten, dass es zu keiner Selbstzündung kommt. Dies ist zum größten Teil dem geringen Verdichtungsverhältnis von $\varepsilon_V = 8{,}7$ geschuldet. Bemühungen, das Verdichtungsverhältnis anzuheben, führten wiederholt zum Bruch der Kniehebel am Einhubtriebwerk. Alternativ dazu wurde als Oxidationsmedium anstelle von Luft ein Gasgemisch aus 79 Vol-% Argon und 21 Vol-% Sauerstoff eingesetzt. Damit reduzieren sich die Wärmekapazitäten der Verbrennungsluft entsprechend dem Anteil, der dem Austausch von Stickstoff (zweiatomiges Gas) durch Argon (einatomiges Gas) entspricht. Setzt man für beide Gase ideales Verhalten voraus, können die Wärmekapazitäten bei konstantem Volumen C_V und konstantem Druck C_P aus den Freiheitsgraden f der Translation und der Rotation, der Stoffmenge n_{mol} und der molaren Gaskonstante R berechnet werden [ATK 01]:

$$C_V = \frac{f}{2} \cdot n_{mol} \cdot R \qquad (5.1)$$

$$C_p = \frac{f}{2} \cdot n_{mol} \cdot R + \cdot n_{mol} \cdot R = \frac{f+2}{2} \cdot n_{mol} \cdot R \qquad (5.2)$$

Die Verdichtungsendtemperatur T_{Ve} lässt sich als polytrope Zustandsänderung aus der Ladelufttemperatur T_{Ll}, dem Verdichtungsverhältnis ε_V bzw. dem Volumen der Ladeluft V_{Ll} und dem Volumen zum Verdichtungsende V_{Ve} und dem Adiabatenexponent γ berechnen:

$$T_{Ll} \cdot V_{Ll}^{\gamma-1} = T_{Ve} \cdot V_{Ve}^{\gamma-1} \qquad (5.3)$$

$$\varepsilon_V = \frac{V_{Ll}}{V_{Ve}} \qquad (5.4)$$

$$T_{Ve} = \varepsilon_V^{\gamma-1} \cdot T_{Ll} \qquad (5.5)$$

$$\text{mit} \quad \gamma = \frac{C_p}{C_V} = \frac{f+2}{f} \qquad (5.6)$$

Ohne Berücksichtigung der Schwingungsfreiheitsgrade, das heißt bei relativ tiefen Temperaturen unter 1500 K, hat Stickstoff als zweiatomiges Gas fünf Freiheitsgrade, Argon als einatomiges Gas drei Freiheitsgrade. Aus Gleichung (5.6) folgt ein Adiabatenexponent von 1,40 für Stickstoff und 1,67 für Argon. Aus Gleichung (5.5) wird nun ersichtlich, dass die Verdichtungsendtemperatur durch den Austausch von Stickstoff durch Argon deutlich gesteigert werden kann. Bei dem hier realisierten Verdichtungsverhältnis und einer Ladelufttemperatur von 293 K wird eine Steigerung der absoluten Verdichtungsendtemperatur von etwa 80% erreicht.

Tabelle 5-2: Adiabatenexponent, Verdichtungsverhältnis, Ladelufttemperatur und Verdichtungsendtemperatur

	γ	ε_V	T_{Ll}	T_{Ve}
Stickstoff	1,40	8,7	293 K	696 K
Argon	1,67	8,7	293 K	1248 K

Außerdem haben die Ergebnisse der Zwei-Farben-Methode (Kapitel 5.2.3) gezeigt, dass durch den Austausch von Stickstoff gegen Argon die Verbrennungstemperatur auf für Dieselmotoren typische Werte von 1600 – 2300 K gebracht wurde.

Zu Beginn der Untersuchungen wurden von Mitarbeitern des Instituts für Kolbenma-schinen Versuche zur Eindringtiefe des Einspritzstrahls gemacht. Die speziell gefertigte Einspritzdüse weist lediglich eine Bohrung mittig in der Längsachse des Injektors auf. Der Einspritzstrahl verlief also entlang der Längsachse des seitlich angebrachten Injektors in Richtung Brennraummitte. Die mit Hilfe von Auflichtaufnahmen ermittelte Eindringtiefe war aufgrund des geringen Verdichtungsenddrucks [NAU 06] größer als der Kolben-durchmesser des Einhubtriebwerks, so dass bei 600 bar Einspritzdruck und 500 µs Ein-spritzdauer der Kraftstoff die gegenüberliegende Zylinderwand erreichte [STU 08]. Bei Herabsetzung des Einspritzdrucks auf 200 bar kommt es bei gleicher Einspritzdauer zu einer geringeren Eindringtiefe. Der Strahl weitet sich etwa in der Brennraummitte auf und zerfällt dort, so dass im Falle einer Verbrennung die Flamme gut im Messvolumen des Laserbandes liegt. Unter Messbedingungen stellte sich heraus, dass die Kraftstoffmenge, die bei einer Einspritzdauer von 500 µs eingebracht wird, nicht ausreicht, um zuverlässig eine für die Zwei-Farben-Methode genügend große Rußmenge im Messvolumen zu er-zeugen. Daher wurde die Einspritzdauer deutlich vergrößert auf 1800 µs bei konstant ge-haltenem Einspritzdruck von 200 bar. In einer zweiten Versuchsreihe mit einem Ein-spritzdruck von 400 bar wurde die Einspritzdauer auf 900 µs begrenzt, um eine vergleich-bar große Kraftstoffmenge einzubringen. Dies führt bei beiden Kombinationen aus Ein-spritzdruck und –dauer zu einem Auftreffen des Einspritzstrahls auf die gegenüberliegen-de Zylinderwand, was sich Anhand von Rußspuren belegen lässt. Die Verbrennung fand dagegen unter diesen Bedingungen in der Mitte des Brennraums und damit im Laserlicht-schnitt (Messvolumen) statt.

Mit den bei den Messzeitpunkten sehr hohen Brennraumdrücken sind entsprechend gro-ße Rußkonzentrationen verbunden, die an die Grenze dessen gehen, was mit der LII und der Extinktion untersucht werden kann. Weiterhin resultiert aus den hohen Rußkonzent-rationen und Temperaturen ein intensives Flammeneigenleuchten. In Kombination mit dem im Abschnitt 1.3 beschriebenen schnellen Abfall des LII Signals ergibt sich bei Ver-wendung von in der Literatur [SUN 99], [JUN 02] beschriebenen Kamera- Gate Zeiten von >100 ns ein ungünstiges bis unbrauchbares Signalverhältnis zwischen Flammeneigen-leuchten (FEL) und LII. Dieses Signalverhältnis wurde für verschiedene Kamera-Gate-Zeiten empirisch ermittelt. Eine graphische Darstellung der Lage relativ zum Laserpuls und der Torbreite von verschiedenen Kamera-Gate-Zeiten und sind in Abbildung 5-6 dargestellt. Ebenso sind die daraus resultierenden Signalverhältnisse FEL/LII eingetragen.

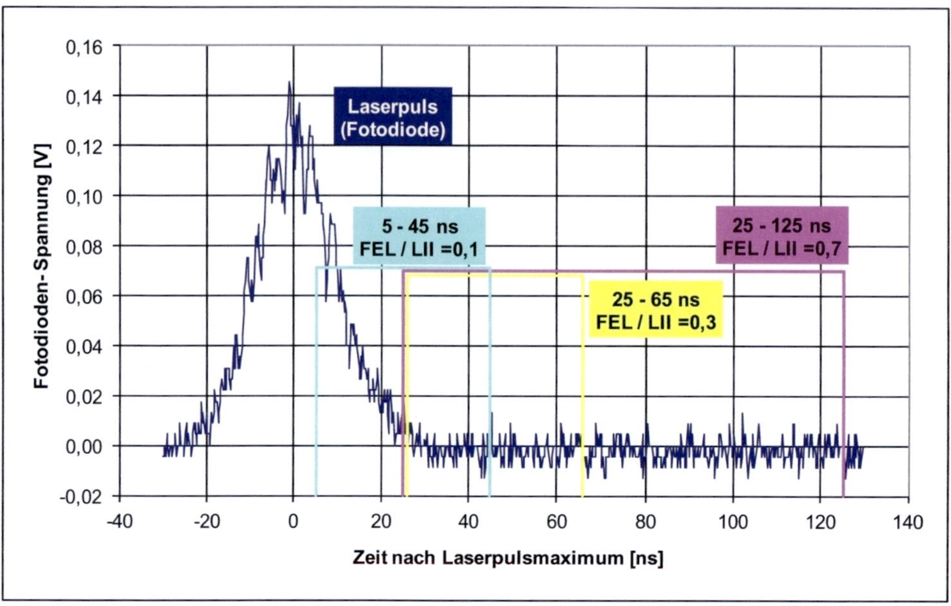

Abbildung 5-6: Verschiedene ICCD-Gates relativ zum Laserpuls und resultierendes Signalverhältnis FEL/LII

Es ist offensichtlich, dass lediglich das Kamera- Gate mit 5 bis 45 ns nach dem Laserpulsmaximum zu einem verwertbaren LII- Signal führt, da nur in diesem Fall die LII-Intensität eine Größenordnung über der des Flammeneigenleuchtens liegt (siehe Abbildung 5-6). Dabei wurde beachtet, dass die eingestrahlte Laserenergie einerseits eine größtmögliche Temperaturerhöhung der Rußteilchen sicherstellt und andererseits nicht zu weit über der Verdampfungsschwelle liegt. Jungfleisch [JUN 02] gibt die Verdampfungsschwelle mit 11 mJ/cm² an und beschreibt, dass bei höheren Bestrahlungen, z.B. 110 mJ/cm², das LII Signal aufgrund der gesteigerten Verdampfungsrate schneller abfällt. Andererseits beschreibt Schulz [SCH 06] eine Bestrahlung von weniger als 200 mJ/cm² als LII mit geringer eingestrahlter Energie und Lehre [LEH 05] hat experimentell ein Maximum der LII- Intensität bei einer Bestrahlung von etwa 200 mJ/cm² gefunden. Der folgenden Tabelle 5-3 sind die geometrischen Verhältnisse des Laserbands, die gewählte Laserpulsenergie und die Bestrahlung zu entnehmen.

Tabelle 5-3: Lasereinstellung am runden Einhubtriebwerk vor Eintritt in den Brennraum

Laserband	Breite	22 mm
	Dicke	0,8 mm
Einstellung Laser	Pulsenergie (LII- Puls)	20 mJ/Puls
	Pulsenergie (Rayleigh- Puls)	0,9 mJ/Puls
Bestrahlung	LII- Puls	113 mJ/cm²
	Rayleigh- Puls	5,1 mJ/cm²

Die Bestrahlung für die Rayleigh- Pulse wurde auf etwa 4,5% der Bestrahlung der LII-Pulse festgelegt, da dies der minimalen Pulsenergie des Lasers entsprach, bei der die Schwankungen von Puls zu Puls noch zu vernachlässigen waren.

5.2.2 Sprayflammen

Wie bereits in Kapitel 1.3 erwähnt, muss bei der Verbrennung eines Kraftstoffsprays aufgrund der starken Lichtstreuung an Kraftstofftröpfchen mit einer Beeinträchtigung der Rußdiagnostik mit Hilfe der RAYLIX- Technik gerechnet werden. Aber auch nach der Verdampfung kann Licht aufgrund von Dichteunterschieden, die sich oft als Schlieren bei Durchlichtaufnahmen zeigen, gestreut oder gebeugt werden. Die Abschwächung oder Extinktion des Laserstrahls durch diese Effekte liegt aber unter 10%, wie durch Aufnahmen von reinem Kraftstoffspray ermittelt wurde. Dabei lässt sich durch geschickte Wahl des Aufnahmezeitpunktes allerdings immer sicherstellen, dass kein Kraftstoffspray mehr vorhanden ist. Je nach zeitlichem Abstand zwischen der letzten Einspritzung und dem Aufnahmezeitpunkt stellt diese Einschränkung in Ottomotoren mit Benzindirekteinspritzung keine oder nur eine marginale Einschränkung dar. In Dieselmotoren mit Direkteinspritzung wirkt sie sich jedoch stark bis sehr stark aus, da sich Einspritzung und Verbrennung weitgehend zeitlich überlagern. Im Folgenden wird unter anderem gezeigt, wie stark sich dieser Fehler auswirken kann. Da es keine Datenbasis zur Kompensation dieses Effekts gibt, ist es notwendig die Messungen, bei denen der Verdacht besteht dass Mie-Streuung an Kraftstofftröpfchen die Rayleigh- Streuung an Rußpartikeln überlagert, nicht im Sinne der RAYLIX- Messtechnik auszuwerten.

Die in Kapitel 5 und Kapitel 6 präsentierten Ergebnisse berücksichtigen ausnahmslos die oben erläuterten Einschränkungen. Dagegen kann bei Messungen in Kapitel 7 zum Zeitpunkt 6 mm vor dem oberen Totpunkt oder früher das Vorhandensein von Kraftstofftröpfchen nicht ausgeschlossen werden. Allerdings ist zu diesen Zeitpunkten sowieso nur sporadisch Ruß vorhanden und dann auch nur in geringer Konzentration. Deshalb werden, mit Ausnahme der obersten Bilderzeile in Abbildung 7-6, diese Ergebnisse hier auch nicht präsentiert. Weiterhin ist bei den Messungen in Kapitel 10 eindeutig innerhalb lokal begrenzter Gebiete davon auszugehen, dass Mie- Streuung an Kraftstofftröpfchen die Rayleigh- Streuung an Rußteilchen überlagert. Dort wird auch darauf hingewiesen, dass die sich in diesen Bildbereichen rechnerisch ergebenden Partikeldurchmesser und Teilchenzahldichten nicht der Realität entsprechen.

Ein erster Anhaltspunkt zur Auswahl der Messungen ohne Kraftstoffspray ist der Einspritzbeginn und die Einspritzdauer: Der Aufnahmezeitpunkt muss in jedem Fall nach dem Beginn der letzten Einspritzung zuzüglich der zugehörigen Einspritzdauer erfolgen. Darüber hinaus ist nicht von einer unmittelbaren Verdampfung der letzten, eingespritzten Kraftstofftröpfchen auszugehen, so dass sich je nach Menge der letzten Einspritzung, Temperatur, Brennraumdruck, Einspritzdruck und Kraftstoffart eine zusätzlich abzuwartende Zeitspanne ergibt. Diese Zeit kann aufgrund der zahlreichen Einflussgrößen nur empirisch für die jeweiligen Messungen bestimmt werden. Dazu bietet sich zum Beispiel die Sprayvisualisierung an. Allerdings werden solche Untersuchungen ohne Verbrennung und damit bei geringeren Temperaturen durchgeführt. Die resultierende zusätzlich abzuwartende Zeitspanne ist demnach immer größer als tatsächlich notwendig und kann, falls gewünscht, weiter optimiert, also verkürzt werden. Dazu liefern die RAYLIX- Aufnahmen selbst beziehungsweise deren Auswertung die Datenbasis. Die Vorgehensweise wird im Folgenden ausführlich anhand eines Beispiels erläutert. Es werden Erkennungs- und Entscheidungskriterien genannt, die allerdings für zukünftige Untersuchungen an den jeweiligen Versuchsträgern überprüft und gegebenenfalls angepasst werden müssen.

In der folgenden Abbildung ist jeweils eine Messung mit (obere Bilderzeile) und ohne (untere Bilderzeile) Einfluss von Kraftstoffspray dargestellt. Die Aufnahmezeitpunkte dabei waren 3,4 ms nach Einspritzbeginn (ESB) und 4,9 ms nach ESB. Die jeweils dargestellte Bildfläche deckt die kreisförmige Kolbenoberfläche fast vollständig ab. Das senkrecht verlaufende Laserband ist eingezeichnet. Die Einspritzung erfolgt vom linken Bildrand, das Laserlichtband verläuft senkrecht von oben nach unten (vergleiche dazu Abbildung 5-2 und Abbildung 5-3). Links sind jeweils die Rußvolumenbrüche, in der Mitte die mittleren Partikelradien und Rechts die Teilchenzahldichten dargestellt.

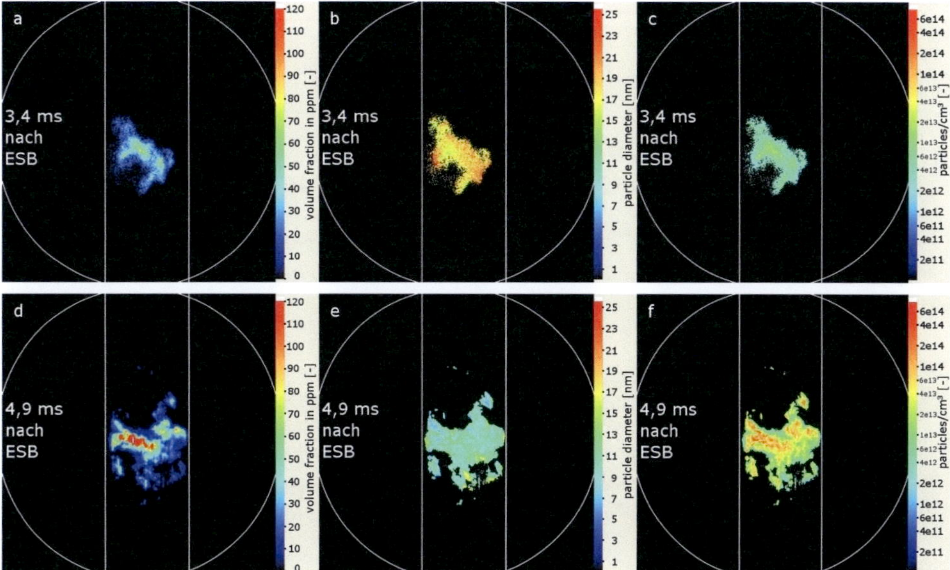

Abbildung 5-7: Auswirkung von Kraftstofftröpfchen auf Rußvolumenbruch, Partikeldurchmesser und Teilchenzahldichte

Eine anschauliche Beschreibung der Verbrennungszyklen, unter denen die RAYLIX-Aufnahmen oben gemacht wurden, findet sich in Form der vom Indiziersystem aufgezeichneten Messdaten in der folgenden Abbildung. Kleinere Unterschiede im Einspritzzeitpunkt bzw. in der Lage des Verbrennungsschwerpunkts relativ zum oberen Totpunkt sind unbeabsichtigt und einzig auf die zeitlichen Fluktuationen im Arbeitsspiel des Einhubtriebwerks zurückzuführen.

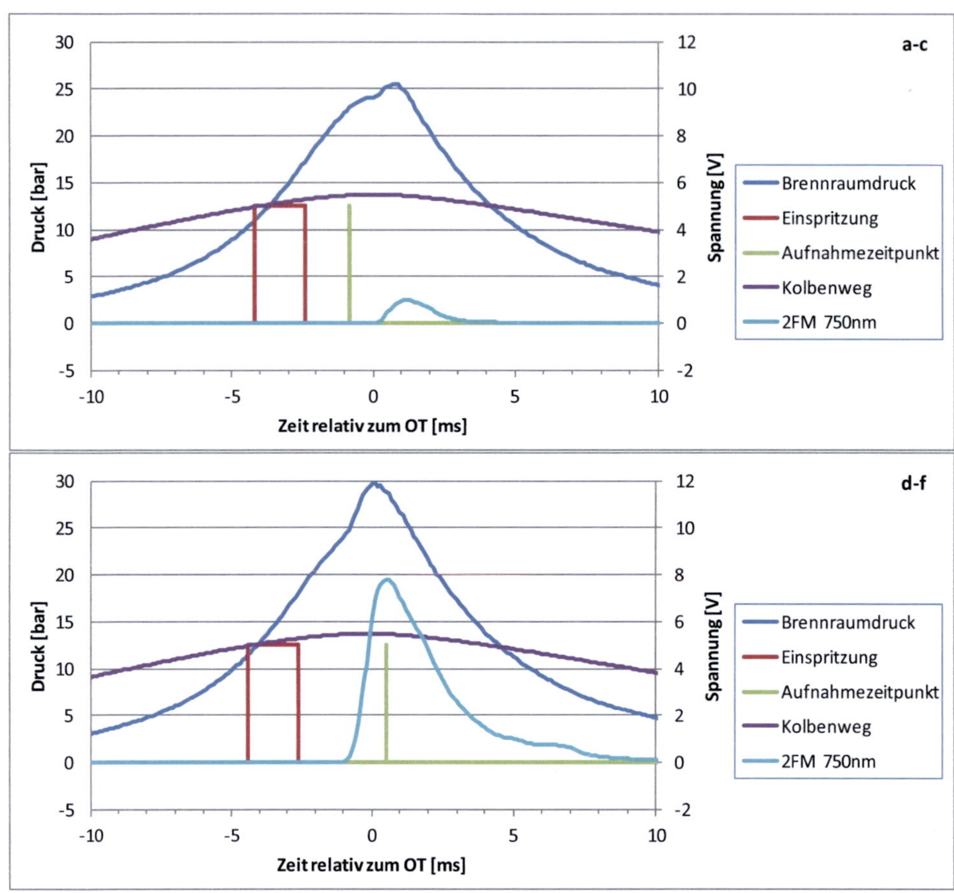

Abbildung 5-8: Motorische Randbedingungen der RAYLIX- Messungen aus Abbildung 5-7

Der Einspritzstrahl ist bereits in der oberen Bildreihe von Abbildung 5-7 bis in den Bereich des Laserbandes vorgedrungen, Kraftstofftröpfchen verursachen keine Sättigung der Rayleigh- Kamera mehr und erste Signale auf der LII- Kamera werden beobachtet, d.h. erste Rußteilchen haben sich gebildet. Die technischen Voraussetzungen zur Durchführung der RAYLIX- Berechnungen sind damit erfüllt. Zum Aufnahmezeitpunkt der Ergebnisse in Abbildung 5-7 a-c muss jedoch die Temperatur noch relativ gering bzw. die Rußkonzentration noch so klein gewesen sein, dass kein Flammeneigenleuchten, das heißt Messsignal der Zwei-Farben-Methode (2FM) in Abbildung 5-8 a-c beobachtet wurde. Zumindest teilweise kann der scheinbare Rußvolumenbruch von bis zu 60 ppm in Abbildung 5-7 auf die folgenden beiden Effekte zurückzuführen sein: Zum einen durch die

Lichtemission der CH- und C_2- Chemilumineszenz, die den Interferenzfilter der LII-Kamera passieren und so eine zusätzliche, scheinbare LII- Intensität generieren kann, zum anderen durch den Kraftstoff bzw. Kraftstofftröpfchen, der bzw. die einen Teil der Laserstrahlung absorbieren und so zur Extinktion beitragen.

Bei der RAYLIX- Auswertung ist eindeutig folgender Trend zu erkennen: Die rechnerisch resultierende Größe der Rußteilchen nimmt mit einer Verschiebung hin zu frühen Aufnahmezeitpunkten stark zu, bis schließlich das LII Signal für eine Auswertung nicht mehr intensiv genug ist. Das bedeutet, dass das Streulichtsignal zu diesen Zeitpunkten aufgrund des sehr starken Beitrags von noch vorhandenen Kraftstofftröpfchen zu intensiv ist. Dies wiegt vor dem Hintergrund, dass der Rußvolumenbruch durch die weiter oben aufgeführten Effekte möglicherweise zu groß berechnet wird, besonders schwer. Unstrittig ist, dass ein rechnerisches Ergebnis, wie es in Abbildung 5-7 a-c dargestellt ist, höchstwahrscheinlich keinen Bezug mehr zu den Rußpartikeln hat und deshalb nicht dargestellt werden sollte. Im Folgenden werden Kriterien genannt, anhand derer sich solche Ergebnisse erkennen und aussortieren lassen.

Das erste und einfachste Entscheidungskriterium, ob die RAYLIX- Auswertung bzw. die daraus bestimmten Partikeldurchmesser und Teilchenzahldichten sinnvoll ist/sind ist die Intensität des LII Signals. Ist es sehr schwach, so kann von einer sehr geringen oder überhaupt nicht vorhandenen Rußkonzentration (nur Kraftstoffspray) ausgegangen werden. Kraftstoff- oder Kondensattröpfchen generieren kein LII- Signal, weil ihre Verdampfungstemperatur zu gering ist. Ein lediglich schwaches LII- Signal kann zwar auch zu späten Aufnahmezeitpunkten auftreten, wenn der zwischenzeitlich entstandene Ruß fast vollständig oxidiert ist, jedoch dann in Verbindung mit einer entsprechend geringen Extinktion des Laserstrahls. Bei einer RAYLIX- Aufnahme des reinen Kraftstoffsprays dagegen wird das Laserlicht in nicht vernachlässigbarer Weise durch die Streuung oder Absorption durch den flüssigen Kraftstoff abgeschwächt, was fälschlicherweise zur Annahme führen kann, das eine mittelgroße Rußkonzentration vorliegt. Wenn aber die Rayleigh- Intensität, verglichen mit der LII- Intensität viel zu groß ist (mehrere Zehnerpotenzen), kann davon ausgegangen werden, dass ausschließlich Kraftstoffspray vorliegt. In den meisten Fällen geht dies mit der Sättigung des ICCD Chips der Rayleigh- Kamera einher.

Das zweite Kriterium ist ein Vergleich der Flächen, die das LII- und das Rayleigh- Bild der Flamme ergeben. Falls das Rayleigh- Bild eine scheinbar sehr viel größere Flamme zeigt oder in der Form nicht zum LII- Bild der Flamme passt, kann davon ausgegangen werden, dass auch in den Bereichen, in denen augenscheinlich Ruß durch die LII detektiert wurde, das Streulicht zu einem guten Teil aus Kraftstoff- oder Kraftstofftröpfchen stammt. Der Vergleich der Flächen, die das LII- und das Rayleigh- Bild der Flamme ergeben, wird besonders eindeutig nachdem ein Grenzwert für das Vorhandensein von Ruß festgelegt ist. Dies ist für die Kalibrierung des LII- Bildes mit der Extinktion ohnehin erforderlich um Störquellen (Umgebungslicht, Reflexionen, einzelnen Pixeln der Kamera mit fälschlicherweise hoher Intensität) im Zuge der RAYLIX- Auswertung keinen Ruß zuzuordnen.

Die dritte Möglichkeit zur Beurteilung der Verlässlichkeit der Partikeldurchmesser und Teilchenzahldichten ist wesentlich schwieriger zu definieren. Vergleicht man in Abbildung 5-7 die obere mit der unteren Bilderreihe, so fällt auf, dass in Abbildung 5-7 d und f Bereiche mit viel Ruß und Bereiche mit wenig Ruß oder signalfreie Bereiche räumlich dicht nebeneinander liegen, während in Abbildung 5-7 a und c ein gemäßigter Übergang von signalfreien Bereichen über vermeintlich schwache bis hin zu vermeintlich mittleren Rußkonzentrationen vorzufinden ist. Anders ausgedrückt: Der Gradient von Rußvolumenbruch und/oder Teilchenzahldichte ist bei der motornahen oder innermotorischen Verbrennung hoch. Ist er dies nicht, so muss von einer Störung der RAYLIX- Technik durch Tröpfchen aus dem Kraftstoffspray oder CH- und C_2- Chemilumineszenz ausgegangen werden. Das fleckenähnliche Aussehen von LII- Aufnahmen von verbrennenden Dieselsprays wurde schon mehrfach beschrieben beziehungsweise gezeigt [DEC 95], [KOS 95], [INA 99], [CRU 03]. Es ist selbstverständlich umso besser ausgeprägt, je dünner das eingesetzte Laserband ist, denn damit steigt die räumliche Auflösung der Messtechnik in der Bildtiefe. Dagegen nimmt das fleckenartige Aussehen ab und kann sogar vollständig verschwinden, wenn über eine große Anzahl von Einzelaufnahmen gemittelt wird.

Weiterhin fällt bei genauer Betrachtung der Abbildung 5-7 d unterhalb der Bildmitte, also dem Bereich höchster Rußkonzentrationen, ein Muster auf, das mit senkrechten Streifen assoziiert werden kann. Offensichtlich ist in diesem Fall die Rußkonzentration so hoch, dass die Laserenergie sehr stark absorbiert wird und folglich in den unteren Bereichen nicht mehr ausreicht, um ein dem tatsächlichen Rußvolumenbruch entsprechendes LII-Signal hervorzurufen. In der oberen Bildreihe sind diese Muster in keiner Weise zu erkennen, obwohl der aus der RAYLIX- Auswertung bestimmte Rußvolumenbruch anscheinend halb so groß wie in der unteren Bildreihe ist und damit der beschriebene Effekt etwas schwächer aber sicher noch auftreten sollte. Das Flammeneigenleuchten (2FM, 750 nm Kurve in Abbildung 5-8) lässt dagegen darauf schließen, dass die Rußkonzentration zum Aufnahmezeitpunkt in der oberen Bildreihe um viele Größenordnungen kleiner ist als in der unteren Bildreihe. Ein Vergleich der Kalibrierkonstanten beider Messungen zeigt, dass die Extinktion im Vergleich zur LII- Intensität in Abbildung 5-7 a zu groß erscheint. So liegt der Kalibrierfaktor u_{cal} aus Gleichung (4.32) für den Rußvolumenbruch dort bei $4{,}3 \cdot 10^{-8}$ pro Count, in Abbildung 5-7 d dagegen bei nur $2{,}6 \cdot 10^{-9}$ pro Count. Eine mögliche Erklärung ist, dass sich die Extinktion aus Absorption und Streuung an Rußteilchen und Kraftstofftröpfchen zusammensetzt. Die Streuung und die Absorption durch die Tröpfchen erreicht unter den Bedingungen der Messung, aus der Abbildung 5-7 a hervorgeht, so hohe Intensitäten, dass ihr Beitrag zu Extinktion nicht mehr vernachlässigbar ist. Mit dem auf diese Weise überhöhten Rußvolumenbruch ergeben sich kleinere Partikelradien und größere Teilchenzahldichten als dem tatsächlichen Verhältnis von Rayleigh- und LII- Signal entsprechen würden. Der vor den vier Kriterien beschriebene Effekt der zu großen und zu wenigen Partikel in Abbildung 5-7 b und c ist also möglicherweise bereits abgeschwächt.

Der Kalibrierfaktor zwischen Extinktion und LII- Signal kann entsprechend dem vorigen Absatz also als viertes Entscheidungskriterium, ob die RAYLIX- Auswertung sinnvoll ist bzw. die daraus bestimmten Partikeldurchmesser und Teilchenzahldichten sinnvoll sind, dienen. Allerdings können Variationen dieses Faktors auch mit der makroskopischen Bewegung des Versuchsträgers zusammenhängen: Besonders bei stark unterschiedlichen Aufnahmezeitpunkten zwischen der Referenzmessung der Extinktion (ohne Verbrennung) und der Messung der Extinktion (mit Verbrennung) kann es vorkommen, das Eintritts- oder Austrittsfenster nicht mehr in exakt gleicher Weise getroffen werden und folglich ein Teil des Laserbands dort abgeblockt wird. Eine weitere Möglichkeit, die zu einer zu hohen Extinktion im Vergleich zum LII- Signal führt, ist die zu starke Absorption der Laserstrahlung durch zu hohe Rußkonzentrationen. Da dieses Kriterium demnach wenig spezifisch ist, sollte es lediglich als Indiz und nicht als einziges Kriterium zur Entscheidung, ob die jeweilige Messung gelungen ist, herangezogen werden.

Nach einer gewissenhaften Auswahl der entsprechend der RAYLIX- Technik auszuwertenden Rohbilder stellt die eventuell auftretende laserinduzierte Fluoreszenz (LIF) an Kraftstoff(-tröpfchen) keine nennenswerte Fehlerquelle mehr da, da nur Bilder ausgewertet werden, die keinen Einfluss von Kraftstoff oder Kraftstofftröpfchen zeigen. Die CH- und C_2- Chemilumineszenz kann für ein zusätzliches Signal auf dem ICCD- Chip der LII- Kamera sorgen. Verglichen mit der LII- Intensität selbst von Bereichen mit wenig Ruß ist dieses Signal allerdings schwach. So bleibt es, falls es alleine, also in Bereichen ohne Ruß, auftritt, unterhalb des Grenzwertes, ab dem einem Volumenelement im Laserband überhaupt Ruß zugeordnet wird.

5.2.3 Ergebnisse der Zwei-Farben-Methode

Als etablierte Messtechnik kann die Zwei-Farben-Methode zur Überprüfung der Verbrennungsbedingungen herangezogen werden. Insbesondere ist zu zeigen, dass die Verbrennung im Einhubtriebwerk durch den Austausch von Stickstoff durch Argon (siehe Kapitel 5.2.1) der Verbrennung in einem Dieselmotor möglichst nahe kommt. Dazu bietet sich ein Vergleich der Verbrennungstemperatur und Verbrennungsdauer an. Es konnte gezeigt werden, dass sowohl die erzielten Verbrennungstemperaturen (ca. 2000 K) als auch die Verbrennungsdauer (wenige Millisekunden) durchaus vergleichbar mit denen in einem Dieselmotor sind. Dabei müssen natürlich Abstriche aufgrund des geringen Einspritzdrucks und der geringen Einspritzmenge gemacht werden.

Stumpf [STU 08] hat einen Vergleich zwischen den Rußkonzentrationen aus der RAYLIX- Technik und denen aus der Zwei-Farben-Methode durchgeführt. Dabei wurden Einspritzdauer und Einspritzdruck variiert um auf diese Weise die Rußkonzentration in hohem Maße zu beeinflussen. Die aus der RAYLIX- Technik erhaltenen, örtlich aufgelösten Rußvolumenbrüche in m^3/m^3 wurden unter Zuhilfenahme einer mittleren Dichte der Rußpartikel $\varrho_s = 1860\,kg/m^3$ in die mittlere Rußkonzentration umgerechnet. Die mittlere Rußkonzentration entspricht dabei dem örtlich gemittelte Rußvolumenbruch im Messvolumen der RAYLIX- Technik.

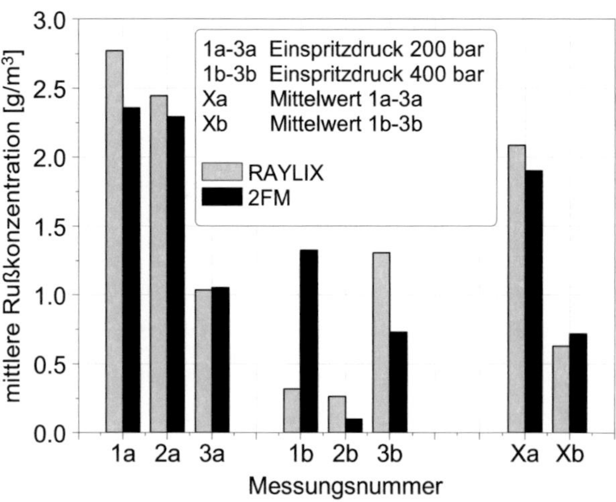

Abbildung 5-9: Vergleich der mittleren Rußkonzentrationen aus der RAYLIX- Technik und der Zwei-Farben-Methode [STU 08]

Beim Einspritzdruck von 200 bar stimmen die mittleren Rußkonzentrationen aus RAYLIX und 2FM sowohl bei den Einzelmessungen 1a bis 3a als auch beim Mittelwert Xa sehr gut überein. Die RAYLIX- Technik gibt prinzipbedingt die zum Aufnahmezeitpunkt im Laserbandbereich vorhandene, mittlere Rußkonzentration wieder, die Zwei-Farben-Methode liefert dagegen die im kegelförmigen Beobachtungsfenster der Sonde gemittelte Rußkonzentration in zeitlicher Auflösung. Da beide Messtechniken darüber hinaus mit der Absorption von Messsignalen durch die nicht transparente Flamme eine nicht quantifizierbare Fehlerquelle aufweisen, ist ein solcher direkter Vergleich nur sehr eingeschränkt bzw. eigentlich nur qualitativ sinnvoll.

Beim Einspritzdruck von 400 bar sind die Abweichungen bei den Einzelaufnahmen 1b bis 3b deutlich größer. Eine Erklärung dafür ist die mit der Verkleinerung der Rußmenge einhergehende, wachsende Bedeutung des eng begrenzten RAYLIX- Messvolumens: Wenn die Rußmenge und damit die Rußwolke klein ist, ist ihre Position im Brennraum für die RAYLIX- Technik entscheidend, während die Zwei-Farben-Methode idealerweise die Rußwolke zuverlässig in ihrer Gesamtheit detektiert. Nach einer Mittelung über die drei Messungen, kann allerdings auch bei einem Einspritzdruck von 400 bar eine gute Übereinstimmung zwischen den mittleren Rußkonzentrationen aus beiden Messtechniken festgestellt werden.

Weitere Erkenntnisse aus der Zwei-Farben-Methode, die sich auf die Rohdaten, d.h. die Verläufe der jeweils detektierten Strahlung (900 nm, 750 nm und 600 nm) beziehen, werden direkt im Zusammenhang mit den Ergebnissen der RAYLIX- Technik vorgestellt, um die dargestellten Zusammenhänge zu untermauern.

5.2.4 Ergebnisse der RAYLIX- Technik

Wie in Kapitel 5.2.1 beschrieben wurden zwei Einspritzstrategien untersucht. Der zunächst gewählte Einspritzdruck von 200 bar bei einer Einspritzdauer von 1800 µs ist als Basiseinstellung anzusehen und demnach ausführlicher untersucht. In der folgenden Abbildung sind repräsentative Ergebnisse von drei RAYLIX- Messungen unter diesen Bedingungen dargestellt. Einspritz- und Aufnahmezeitpunkt wurden im Rahmen des experimentell Möglichen konstant gehalten. Entsprechend der Kapitel 5.1.1 und 5.1.2 erfolgt die Kraftstoffeinspritzung von der jeweils linken Bildseite und das Laserband verläuft im zentralen Drittel des jeweiligen Bildes von oben nach unten. Der jeweils dargestellte Bildausschnitt deckt die kreisförmige Kolbenoberfläche nahezu vollständig ab. Die Grenzen des senkrecht verlaufenden Laserbandes sind eingezeichnet. Auch hier sind links jeweils die Rußvolumenbrüche, in der Mitte die mittleren Partikelradien und rechts die Teilchenzahldichten dargestellt.

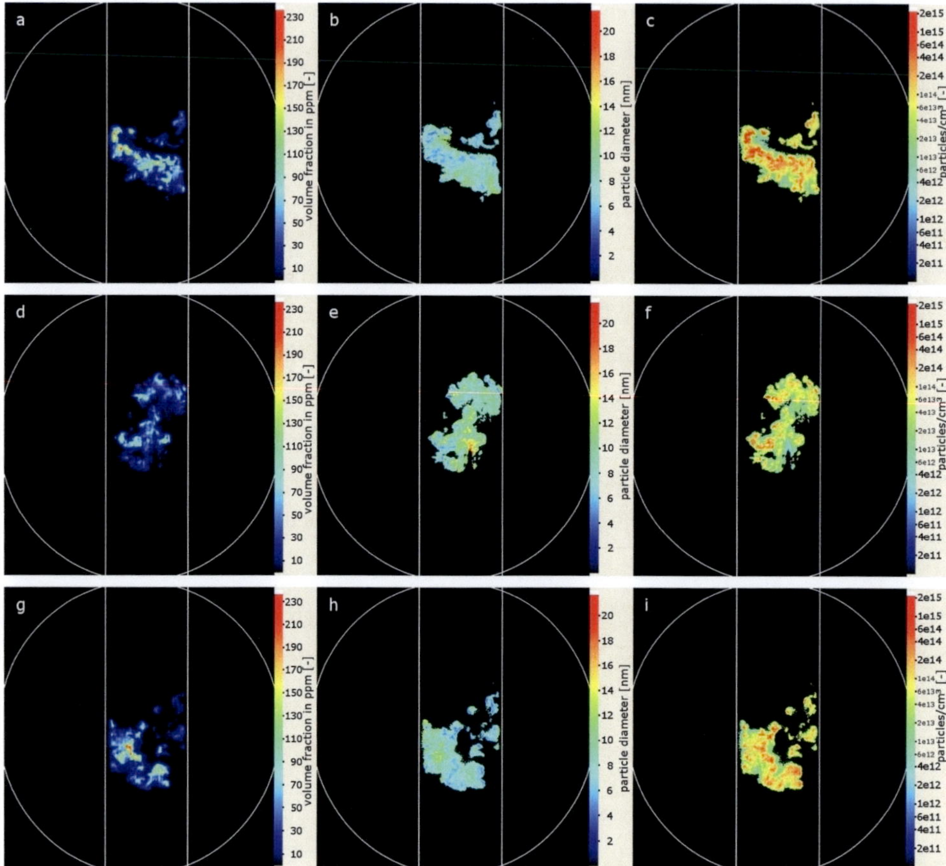

Abbildung 5-10: RAYLIX- Ergebnisse am Diesel- Einhubtriebwerk 1 – 2,5 ms nach OT bei 200 bar Einspritzdruck und 1800 µs Einspritzdauer

In der folgenden Abbildung sind die motorischen Randbedingungen der Verbrennungszyklen, unter denen die oben abgebildeten RAYLIX- Aufnahmen gemacht wurden, beschrieben.

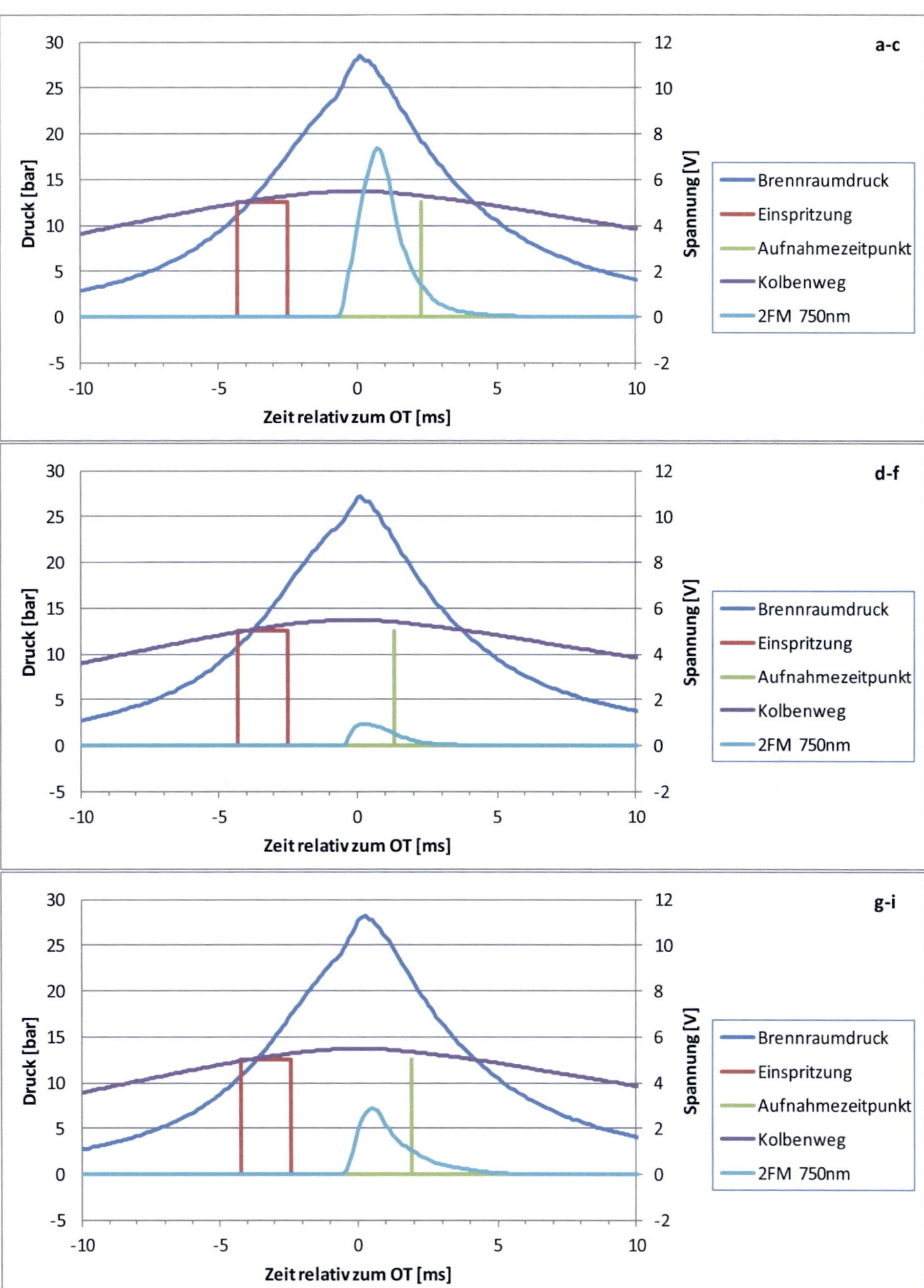

Abbildung 5-11: Motorische Bedingungen der RAYLIX- Messungen mit 200 bar Einspritzdruck und 1800 µs Einspritzdauer

Obwohl die zugrunde liegenden RAYLIX- Aufnahmen zu sehr ähnlichen Zeitpunkten relativ zur Einspritzung und Verbrennung gemacht wurden, ist das Erscheinungsbild des Schnitts aus der Rußwolke/Flamme äußerst unterschiedlich. Ein Einfluss der verbleibenden zeitlichen Differenz ist auf keiner Messung erkennbar. Bei der Messung dargestellt in Abbildung 5-10 a-c ist im Verlauf von der linken bis zur rechten Kante des Laserbandes keine signifikante Abnahme der Rußmenge feststellbar. Wie erwartet, hat hier der Einspritzstrahl den Brennraum offensichtlich vollständig durchquert und eine annähernd waagerechte Achse eines fetten Kraftstoff-/Luft-Gemischs hinterlassen in der die Rußbildung stattfindet. In der Messung, die in Abbildung 5-10 d-f dargestellt ist, besitzt die Rußwolke eine größere vertikale Ausdehnung mit zwei leicht versetzt übereinander liegenden Zentren. Offensichtlich hat der zerfallende Einspritzstrahl in diesem Fall bereits in der Brennraummitte zwei übereinanderliegende kraftstoffreiche Wolken hinterlassen. Die Rußwolke, die in Abbildung 5-10 g-i dargestellt ist, ist zwar grundsätzlich der in Abbildung 5-10 a-c ähnlich, die Rußmenge nimmt jedoch von links nach rechts ab. Dies wird besonders deutlich, wenn man sie gedanklich etwa in der Mitte teilt und die Rußmenge der rechten und der linken Seite vergleicht. Außerdem finden sich die Bereiche höchster Rußvolumenbrüche (größer 170 ppm) ausschließlich in der linken Brennraumhälfte, während in der rechten Brennraumhälfte überwiegend kleinere Rußwolken mit einem Rußvolumenbruch kleiner als 30 ppm auftreten. Zusammenfassend vermittelt die Abbildung 5-10 einen guten Eindruck über die zyklischen Schwankungen der Verbrennung im Einhubtriebwerk.

Die Ergebnisse in Abbildung 5-10 zeigen ausnahmslos die in Kapitel 5.2.2 als Kriterium für eine gelungene RAYLIX- Aufnahme genannte fleckenartige Rußverteilung. Kleine, scharf abgegrenzte Bereiche mit hohen und höchsten Rußvolumenbrüchen (> 80 ppm) befinden sich inmitten einer Zone mit geringen bis mäßigen Rußkonzentrationen (< 50 ppm) und wiederum kleine, scharf abgegrenzte Bereiche dieser geringen bis mäßigen Rußkonzentrationen befinden sich in rußfreien Gebieten.

Abbildung 5-10 zeigt deutlich, dass die örtliche Variation des Rußvolumenbruchs in erster Linie auf eine Variation der Teilchenzahldichte zurückzuführen ist. Der mittlere Partikelradius zeigt eine wenig spezifische Fluktuation von 4 bis 12 nm. Für die Teilchenzahldichte wurde eine logarithmische Darstellung gewählt, weil die Werte sich über einige Größenordnungen erstrecken ($6 \cdot 10^{11}$ bis $1 \cdot 10^{16}$ 1/cm^3). Durch diese Maßnahme ist sehr gut zu erkennen, dass sich die Teilchenzahldichten hauptsächlich in der Größenordnung zwischen 10^{13} und 10^{15} 1/cm^3 bewegen. Die mittleren Teilchendurchmesser aller Elemente des Messvolumens, die durch die Pixel in Abbildung 5-10 b, e und h dargestellt sind, sind in der folgenden Abbildung 5-12 als Histogramm mit 100 Größenintervallen zwischen 3 und 18 nm dargestellt. Das bedeutet die folgende Abbildung 5-12 stellt die Häufigkeitsverteilung der mittleren Teilchendurchmesser, und nicht die Häufigkeitsverteilung der Teilchendurchmesser an sich dar. Der größte Teil der mittleren Partikeldurchmesser befindet sich bei allen drei Messungen zwischen 5 und 12 nm.

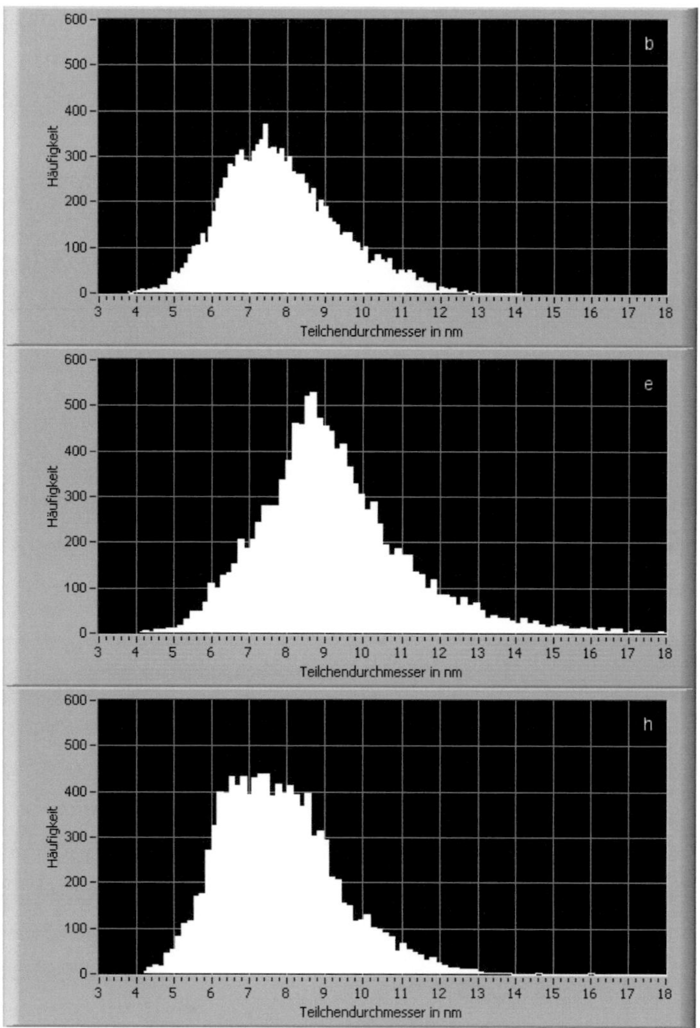

Abbildung 5-12: Häufigkeitsverteilungen der mittleren Partikeldurchmesser der Messungen mit 200 bar Einspritzdruck und 1800 µs Einspritzdauer

Die Teilchengröße liegt also deutlich unter der Teilchengröße, die in früheren Arbeiten im Abgas von Dieselmotoren für Primärpartikel gefunden wurde (9 – 50 nm) [SNE 00], [STU 05], [KOC 06]. Bei diesem Vergleich ist zu beachten, dass die Primärpartikel, die im Abgas zu finden sind, ausnahmslos „alte" Rußpartikel sind, die ihren gesamten Rußbildungsprozess durchlaufen haben. Betrachtet man den Prozess der Rußbildung und Oxidation, ist es nicht verwunderlich, dass ältere Rußpartikel tendenziell größer sind als jüngere. In zeitlich begrenzten Flammen und in einer äußerst turbulenten Umgebung wie im Inneren von Verbrennungsmotoren ist dagegen davon auszugehen, dass das gesamte mögliche Spektrum an Rußpartikeln und Rußvorläufern gleichzeitig vorliegt. Daher führt eine Bestimmung des mittleren Teilchenradius im Brennraum zu deutlich kleineren Partikelgrößen als im Abgas. Diese Annahme wird durch innermotorische Messungen und numerische Rechnungen bestätigt [MOS 09.1], [MOS 09.2] in denen Rußpartikel mit einem Durchmesser kleiner als 5 nm beschrieben und in Form von TEM- Aufnahmen abgebildet werden. Außerdem werden kleine Partikel beim Eintritt in eine sauerstoffreiche Umgebung unter der Voraussetzung genügend hoher Temperatur schneller vollständig oxidiert und fehlen so im Abgasstrom. Aber auch Untersuchungen im Abgas von Motoren mit Kraftstoff- Direkteinspritzung mit Hilfe von SMPS (Scanning Mobility Particle Sizer) [MAT 04], [MAT 05], [VAA 06], [STU 08] und [KIR 09] zeigen unter bestimmten Versuchsbedingungen in der Partikelgrößenverteilung neben der Agglomerationsmode (Ruß- Agglomerate) auch eine Kondensationsmode (Ruß- Primärpartikel) unterhalb einem Partikeldurchmesser von 20 nm.

Um die Anwendbarkeit der RAYLIX- Technik weitergehend unter motornahen Verbrennungsbedingungen zu überprüfen, musste zum Vergleich ein zweiter Betriebspunkt untersucht werden. Leider bieten Einhubtriebwerke im Allgemeinen und unser Messaufbau im Speziellen nicht allzu viele Möglichkeiten zur Parametervariation. Die mechanische Stabilität begrenzt eine größere Variation von Kraftstoffmenge, Verdichtungsverhältnis und Kolbengeschwindigkeit (Treibdruck) und die flache Geometrie des Brennraums im oberen Totpunkt steht dem Einsatz einer Mehrlochdüse oder A-Düse entgegen. Daher wurde lediglich der Einspritzdruck auf 400 bar angehoben und die Einspritzdauer auf 900 μs herabgesetzt, um eine vergleichbar große Kraftstoffmenge in den Brennraum einzubringen. Der Aufbau der folgenden Abbildungen aus repräsentativen RAYLIX- Messungen ist wiederum analog zu den bereits gezeigten aus der Basiseinstellung.

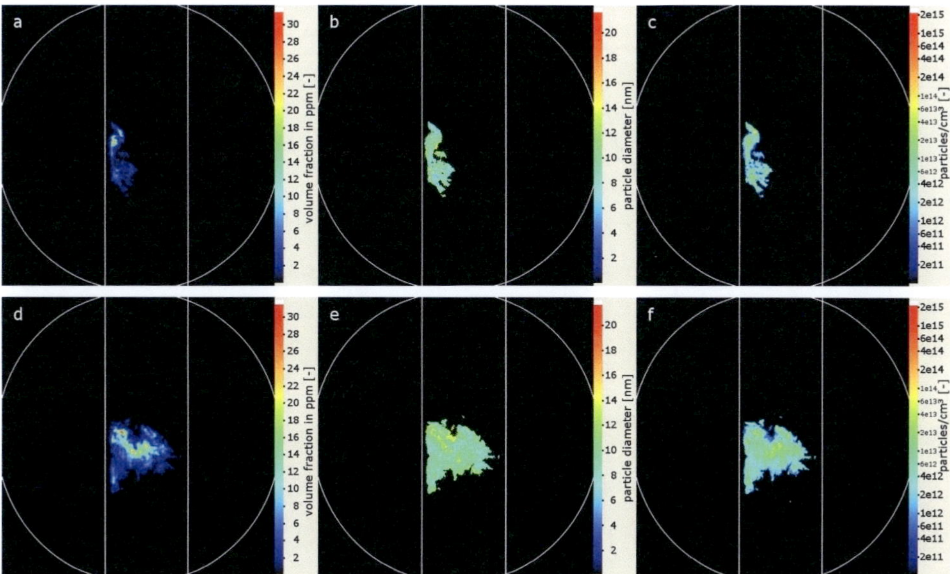

Abbildung 5-13: RAYLIX- Ergebnisse am Diesel- Einhubtriebwerk ca. 1 ms vor OT bei 400 bar Einspritzdruck und 900 µs Einspritzdauer

Die Zeitpunkte, unter denen die oben dargestellten RAYLIX- Aufnahmen relativ zur Verbrennung gemacht wurden, sind wiederum in der folgenden Abbildung anhand von Kolbenweg, Zylinderdruck und Rußeigenleuchten dokumentiert.

Auch bei einem Einspritzdruck von 400 bar ergibt sich wieder ein grundsätzlich von Motorzyklus zu Motorzyklus individuelles Bild der Flammenkonturen im Laserlichtschnitt. Repräsentative RAYLIX-Messungen mit vergleichbar großen Rußwolken wie in der ersten Messreihe mit einem Einspritzdruck von 200 bar konnte nur bei dem in Abbildung 5-14 dargestellten Aufnahmezeitpunkten gewonnen werden. Dies schränkt die Vergleichbarkeit beider Messreihen untereinander leider beträchtlich ein und macht einen Vergleich mit den Rußkonzentrationen aus der Zwei-Farben-Methode umso wichtiger.

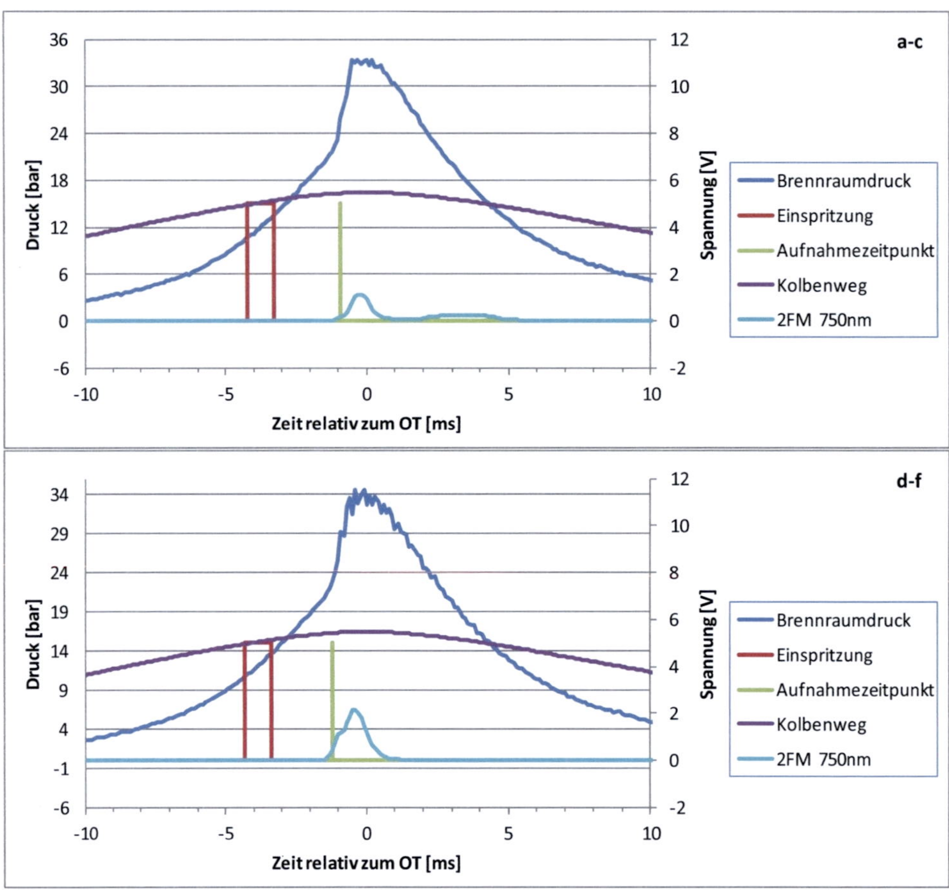

Abbildung 5-14: Motorische Bedingungen der RAYLIX- Messungen mit 400 bar Einspritzdruck und 900 μs Einspritzdauer

Die Rußkonzentrationen in Abbildung 5-13 liegen deutlich unter denen mit 200 bar Einspritzdruck in Abbildung 5-10, was durch die Ergebnisse der Zwei-Farben-Methode zum Aufnahmezeitpunkt bestätigt wird. Dies gilt sowohl für die lokal höchsten Konzentrationen als auch für den Großteil aller Pixel. Die Farbskalierung in Abbildung 5-13 a und d wurde entsprechend angepasst, um bei einem etwa 7,5-mal kleineren Rußvolumenbruch die örtliche Rußverteilung anschaulich darzustellen. Trotzdem sind die Partikeldurchmesser in Abbildung 5-13 b und e nahezu unverändert gegenüber den Standardbedingungen. Daraus resultiert, dass die geringere Rußmenge bei Betrachtung der Teilchenzahldichten besonders deutlich wird: In Abbildung 5-13 c und f, liegt sie um etwa eine Größenordnung unter der in Abbildung 5-10 c, f und i.

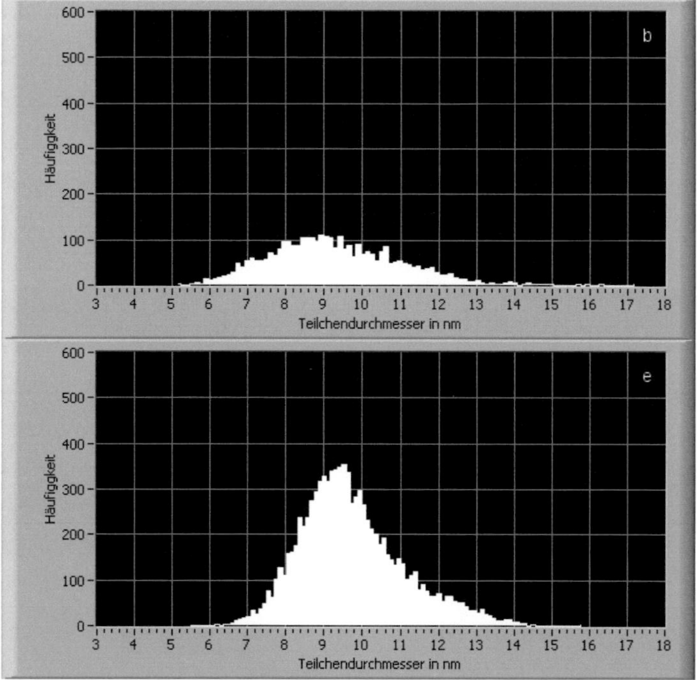

Abbildung 5-15: Häufigkeitsverteilungen der mittleren Partikeldurchmesser der Messungen mit 400 bar Einspritzdruck und 900 μs Einspritzdauer

Bei genauer Analyse der mittleren Primärpartikeldurchmesser zeigt sich eine geringe Verschiebung in der Größenverteilung hin zu 6 bis 14 nm in Abbildung 5-15 (400 bar) gegenüber 4 bis 12 nm in Abbildung 5-12 (200 bar). Da die Einspritzung sowohl bei der Messreihe mit einem Einspritzdruck von 200 bar als auch bei der mit einem Einspritzdruck von 400 bar etwa 2 ms vor dem Druckanstieg durch die Verbrennung endet, ist ein Einfluss von eventuell noch vorhandenem Kraftstoffspray äußerst unwahrscheinlich. So zeigen die Ergebnisse in Abbildung 5-13 auch eine fleckenartige Rußverteilung, wie sie in Kapitel 5.2.2 als Kriterium für eine gelungene RAYLIX- Aufnahme genannt ist. Damit muss in Erwägung gezogen werden, dass die leicht größeren mittleren Durchmesser eine Folge des früheren Aufnahmezeitpunkts relativ zum Maximum des Flammeneigenleuchtens sind. Andererseits ergab eine hier nicht dargestellte Messung bei 400 bar Einspritzdruck zu einem etwas späteren Aufnahmezeitpunkt eine Größenverteilung zwischen 5 und 9 nm, so dass ein eindeutiger Trend aus den Messergebnissen nicht erkannt werden kann.

5.3 Zusammenfassung

In diesem Kapitel konnte gezeigt werden, dass die RAYLIX- Messtechnik zur Anwendung unter innermotorischen Versuchsbedingungen geeignet ist und eine wertvolle Ergänzung zur Zwei-Farben-Methode darstellt. Damit steht eine Messtechnik zur Verfügung, die nicht nur die Rußkonzentration sondern auch Rußeigenschaften, wie Partikelgröße und Partikelanzahldichte direkt im Brennraum liefern kann. Beide Informationen beziehen sich allerdings auf die annähernd sphärischen Primärpartikel. Der Beitrag von möglichen Agglomeraten kann, wie in den physikalischen Grundlagen in Kapitel 3.1.2 erläutert, nicht quantifiziert werden. Außerdem fordern die schwierigen experimentellen Randbedingungen wie das temporär stark begrenzte Verbrennungsereignis, die Eigenbewegung des Versuchsträgers während eines Arbeitszyklus, die Verwendung von flüssigen Kohlenwasserstoffen als Brennstoff, die Messung unter hohem Druck und die Verschmutzung der optischen Zugänge ihren Tribut an die Genauigkeit, insbesondere der absoluten Zahlenwerte. In Kapitel 10 werden mögliche Fehlerquellen ausführlich diskutiert und eine Fehlerrechnung basierend auf der Unsicherheit der Kalibrierwerte u_{cal} und v_{cal} und aus der Unsicherheit der Messsignale I_{sca} und I_{LII} durchgeführt. Aus diesen Berechnungen ergeben sich die Fehler in der Skalierung der Ergebnisse für die Rußvolumenbrüche zu $\Delta f_V = 50\%$, der Partikeldurchmesser zu $\Delta d_m = 21\%$ und der Teilchenzahldichten zu $\Delta N_V = 108\%$. Zusätzlich treten örtlich aufgelöste Fehler aufgrund der Unsicherheiten von I_{sca} und I_{LII} auf. Diese sind für die Rußvolumenbrüche bis zu $\Delta f_V = 66\%$, für die Partikeldurchmesser bis zu $\Delta d_m = 40\%$ und für die Teilchenzahldichten bis zu $\Delta N_V = 165\%$.

Weiterhin konnten an diesem Versuchsträger wichtige Rahmenbedingungen der RAYLIX- Technik, wie die Dicke des Laserlichtschnitts von weniger als einem Millimeter und damit eine Bestrahlung von etwa $110 \, \text{mJ/cm}^2$, also nach den Vorgaben aus der Literatur eingestellt werden. Außerdem wurde bei der Auswertung die Kalibrierung der LII-Signale tatsächlich auf die individuell während der Einzelaufnahme bestimmte Extinktion vorgenommen, was Puls zu Puls Schwankungen der Laserenergie und unterschiedliche Rußtemperaturen vor dem LII- Puls ausgleichen kann.

Es ist bei der dieselmotorischen Verbrennung möglich, dass zum Aufnahmezeitpunkt Rußpartikel und Kraftstofftröpfchen gleichzeitig vorliegen. In diesem Fall ist eine sinnvolle Auswertung der RAYLIX- Aufnahmen durch die starke Lichtstreuung an den Tröpfchen nicht möglich. Ein wichtiges Ergebnis dieses Kapitels sind daher die beschriebenen Kriterien, anhand derer sich diese Aufnahmen erkennen und folglich aussortieren lassen.

Basierend auf den Ergebnissen kann zweifelsfrei postuliert werden, dass die Primärpartikelgröße im Brennraum von DI- Motoren etwas kleiner ist, als sie auf Filtern aus dem Abgas gesammelt werden können. Dieses Ergebnis stimmt mit Untersuchungen von Abgasen mit Hilfe eines SMPS (Scanning Mobility Particle Sizer) überein [MAT 04], [MAT 05], [VAA 06], [STU 08], [KIR 09]. Dort treten, unter bestimmten Versuchsbedingungen, auch Partikelgrößen unterhalb von 20 nm auf. Werden die Partikel dagegen im Brennraum anstatt im Abgas gesammelt, zeigen sich auch auf TEM- Aufnahmen extrem kleine Partikel mit einem Durchmesser unter 5 nm [MOS 09.1], [MOS 09.2].

6   Untersuchung der Rußbildung und Oxidation in einem Einzylinder- Ottomotor mit Benzindirekteinspritzung

Im vorangegangenen Kapitel ist deutlich geworden, dass der Zeitraum, in dem RAYLIX- Messungen in Motoren mit Kraftstoffdirekteinspritzung durchgeführt werden können, begrenzt ist: Einerseits können bei einem zu frühen Aufnahmezeitpunkt noch Reste des Kraftstoffsprays vorhanden sein und zu Mie- Streuung führen. Die Mie- Streuung an Tröpfchen, also Streuung an größeren Teilchen als die Wellenlänge des verwendeten Lichts, ist um Größenordnungen intensiver als die Rayleigh- Streuung. Dies führt in diesen Fällen vielfach zur Sättigung der Rayleigh- Kamera und immer zu verfälschten mittleren Partikelradien und Teilchenzahldichten. Andererseits kann nur bis zum Erlischen der Flamme gemessen werden, da danach die Streuung an auskondensierendem Wasser und Reflexionen an den Brennraumwänden überhand nehmen. Die Reflexionen treten zwar auch auf, während der Kraftstoff verbrennt, fallen jedoch aufgrund der dann viel höheren Rußkonzentration nicht so stark ins Gewicht und werden teilweise sogar von den Rußwolken absorbiert.

Um den Zeitpunkt der Messungen im Verbrennungszyklus besser ansteuern und reproduzieren zu können, ist ein Wechsel auf einen kontinuierlich arbeitenden Einzylindermotor sinnvoll. Bei einer konstanten Motordrehzahl stehen dann nach theoretisch einmaliger Synchronisation mit der ebenfalls konstanten Wiederholrate des Lasers periodisch wiederkehrende Übereinstimmungen zwischen Motorzyklus und Laserpuls fest. Bei 1200 1/min läuft ein 4-Takt-Motor, da er für jeden Motorzyklus zwei Umdrehungen benötigt, mit einer Frequenz von 10 Hz. Wird der Laser, wie hier geschehen, ebenfalls mit einer Wiederholfrequenz von 10 Hz betrieben, steht z.B. für jeden Motorzyklus ein Laserpuls am vorbestimmten Kurbelwinkel bereit. Mit computergestützten, elektronischen Hilfsmitteln besteht allerdings keine Notwendigkeit sich auf bestimmte Drehzahlen zu beschränken. Es sind kommerzielle Systeme zur Synchronisation des Lasers auf beliebige und sogar auf sich ändernde Motordrehzahlen erhältlich. Solche Systeme basieren auf der Erfassung von TTL- Signalen zum Beginn jedes Motorzyklus (Start- Trigger) und bei jedem durchlaufenen Bruchteil einer Umdrehung (Inkrement- Trigger). Im Rahmen dieser Messungen wurde ein entsprechendes System genutzt, so dass ohne Mehraufwand Messungen bei 1500 1/min durchgeführt werden konnten. Dessen Funktionsweise wird in Kapitel 6.1.2 erläutert.

Ein weiterer, entscheidender Vorteil dieses Versuchsträgers ist die kontinuierliche Betriebsweise, die eine Mittelung über einige Arbeitszyklen erheblich vereinfacht. Damit können grundsätzlich die Auswirkungen von zyklischen Schwankungen reduziert oder sogar eliminiert werden. So erhält man Ergebnisse, die viel repräsentativer für den jeweiligen Betriebszustand des Motors sind und sich einfacher mit anderen Messergebnissen, z.B. aus dem Abgas, vergleichen lassen. Vor allem entfallen jedoch Unregelmäßigkeiten bei der RAYLIX- Auswertung in Form extremer Teilchenzahldichten oder Partikelgrößen. Sie resultieren aus vereinzelten Pixeln mit ungewöhnlich hoher Signalintensität in den Rohbildern, die physikalisch nicht sinnvoll mit entsprechend hoher Lichtintensität erklärt werden können.

Leider kann ein kontinuierlich arbeitender Motor, anders als ein Einhubtriebwerk, nicht ölfrei betrieben werden. Damit ergibt sich, neben dem Ruß an sich, eine weitere Quelle für Verschmutzungen von Fenstern oder optischen Komponenten.

6.1 Experimenteller Aufbau

Die Adaption der RAYLIX- Messtechnik an den untersuchten Einzylinder- Ottomotor mit Benzindirekteinspritzung ist ohne zeit- und kostenintensive Planung und Konstruktion eines neuen Motorkopfs möglich, da der Motor mit einem Quarzglasring direkt unterhalb des Brennraumdaches ausrüstbar ist. Mit diesem ist er über einen weiten Winkel optisch frei zugänglich. Anders als bei einem Einhubtriebwerk ist zudem die Synchronisation von Motor und Laser durch eine kommerziell verfügbare Elektronik, das YEX Modul der LaVision GmbH, das in Kapitel 6.1.2 beschrieben wird, sichergestellt.

6.1.1 Einzylinder- Ottomotor

Bei dem Versuchsträger handelt es sich um einen Einzylinder- Ottomotor mit Benzindirekteinspritzung und strahlgeführtem Brennverfahren der BRP-Powertrain GmbH & Co KG, ehemals BRP-Rotax GmbH & Co KG. Er ist in einen Motorprüfstand am Institut für Kolbenmaschinen integriert, der die Versorgung mit Verbrennungsluft, Kühlwasser und Öl, letztere auch temperiert, bereitstellt. Außerdem kann er mit Hilfe eines Drehstrommotors in Verbindung mit einem mobilen Frequenzumrichter im Schleppbetrieb bzw. unter verschiedenen Lastbedingungen bei definierter Drehzahl betrieben werden.

Eines der beiden Auslassventile wurde entfernt, um die Zündkerze an dessen Position im Brennraumdach zu positionieren, siehe Abbildung 6-1. Damit ergab sich die Möglichkeit den hier verwendeten 12-Loch-Injektor zentral, in der Mitte des Brennraumdaches anzuordnen. In Tabelle 6-1 sind die wichtigsten Daten des Versuchsmotors aufgeführt:

Tabelle 6-1: Technische Daten des Einzylinder- Ottomotors

Hubraum	652	cm^3
Bohrung	100	mm
Hub	83	mm
Verdichtungsverhältnis	11:1	---
Ventile	2 Einlassventile	---
	1 Auslassventil	---

Die optische Zugänglichkeit ist durch einen Quarzglasring von 41,8 mm Höhe, der unterhalb des Brennraumdachs angeordnet ist, gegeben. Die Kolbenringe sind entsprechend weit nach unten verlagert, so dass sie nicht über den Glasring und vor allem nicht über dessen Unterkante schleifen müssen. Damit ist mit einem einzigen Glasbauteil die Beobachtung unter einem weiten Winkel (theoretisch 360°, allerdings eingeschränkt durch Hindernisse von Prüfstands- und Motorkonstruktion) möglich. Diese Art des optischen Zugangs ist relativ weit verbreitet, hat aber den Nachteil, dass der nach der Kompression verbleibende Raum über dem Glasring im Brennraumdach nicht direkt einsehbar ist. Weiterhin blockiert der Kolben im oberen Totpunkt den Glasring und damit den optischen Zugang vollständig. Erst mit fortschreitender Kolbenbewegung nach unten wird der Glasring ab circa 30° Kurbelwinkel nach dem oberen Totpunkt (OT) sukzessiv freigegeben. Bei 67° Kurbelwinkel nach OT erreicht die Kolbenoberfläche die untere Kante des Glasrings, so dass zu noch späteren Aufnahmezeitpunkten ein weiterer, nicht optisch zugänglicher Raum zwischen der Unterkante des Glasrings und dem Kolben entsteht.

In der folgenden Abbildung ist eine schematische Darstellung der Anordnung von Injektor und Zündkerze sowie des optischen Zugangs aus der Blickrichtung der RAYLIX-Kameras gegeben:

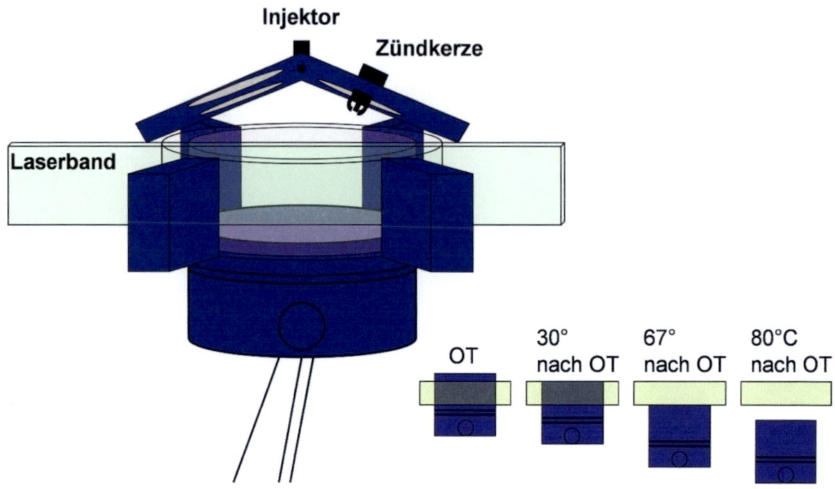

Abbildung 6-1: Schematische Darstellung des Rotax- Motors mit Quarzglasring

Auf der Kolbenoberfläche befinden sich zwei, in Abbildung 6-1 nicht dargestellte Vertiefungen, die eine Kollision zwischen Kolben und Zündkerzenelektroden im OT verhindern. Ihre Tiefe von 1 – 2 mm ist allerdings zu gering, um die optische Zugänglichkeit entscheidend einzuschränken. Analog zum Einhubtriebwerk in Kapitel 5 konnte auch hier die Kolbenoberfläche und die, aus Blickrichtung der RAYLIX- Kameras, rückseitige Zylinderwand (d.h. die Innenseite des Glasrings) mit einem temperaturbeständigen, matten Lack geschwärzt werden. Die vier Zentrier- und Abstandsblöcke des Glasrings wurden mit schwarzem Karton abgeklebt um allzu starke Reflexionen zu vermeiden.

Weitere konstruktive Änderungen an diesem Motor entfallen, da mit dem Einsetzen des Glasrings die Voraussetzungen für die Anwendung von laserdiagnostischen Messtechniken (Ein- und Austrittsfenster für den Laser und orthogonal dazu ein Beobachtungsfenster) bereits gegeben sind. Wie allgemein üblich ist der Prüfstand mit einem OT- und Kurbelwinkel- Impulsgeber ausgestattet, der bei jeder Umdrehung der Kurbelwelle und zusätzlich nach jedem durchlaufenen zehntel Grad Kurbelwinkel ein TTL-Signal generiert. Auf diesen Signalen kann die zeitliche Steuerung von motorsynchronen Ereignissen basieren, was hier für die RAYLIX- Technik genutzt wird.

6.1.2 RAYLIX- Messtechnik und zeitliche Steuerung

Der Aufbau der RAYLIX- Technik ist dem bereits beschriebenen Aufbau nach Abbildung 5-3 sehr ähnlich. Lediglich die Aufweitung des Laserstrahls und die Ein-/ Auskopplung des Laserbands ist in einer horizontalen statt vertikalen Ebene realisiert. Dabei wurden die geänderten geometrischen Verhältnisse selbstverständlich durch Anpassung der Brennweiten der Linsen berücksichtigt. So hat die erste aufweitende zylindrische Linse L1 nun eine Brennweite von -100 mm und die sphärische Sammellinse L2 hat eine Brennweite von 800 mm. Die restlichen Komponenten des Versuchsaufbaus wurden nicht verändert, so dass weitere Details in Kapitel 5.1.2 nachzulesen sind. Der Aufbau ist in der folgenden Abbildung skizziert.

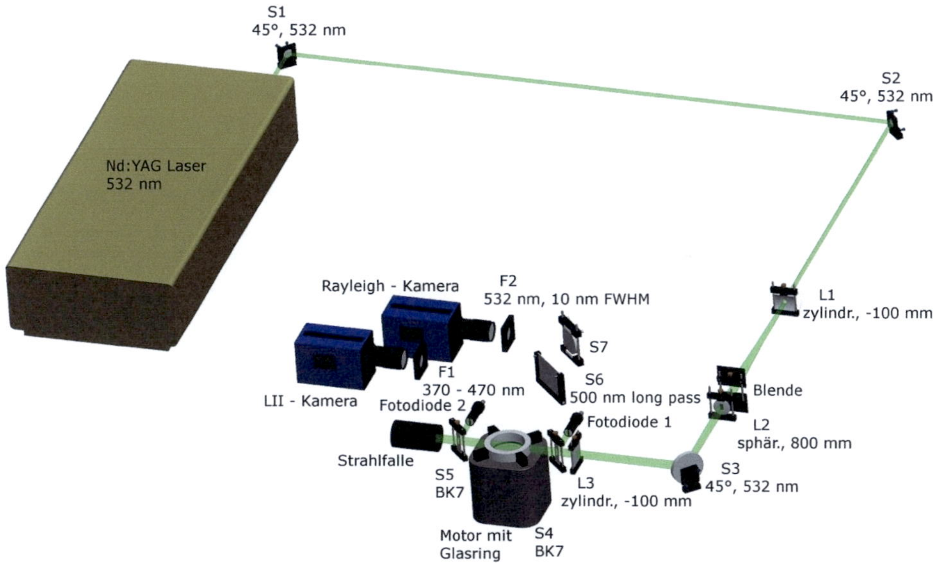

Abbildung 6-2: Messaufbau der RAYLIX- Technik am Rotax-Motor

Die Verzerrung der RAYLIX- Aufnahmen, die sich durch den Glasring ergibt, ist vernachlässigbar. Lediglich an den seitlichen Bildrändern, also in der Nähe der Glasringinnenseite wirken sie sich signifikant aus. Dort sind die Rayleigh- Streulichtbilder aufgrund der starken Reflexionen am Glasring aber sowieso nicht auswertbar. Die Anordnung beider Kameras auf einer Seite und Separation von LII- und Rayleigh-Aufnahmen mit Hilfe einer wellenlängenselektiven Strahlteilerplatte wurde beibehalten, da der Prüfstandsaufbau auf der gegenüberliegenden Seite nicht genug Platz für das Aufstellen einer Kamera bietet.

Die zeitliche Steuerung wurde, basierend auf dem Signalgeber für jede ganze Umdrehung (OT- Geber) und jedem durchlaufenen 3600ten Teil einer Umdrehung, komplett vom kommerziellen LaVision YEX Modul (YAG external synchronization) übernommen. Dazu nutzt es die Toleranz des Lasers gegenüber externen Triggersignalen, die nicht exakt seiner Nennfrequenz entsprechen, aus. Bei dem hier verwendeten Laser sind Repetitionsraten im Bereich von 9,4 bis 10,6 Hz möglich. Das YEX Modul generiert in Zusammenarbeit mit mindestens einer PTU Einheit (programmable timing unit) Triggersignale, die nicht nur in ihrer Phasenlage sondern auch in ihrer Wiederholfrequenz angepasst sind, so dass möglichst oft eine Übereinstimmung zwischen Laser- und Motorfrequenz eintritt. Bei ausreichend guter Übereinstimmung wird ein Impuls auf einen weiteren Ausgang gegeben, der dann als Kamera / Aufnahme Trigger und eventuell auch als Laser- Q-Switch Trigger verwendet wird. Ob wirklich ein Bild aufgenommen werden kann, hängt allerdings immer noch davon ab, ob die Kamera nach ihrem letzten Bild wieder für eine neue Aufnahme bereit ist.

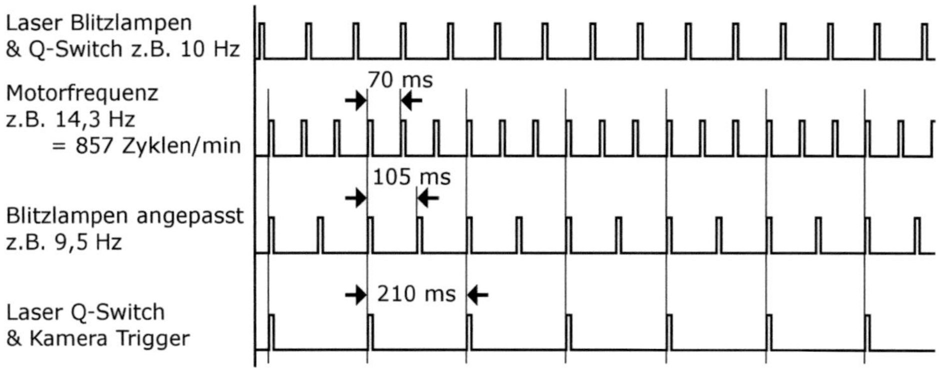

Abbildung 6-3: Prinzip der YEX Kamera Synchronisation

Kleinere Änderungen in der zeitlichen Steuerung waren dennoch notwendig: So ist es zwar grundsätzlich mit dem YEX-PTU-System von LaVision möglich, einen Doppelpulslaser anzusteuern (zwei Blitzlampen und zwei Q-Switch Impulse), allerdings nur mit ein und demselben Q-Switch-Delay, also der Zeit zwischen Blitzlampe und Q-Switch. Damit wird die Emissionsenergie eingestellt, da sich, nach dem Zünden der Blitzlampen, die Besetzungsinversion im Lasermedium innerhalb von einigen hundert Mikrosekunden auf- und wieder abbaut. Daher wurde der Laser, genauso wie schon beim Einhubtriebwerk, über einen Digital Delay / Pulse Generator DG 535 angesteuert. Dieser Digital Delay / Pulse Generator wurde durch einen Blitzlampentrigger des YEX-PTU-Systems angesteuert und generierte zeitlich relativ dazu die beiden Blitzlampen- und Q-Switch- Trigger, mit denen der Laser tatsächlich betrieben wurde. Es wurden also lediglich aus einem lasersynchronen Signal vier lasersynchrone Signale generiert. Ein weiterer Vorteil daraus ist, dass der Laser kontinuierlich und nicht nur bei einer RAYLIX- Aufnahme emittiert. Durch den permanenten Laserbetrieb (9,4 bis 10,6 Hz) werden die Fenster an der Ein- und Austrittsstelle frei von Ablagerungen gehalten.

Mit Hilfe der vergleichsweise hoch auflösenden 3600 Motorsignale pro Umdrehung ist es dem System auch möglich auf transiente Motordrehzahlen zu reagieren. Dies ist für die Untersuchung von Last- und Drehzahlwechseln, wie sie von Jungfleisch und Stumpf [STU 04], [STU 05] durchgeführt wurden, unumgänglich.

Bei der Untersuchung eines 4-Takt Motors ergibt sich eine Problematik aus der Tatsache, dass der Motor zwei Umdrehungen für einen Motorzyklus (Ansaugen, Verdichten, Arbeitstakt und Ausstoßen) benötigt. Der OT- Signalgeber generiert dagegen bei jedem Durchlaufen des oberen Totpunkts einen Impuls. Da es dem verwendeten LaVision YEX Modul nicht möglich ist die Signale des Zünd-OT von denen des Ladungswechsel-OT zu unterscheiden, würde der Messzeitpunkt zufallsgesteuert im Ansaug- oder im Arbeitstakt liegen. Die OTs können durch Verwendung eines zwischengeschalteten Zylinderdruckindiziersystems unterschieden werden: Jeder zweite Impuls tritt auf, während im Zylinder etwa Atmosphärendruck herrscht und darf nicht weitergegeben werden.

6.2 Messungen und Ergebnisse

Im Folgenden werden die Ergebnisse der Untersuchung der Rußbildung und -oxidation in einem kontinuierlich laufenden, optisch zugänglichen Einzylindermotor mit Hilfe der RAYLIX- Technik vorgestellt. Dabei wurde mit der Verwendung eines Glasrings eine allgemein übliche Bauart für optisch zugängliche Ottomotoren genutzt.

Die Ergebnisse können quantitativ mit der Rußkonzentration im Abgas verglichen werden. Dabei ist der zunächst offensichtliche Nachteil, dass die FSN (Filter Smoke Number) im Abgas nicht zyklusaufgelöst bestimmt werden kann, nicht so schwerwiegend, da an diesem Motor auch die RAYLIX- Aufnahmen über einige Motorzyklen gemittelt wurde. Bei diesem Vergleich ist jedoch zu beachten, dass eine hohe Rußkonzentration im Brennraum oder allgemein in der Flamme nicht zwangsläufig mit einer hohen Rußemission im Abgas einhergeht [ANG 00], [BOC 02], [STU 08].

6.2.1 Experimentelle Randbedingungen

Für die Versuche wurde ein Injektor mit einer 12-Loch-Düse gewählt, durch den der Kraftstoff mit 130 bar in den Brennraum gespritzt wurde. Vor jedem Messtag wurde der Motor durch Vorheizen von Öl und Kühlwasser langsam auf 70°C temperiert. Weiterhin wurde er nicht länger als 90 Sekunden unter gefeuerten Bedingungen betrieben. Beide Maßnahmen dienen dazu, mechanische Spannungen aufgrund der unterschiedlichen Wärmeausdehnungskoeffizienten von Stahl und Quarzglas zu reduzieren.

Bei den ersten Tests stellte sich schnell heraus, dass die im Einhubtriebwerk mit so geringen Modifikationen eingesetzte Messtechnik an diesem Einzylindermotor nur sporadisch ein gutes, auswertbares Bilderpaar lieferte. Ein großer Teil der Bilderpaare zeigte übereinstimmend einen, bis auf Reflexionen im Rayleigh-Bild, weitestgehend partikel- und tröpfchenfreien Brennraum. Dies ist ein guter Beweis dafür, dass sich tatsächlich keine oder kaum Teilchen im Messvolumen befunden haben. Der Grund dafür waren die vergleichsweise späten Messzeitpunkte, die, aufgrund der Art des optischen Zugangs, ausnahmslos später als 30°Kurbelwinkel nach OT lagen: Zu diesen Zeitpunkten ist die Flammenfront bereits durch den Brennraum gelaufen und Ruß, der sich an Orten mit fetten Kraftstoff-/Luft-Verhältnissen bilden kann (also dort, wo das Kraftstoffspray hingelangt ist), bereits weitestgehend oxidiert. Detektiert werden konnten lediglich sporadisch auftretende Rußnester mit einem Intensitätsschwerpunkt in Kolbennähe. Darüber hinaus hatte nach einigen Betriebsminuten des Lasers der Glasring bereits kleinere Beschädigungen durch die hohe Bestrahlungsstärke des Lasers und Öl- oder Schmutzablagerungen erlitten, so dass sie unabdingbar reduziert werden musste. Beiden Problemen wurde mit der Verbreiterung des Laserbandes auf 9 mm begegnet: Bei gleicher Pulsenergie sinkt die Energiedichte mit der Vergrößerung der Querschnittsfläche des Laserbandes und das aufgespannte Messvolumen steigt. In einem größeren Messvolumen steigt zwangsläufig die Wahrscheinlichkeit, die sporadisch auftretenden Rußnester zu detektieren. Da die Messsignale über die Dicke des Laserbands integriert werden, ist eine solche Verbreiterung nur zulässig, wenn die Rußkonzentrationen nicht so hoch sind, dass ein signifikanter Teil der Messsignale auf dem Weg zur Kamera absorbiert wird. Diese Bedingung muss allerdings immer bei LII- und Laser- Streulichtaufnahmen erfüllt sein. Dies gilt sogar noch über wesentlich größere Distanzen, theoretisch, bei vollständig mit Ruß gefülltem Brennraum, bis zum Radius des Brennraums. An dem hier untersuchten Einzylindermotor mit seinen allgemein geringen Rußvolumenbrüchen von wenigen ppm ist diese Bedingung gut erfüllt. Zusammen mit einer Mittelung über einige Einzelaufnahmen kann dann ein Verständnis für die Position und Intensität dieser Rußnester entwickelt und eine reguläre RAYLIX- Auswertung gemacht werden. In Tabelle 6-2 sind die geometrischen Verhältnisse des Laserbands, die gewählte Pulsenergie und die Energiedichte zusammengefasst.

Tabelle 6-2: Lasereinstellung am Rotax- Einzylindermotor vor Eintritt in den Brennraum

Laserband	Höhe	28 mm
	Dicke	9 mm
Einstellung Laser	Pulsenergie (LII- Puls)	73 mJ/Puls
	Pulsenergie (Rayleigh- Puls)	3,0 mJ/Puls
Bestrahlung	LII- Puls	29 mJ/cm²
	Rayleigh- Puls	1,2 mJ/cm²

Es wurden viele verschiedene Einspritz- und Zündzeitpunkt- Strategien mit konventioneller Messtechnik (Zylinderdruckindizierung, Luftmassenmessung, Kraftstoffmengenmessung, Filter-Smoke-Number etc.) untersucht, aus denen dann wenige Versuchsreihen zur Untersuchung mit Hilfe der RAYLIX- Technik ausgewählt wurden. Darunter eine Variation des Zündzeitpunkts bei konstantem Einspritzbeginn, die für den tatsächlichen Betriebseinsatz im schichtgeladenen Teillastbetrieb relevante Betriebspunkte darstellt. Weiterhin eine Variation, die sowohl den Einspritzbeginn als auch den Zündzeitpunkt verzögert. Die zuletzt genannten Betriebspunkte sind unter Kaltstartbedingungen, wenn der Motor schnell auf Betriebstemperatur erwärmt werden muss, ohne dass viel Last anliegt, technisch relevant.

Wie bereits zu Beginn von Kapitel 6 erwähnt, liegt ein wesentlicher Vorteil bei der vergleichenden Untersuchung von verschiedenen Betriebspunkten eines kontinuierlich laufenden Motors in der Möglichkeit, die RAYKIX- Aufnahmen über mehrere Einzelbilder zu mitteln und damit den Effekt von zyklischen Schwankungen auf das Messergebnis zu reduzieren. Dies macht es erheblich einfacher die Ergebnisse der RAYLIX- Technik mit anderen Messergebnissen zu vergleichen oder in Bezug zu motorischen Randbedingungen zu setzen. Bereits während der ersten Testreihen wurde jedoch klar, dass über eine sehr große Anzahl von Einzelaufnahmen gemittelt werden müsste, damit die starken zyklischen Schwankungen in den Hintergrund treten. Dem steht jedoch die langsame Bildgewinnung von ein bis zwei Bildern pro Sekunde in Kombination mit der äußerst begrenzten Zeit, in der der Motor mit dem Glasring sicher betrieben werden kann, entgegen. Aus der Synchronisation von Motor, Laser und Kameras und aus der Auslesezeit der Kameras resultiert eine Aufnahmefrequenz von etwa 0,5 - 1 Hz. Addiert man die Warmlaufphase des Motors vom ersten gefeuerten Zyklus bis zur ersten RAYLIX- Aufnahme von etwa 40 Sekunden und beachtet die maximale sichere Betriebszeit unter gefeuerten Bedingungen von etwa 60 bis 90 Sekunden, so kann über nicht viel mehr als 20 Einzelmessungen gemittelt werden.

6.2.2 Lichtstreuung und Reflexionen an Glasring und Kolbenoberfläche

Wie bereits erwähnt, stellen Reflexionen und Lichtstreuung an Ein- und Austrittsfenstern bei der Anwendung einer laserbasierten Streulichtmesstechnik im Brennraum eines Verbrennungsmotors eine besondere Herausforderung dar. Dies liegt zum einen an den begrenzten Platzverhältnissen, d.h. der Nähe des Laserstrahls zu Zylinderwänden, Zündkerze und Kolben, zum anderen an schnell verschmutzenden Fenstern. Ausmaß und Auswirkung dieser Reflexionen auf die RAYLIX- Technik werden im Folgenden anhand von zwei konkreten Beispielen diskutiert. Dabei handelt es sich um Einzelaufnahmen, die 60° Kurbelwinkel nach OT entstanden sind. Da auch die Motoreinstellungen identisch sind, dienen sie zugleich als Beispiele für die zyklischen Schwankungen in der Rußbildung von Motorzyklus zu Motorzyklus.

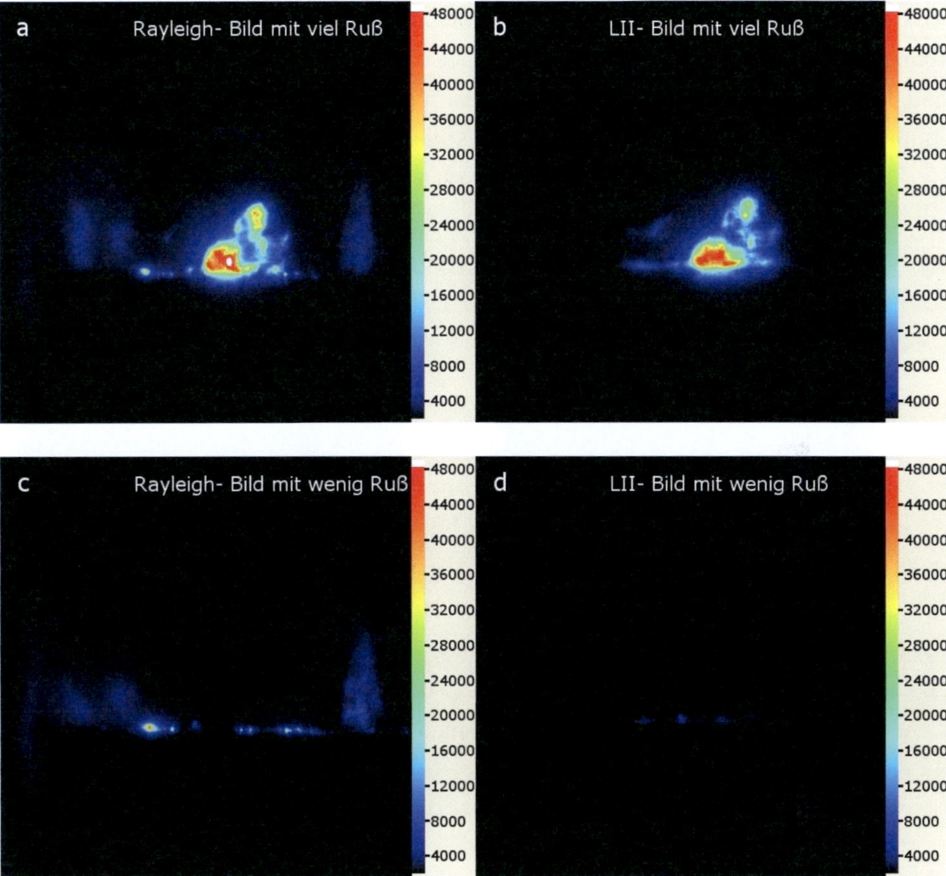

Abbildung 6-4: RAYLIX- Rohbilder mit viel und fast ohne Ruß mit relativer Intensitäts-Skalierung in „Counts" der ICCD Kameras

Abbildung 6-4 a und c stellen die Rohbilder der Rayleigh- Kamera mit viel und ohne Ruß dar, in Abbildung 6-4 b und d sind die dazugehörigen Rohbilder der LII- Kamera zu finden. Abgesehen davon, dass zu diesem späten Zeitpunkt im Motorzyklus die Existenz von Resten des Kraftstoffsprays im Brennraum ausgeschlossen sind, sind die in Kapitel 5.2.2 aufgeführten Bedingungen zur Beurteilung, ob eine RAYLIX- Auswertung sinnvoll ist, im oberen Bilderpaar erfüllt. Dies gilt unzweifelhaft auch für das Kriterium der fleckenartigen Struktur des LII- Bildes, insbesondere wenn man diesen Aufnahmen die deutlich größere Dicke des Laserbandes zu Gute hält.

Insbesondere in Abbildung 6-4 c ist gut zu erkennen, dass es eine waagerechte Anordnung von Punkten hoher und in den Randbereichen rechts und links Flächen mit eher senkrechter Ausrichtung von schwacher Lichtintensität gibt. Die zuerst genannten Punkte können auf Reflexionen auf der Kolbenoberfläche zurückgeführt werden, die Flächen sind auf Rayleigh- oder Mie- Streulicht oder am Glasring reflektiertem Streulicht zurückzuführen. Bei einem genauen Vergleich von Abbildung 6-4 a und c ist zu erkennen, dass zwei Punkte der Kolbenreflexionen nahe der Bildmitte durch die in Abbildung 6-4 a dort hoch konzentrierte Rußwolke komplett überdeckt werden. Es lässt sich also festhalten, dass selbst Reflexionen mit ihrer naturgemäß hohen Lichtintensität keine entscheidende Beeinträchtigung der Messung darstellen, wenn sie von einer Rußwolke mit ausreichend hoher Dichte verdeckt werden.

Der für die Anwendbarkeit der Messtechnik förderliche Effekt der Absorption von Störsignalen durch die Rußwolken nimmt leider sehr stark mit der Rußkonzentration ab und ist in den Randbereichen der Rußwolken nicht mehr zu beobachten. Die Tatsache, dass die Lichtstreuung am Glasring in der rechten Bildhälfte in Abbildung 6-4 c etwas stärker ist als in der gleichen Region in Abbildung 6-4 a, ist auf die zunehmende Verschmutzung des Glasrings zurückzuführen. Ein Vergleich der jeweils korrespondierenden LII- und Rayleigh- Bilder in Abbildung 6-4 zeigt, dass Lichtstreuung und Reflexion an Glasring und Kolbenoberfläche in den LII- Bildern keine Rolle spielen. Dies liegt nahe, da das Licht des Lasers durch Verwendung der Strahlteilerplatte und eines Filters vor der LII- Kamera herausgefiltert wurde. Bei der Auswertung der Bilder kann dieser Sachverhalt genutzt werden, indem zunächst ein subjektiver Grenzwert für das LII- Bild definiert wird und Pixel, deren Intensität unterhalb dieses Grenzwertes liegen, gleich Null gesetzt werden. Damit erhält man eine Schablone, die Pixel, die Ruß zeigen, und Pixel, die keinen Ruß zeigen, trennt. Die weiteren Schritte der Auswertung (Kalibrieren des LII- Bildes mit der Extinktion und die Bestimmung von Teilchenzahldichten und mittleren Partikelradien aus der Division der kalibrierten Rayleigh- und LII- Intensitäten) werden dann nur noch mit der erstgenannten Pixelmenge durchgeführt. Die soeben beschriebene „Schablone" muss dazu individuell auf eine subjektiv möglichst gut passende Position auf das Rayleigh- Bild „geschoben" werden um die korrespondierenden Pixel auszuwählen.

Trotz der oben geschilderten Vorgehensweise kommt es vor allem bei geringer Rußmenge und insbesondere in Kolbennähe dazu, dass Bereiche ausgewertet werden, denen nach dem LII-Bild Ruß zugeschrieben wird, aber nach dem Rayleigh- Bild mit gestreutem und/oder reflektiertem Licht überlagert sind. Dies führt nach den Gleichungen (4.35) und (4.36) zu besonders großen Teilchen und als Konsequenz zu einer zu geringen Teilchenzahldichte. Durch die Subtraktion eines Hintergrundbilds kann es auch auf dem Rayleigh- Streulichtbild dazu kommen, dass in einigen Bildbereichen eine Streulichtintensität von

Null resultiert. In den Fällen, in denen Ruß beinhaltende Pixel des LII- Bildes diesen Pixeln ohne Intensität auf dem Rayleigh- Bild zugeordnet werden, kann keine RAYLIX- Berechnung durchgeführt werden und der mittlere Radius sowie die Teilchenzahldichte wird gleich Null gesetzt.

6.2.3 Rußbildung bei homogener und schichtgeladener Betriebsweise

Ottomotoren mit Benzindirekteinspritzung sind seit einigen Jahren in Serienfahrzeugen zu finden. Der Grund dafür ist ihr hohes Potential zur Einsparung von Benzin beziehungsweise Reduktion der Kohlenstoffdioxid- Emission. Trotzdem werden diese Motoren noch überwiegend homogen, also mit einem nahezu gleichverteilten Kraftstoff/Luft- Gemisch von etwa stöchiometrischer Zusammensetzung, betrieben. Die Verwendung dieser nicht schichtgeladenen Betriebsweise hat im wesentlichen zwei Gründe: Zum einen entsteht bei schichtgeladener Betriebsweise innerhalb lokal kraftstoffreichen Zonen sehr viel mehr Ruß, der nicht einigermaßen wirtschaftlich (wie im Dieselmotor) in einem Filter gesammelt und später unter bestimmten (Last-) Voraussetzungen oxidiert werden kann. Zum anderen nimmt man dem ausgezeichnet etablierten Drei-Wege-Katalysator die Fähigkeit die Abgase von Stickoxiden und unverbrannten Kraftstoffresten zu befreien, wenn das integrale Verbrennungsluftverhältnis deutlich von $\lambda = 1$ abweicht. Daher liegt es nahe, auch die homogene Betriebsweise vollständig zu untersuchen und mit einer typischen schichtgeladenen Betriebsweise zu vergleichen.

Für den Vergleich der Rußbildung im homogenen und im schichtgeladenen Betrieb wurden Betriebspunkte mit möglichst vergleichbarer Last ausgewählt. Ein Indikator für die Last ist der Mitteldruck oder englisch „indicated mean effective pressure" (IMEP). Dazu wurde im Homogenbetrieb stark angedrosselt, damit die Kraftstoffmenge im Vergleich zum Schichtladebetrieb nicht allzu weit gesteigert werden musste, und einer der effizientesten schichtgeladenen Betriebspunkte ausgewählt. Ein effizienter Betriebspunkt bedeutet hierbei, dass Einspritz- und Zündzeitpunkt so gewählt sind, dass möglichst viel der Verbrennungswärme in mechanische Arbeit umgewandelt wird. Eine graphische Darstellung von Zylinderdruck, Einspritzbeginn und Zündzeitpunkt beider Betriebspunkte findet sich in der unten stehenden Abbildung. Dabei erfolgt der Einspritzbeginn im Homogenbetrieb bei 340° vor dem oberen Totpunkt (Zünd-OT), also zu Beginn des Ansaugtakts. Der Zündzeitpunkt liegt bei 30° vor dem oberen Totpunkt. Im schichtgeladenen Betrieb liegen Einspritzbeginn und Zündzeitpunkt bei 24° beziehungsweise 8° vor dem Zünd- OT.

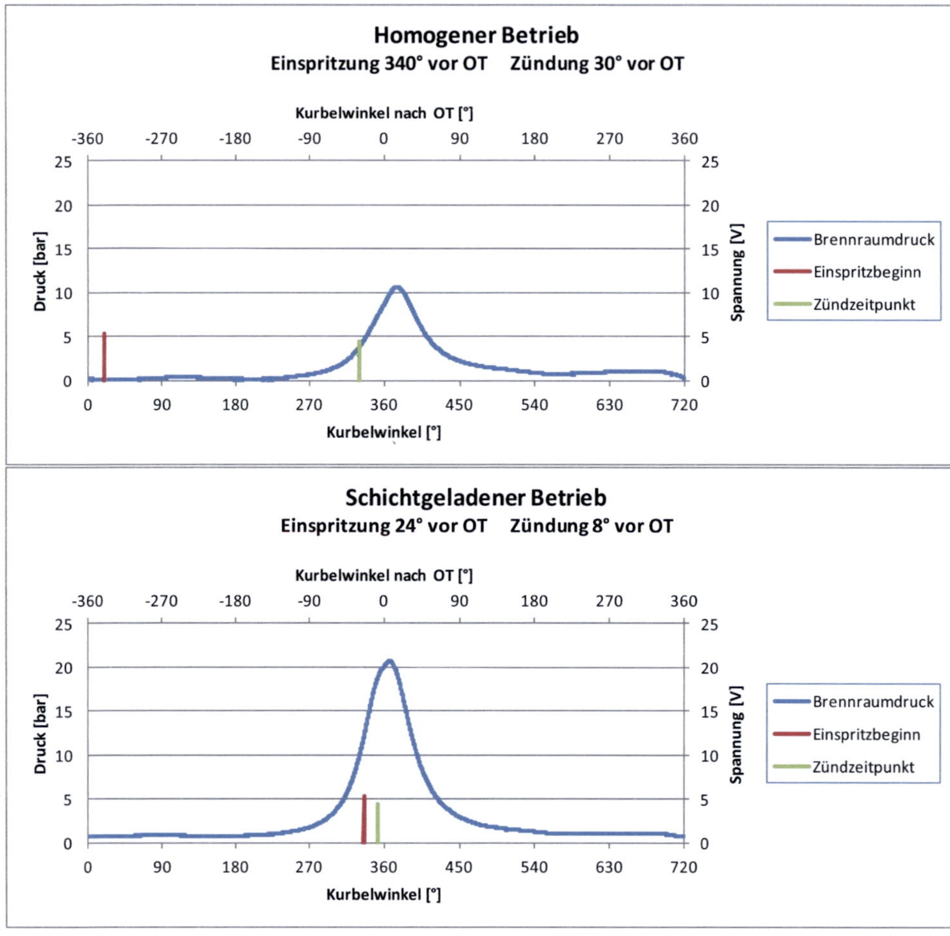

Abbildung 6-5: Darstellung des Motorzyklus im homogenen und im schichtgeladenen Betriebspunkt

Gut zu erkennen ist der Effekt der starken Drosselung im Homogenbetrieb: Mit dem Wechsel vom Ausstoßtakt in den Ansaugtakt im Ladungswechsel-OT (0° bzw. 720°Kurbelwinkel) fällt der Zylinderdruck deutlich ab und der Druck im Zünd-OT (360°Kurbelwinkel) bleibt weit unterhalb des entsprechenden Drucks im Schichtladebetrieb.

In den folgenden Abbildungen sind repräsentative Ergebnisse der beiden genannten Betriebspunkte zu jeweils sechs ausgewählten Zeitpunkten im Motorzyklus dargestellt. Diese liegen bei 43°, 52°, 55°, 60°, 65° und 78° nach Zünd-OT, die Kurbelwinkel sind links in den Abbildungen eingetragen. Die Rußvolumenbrüche sind in der linken Spalte der Abbildung zu finden, die mittleren Partikeldurchmesser in der mittleren Spalte und die Teilchenzahldichten in der rechten Spalte. Weiterhin sind die Grenzen des Glasrings und die Position des Kolbens schematisch dargestellt. In beiden Messreihen wurde der Aufnahmezeitpunkt von 30° bis 80° Kurbelwinkel (KW) nach Zünd-OT variiert. Für jeden Aufnahmezeitpunkt wurden jeweils 20 Einzelaufnahmen gemacht, über die Einzelaufnahmen gemittelt und ein Mittelwertbild abgespeichert (siehe Kapitel 6.2.1). Erst dieses Mittelwertbild wurde dann der RAYLIX- Auswertung unterzogen. Ein sich daraus ergebender Vorteil ist das Wegfallen von extrem hohen Rußvolumenbrüchen und Teilchenzahldichten die sich entweder aus extrem hohen Rayleigh- oder LII- Intensitäten vereinzelter Pixel auf dem Kamerachip oder durch nicht absolut zur Deckung zu bringende Rohbilder der Rayleigh- und LII-Kamera ergeben. Vor allem aufgrund des zuletzt genannten Punkts kann in den folgenden Abbildungen auf eine logarithmische Skalierung bei den Teilchenzahldichten verzichtet werden.

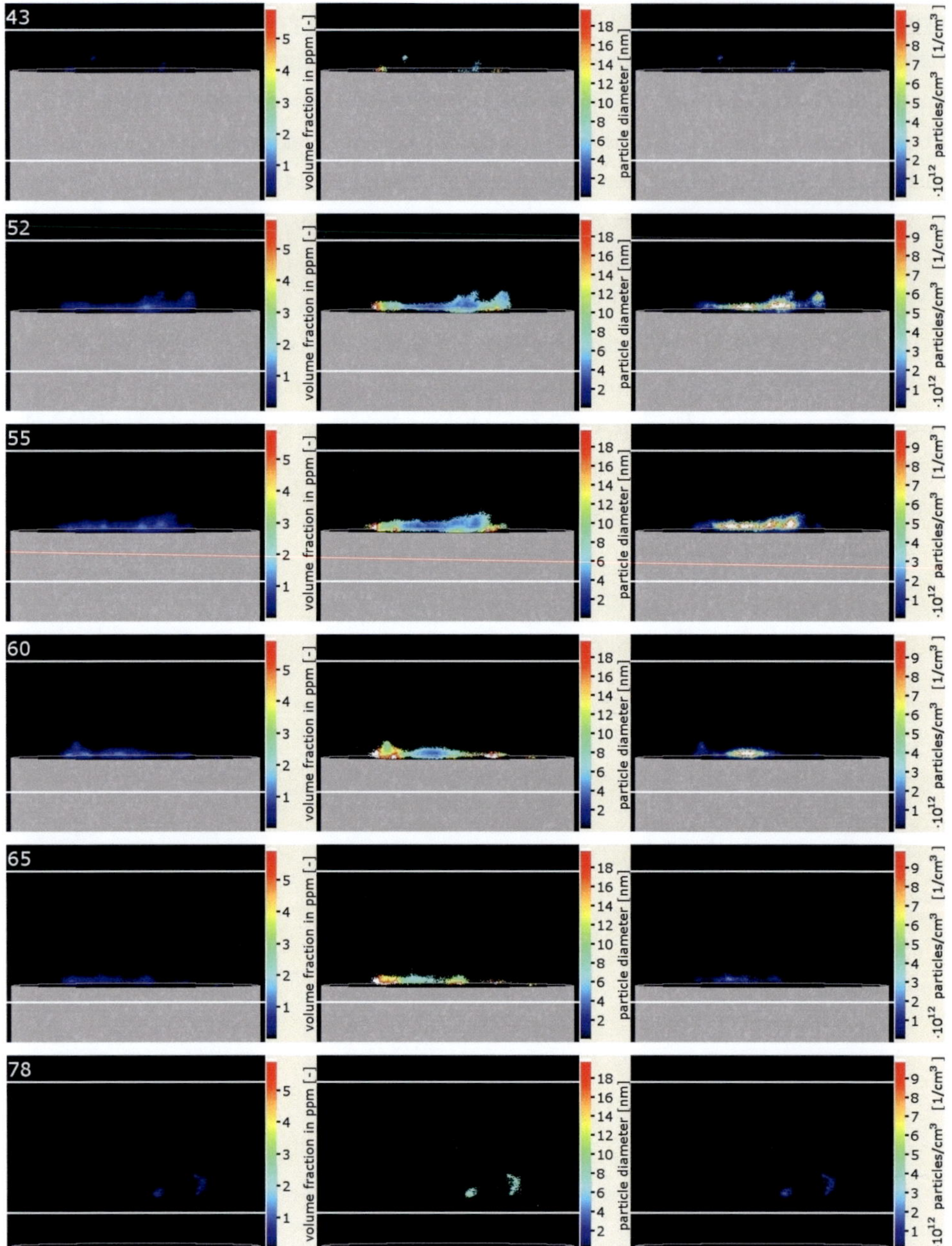

Abbildung 6-6: Rußbildung im DI-Ottomotor bei Homogenbetrieb, Einspritzung 340° vor OT, Zündung 30° vor OT, Messzeitpunkte 43 – 78° nach OT, Bilder über jeweils 20 Einzelaufnahmen gemittelt

Abbildung 6-6 belegt die beiden wesentlichen Beobachtungen: Zum einen kann Ruß erst relativ spät, ab 38° nach OT detektiert werden. Dies lässt darauf schließen, dass aus der Flammenfront, die durch das annähernd homogene Gemisch läuft, entweder kein Ruß entsteht oder dieser Ruß bereits vollständig oxidiert ist, bevor der Kolben ab etwa 30° nach OT beginnt das Beobachtungsfenster freizugeben. Zum anderen befindet sich der Ruß fast ausschließlich in der Nähe der Kolbenoberfläche, was dazu führt, dass ab etwa 70° nach OT, wenn der Kolben deutlich unterhalb des einsehbaren Bereichs ist, nur noch sehr wenig Ruß detektiert werden kann. Der zeitliche Verlauf der räumlich integralen Rußmenge kann in erster Näherung durch eine einer Gauß-Verteilung ähnlichen Kurve mit dem Maximum bei 55° nach OT beschrieben werden. Das Auftreten von Ruß im Homogenbetrieb bei 78° nach OT aus Abbildung 6-6 zeigt, dass in einzelnen Motorzyklen auch zu diesen Zeitpunkten noch ausreichend viel Ruß vorhanden ist um ihn detektieren zu können.

Aus der räumlichen Nähe der Rußnester zur Kolbenoberfläche lässt sich weiterhin ableiten, dass flüssiger Kraftstoff, der auf der Kolbenoberfläche brennt, für die Rußbildung verantwortlich ist. Offensichtlich wird bei der Einspritzung 340° vor OT die Kolbenoberfläche nicht nur benetzt, sondern die zur Verfügung stehende Zeit bzw. die Temperatur reicht auch nicht aus, um den Kraftstoff bis zur Zündung (30° vor OT) vollständig zu verdampfen. Erst weit nach der Verbrennung des verdampften Kraftstoffanteils und teilweiser Übertragung der Verbrennungswärme auf die Kolbenoberfläche können die Kraftstoffpfützen entzündet und mit dem im Brennraum vorhandenen Restsauerstoff verbrannt werden. Dieses Phänomen wurde schon früher in Motoren mit Direkteinspritzung beobachtet und ist in der Literatur als „Pool Fire" bekannt [WIT 97], [SAN 00], [KAR 01], [DRA 03], [MAR 08].

Leider ist der Informationsgewinn, den die RAYLIX- Technik gegenüber reinen LII-Aufnahmen in Form der Partikelgröße und der Teilchenzahldichte liefert, bei dieser Versuchsreihe nicht für eine weitergehende Analyse geeignet: Da die Rußnester sich so nah an der Kolbenoberfläche befinden, ist die Überlagerung vor allem des Rayleigh- Bildes mit reflektiertem (Streu-) Licht sehr stark, was die Bestimmung von Partikelgröße und Partikelanzahldichte äußerst fehleranfällig macht. Aus diesem Grund wird hier und im folgendem auf eine Darstellung der Partikelgrößen als Histogramm, also wie z.B. in Abbildung 5-12, verzichtet.

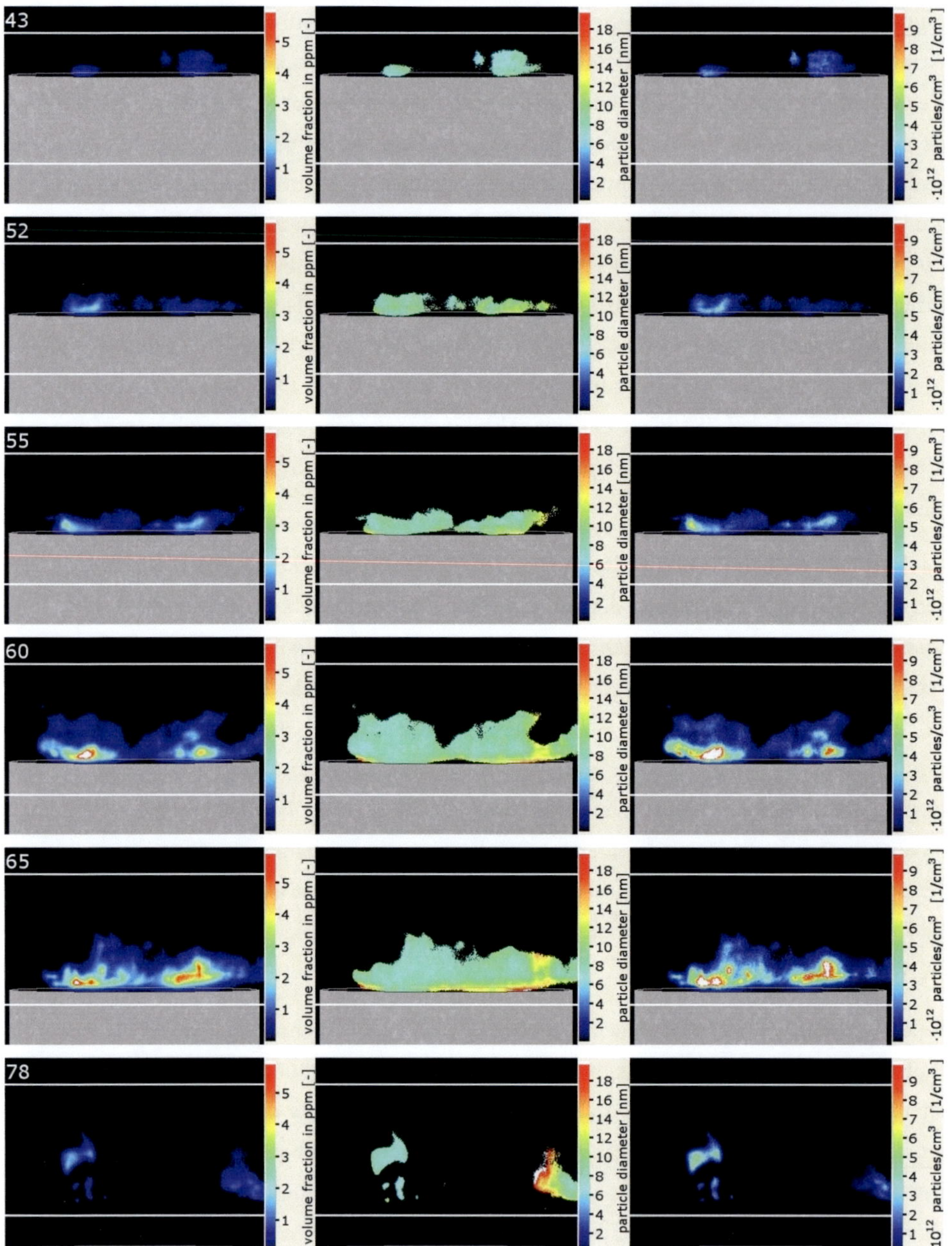

Abbildung 6-7: Rußbildung im DI-Ottomotor bei Schichtladung, Einspritzung 24° vor OT, Zündung 8° vor OT, Messzeitpunkte 43 – 78° nach OT, Bilder über jeweils 20 Einzelaufnahmen gemittelt

Auch unter schichtgeladener Betriebsweise ist der größte Teil der Rußentwicklung auf die oben beschriebenen „Pool Fire" zurückzuführen, da auch in diesem Fall ein Teil des Kraftstoffs auf die Kolbenoberfläche trifft. Die Einspritzung erfolgt 24° vor Zünd-OT um eine Ladungsschichtung zu erreichen, also eine annähernd homogene Verteilung des verdampften Kraftstoffanteils im Brennraum zu verhindern. Aufgrund der kürzeren Verweilzeit des flüssigen Kraftstoffs auf der Kolbenoberfläche wird wesentlich weniger bis zur Zündung, 8° vor OT, verdampft als im Homogenbetrieb. Somit bleibt mehr Kraftstoff auf der Kolbenoberfläche zurück, wo er unter starker Rußentwicklung verbrennt.

Anders als bei homogener Betriebsweise sind die Rußnester zu Beginn des zeitlichen Beobachtungsfensters hier nicht auf „Pool Fire" zurückzuführen. Abbildung 6-7 zeigt bei 43° vor OT deutlich, dass die Rußwolken kein Konzentrationsmaximum direkt über der Kolbenoberfläche zeigen, allgemein eine sehr einheitliche Rußkonzentration besitzen und sich in Anbetracht ihrer Größe vergleichsweise weit in den Gasraum erstrecken. Die Rußbildung dort ist eine Folge lokal geringer Sauerstoffkonzentration aufgrund der Ladungsschichtung. In der Tat befinden sich die Rußwolken an Positionen, die direkt mit einem Schnitt durch das kegelförmige Kraftstoffspray zu erklären sind. Bereits 52° nach OT ist die Rußbildung jedoch fast vollständig auf die „Pool Fire" zurückzuführen, was daran zu erkennen ist, dass sich dicht über dem Kolben höhere Konzentrationen ausbilden. Diese Entwicklung setzt sich im Folgenden (55° bis 65° Kurbelwinkel) fort, wobei die detektierte Rußmenge zunimmt.

Der zeitliche Verlauf der Rußmenge kann wiederum in erster Näherung durch eine einer Gauß-Verteilung ähnlichen Kurve mit einem Maximum diesmal bei 66° nach OT beschrieben werden. Bei einer Berechnung der Rußmenge basierend auf den RAYLIX-Messungen würde die abfallende Flanke des Rußmengenverlaufs allerdings steiler erscheinen als sie tatsächlich ist: Mit der Kolbenbewegung nach unten tut sich ab etwa 70° nach OT ein nicht einsehbaren Raum zwischen der Unterkante des Glasrings und der Kolbenoberfläche auf, der im weiteren Verlauf bis zum unteren Totpunkt zunimmt.

Ein Blick auf die Durchmesser zeigt, dass die Partikel über weite Bereiche, unabhängig von der jeweiligen Rußkonzentration, eine einheitliche Größe von 6 bis 12 nm besitzen. Dicht über der Kolbenoberfläche zeigt sich der gleiche störende Einfluss von Reflexionen, der bereits bei homogener Betriebsweise beobachtet wurde. Darüber hinaus ist am jeweils rechten Bildrand der Einfluss der zunehmenden Verschmutzung des Glasrings zu erkennen. Zum einen als breiten, senkrechten Streifen in dem die Partikel groß bzw. übergroß erscheinen, zum anderen durch das augenscheinliche Vorhandensein von Ruß am äußersten Rand des Bildes. Beides ist deutlich in der mittleren Bilderspalte der Abbildung 6-7 zu erkennen. Dabei kann es sich nur um eine Reflexion am an genau dieser Position besonders verschmutzten Glasring handeln.

Da die mittleren Partikeldurchmesser entsprechend Abbildung 6-7 zeitlich und örtlich annähernd konstant sind, folgt die örtliche Fluktuation der Teilchenzahldichte der des Rußvolumenbruchs: Eine hohe Rußkonzentration (Rußvolumenbruch) ist praktisch ausschließlich auf eine hohe Teilchenzahldichte und nicht auf größere Partikel zurückzuführen. Auch dieses Ergebnis wurde schon am Einhubtriebwerk unter dieselmotorischen Verbrennungsbedingungen in Kapitel 5.2.4 beschrieben. Die Rußkonzentrationen sind hier, wie erwartet, mit nur wenigen ppm wesentlich kleiner als beim Einhubtriebwerk mit stellenweise über 200 ppm.

6.2.4   Einfluss des Einspritz- und Zündzeitpunkts auf die Rußbildung bei Ladungsschichtung

Im letzten Kapitel wurde deutlich, dass die Menge an Kraftstoff, die sich nach der Verbrennung der Gasphase noch auf der Kolbenoberfläche befindet, für die Rußbildung von entscheidender Bedeutung ist. Sie hängt davon ab, wie viel Kraftstoff auf den Kolben gelangt und wie viel davon bis zur Zündung verdampfen kann. Bei konstant gehaltener Einspritzmenge, Einspritzdruck, Kolben- und Motortemperatur wird der erste Faktor durch den Einspritzzeitpunkt und der zweite Faktor durch die Zeitspanne zwischen Einspritzung und Zündung bestimmt. Dabei geht die Variation des Einspritzzeitpunkts mit mehreren, zum Teil gegenläufigen Effekten einher: Bei einer späteren Einspritzung befindet sich der Kolben näher am oberen Totpunkt, wodurch der verbleibende Gasraum verkleinert wird. Besonders bei einer Spraygeometrie wie sie hier vorliegt, d.h. Freistrahlen vom Brennraumdach in Richtung Kolbenoberfläche, steigt mit einer späteren Einspritzung sowohl die Wahrscheinlichkeit dass, als auch das Ausmaß in dem die Kolbenoberfläche getroffen wird. Allerdings bedeutet eine spätere Einspritzung auch einen höheren Gegendruck und eine höhere Gastemperatur im Brennraum. Die höhere Verdampfungstemperatur des Kraftstoffs durch den höheren Druck wird durch die zuletzt genannte höhere Gastemperatur überkompensiert. Höherer Druck und höhere Temperatur unterstützen den Strahlzerfall und die Verdampfung, so dass die Eindringtiefe reduziert wird und damit die Wahrscheinlichkeit bzw. Stärke mit der die Kolbenoberfläche getroffen wird. Dieser Zusammenhang wurde bereits von Nauwerk [NAU 05], [NAU 06] untersucht.

In der folgenden Versuchsreihe wurde ein Einspritzzeitpunkt 12° vor OT gewählt, die Zündung wurde auf 2° nach OT gelegt. Das heißt im Vergleich zur bereits in Kapitel 6.2.3 gezeigten schichtgeladenen Versuchsreihe wurde die Zeit zwischen Einspritzbeginn und Zündung von 16° auf 14° Kurbelwinkel reduziert. Die folgende Abbildung gibt wiederum einen graphischen Überblick über die motorischen Randbedingungen.

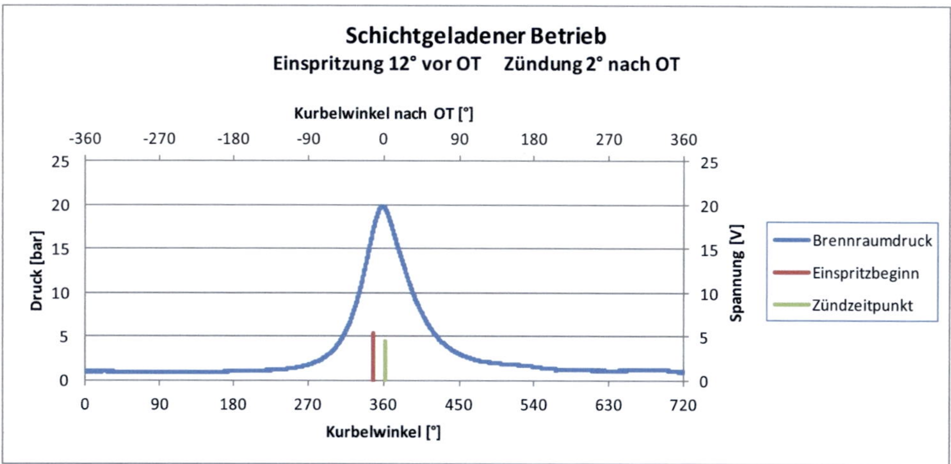

Abbildung 6-8: Darstellung des Motorzyklus im schichtgeladenen Betriebspunkt mit Zündung nach OT

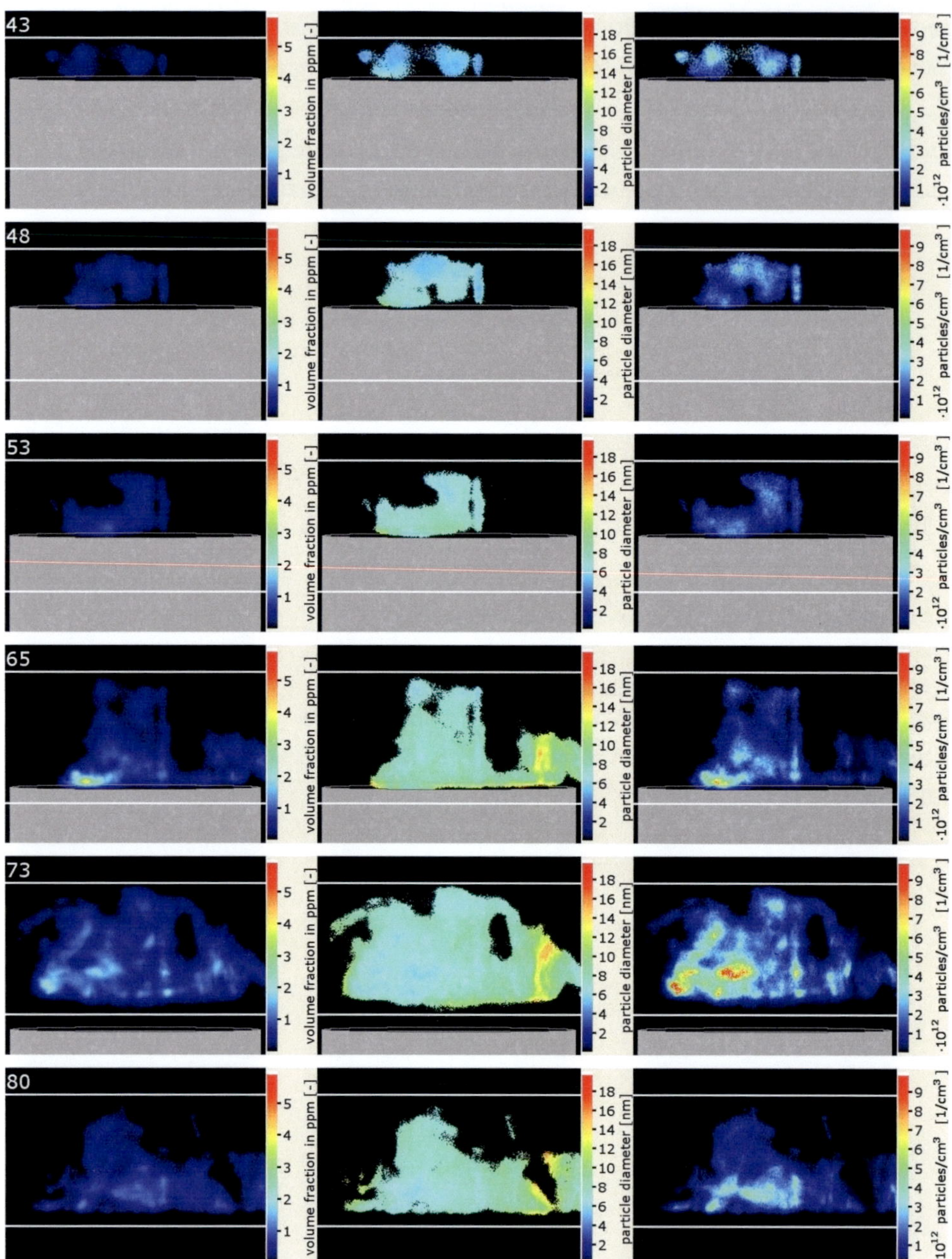

Abbildung 6-9: Rußbildung im DI-Ottomotor bei Schichtladung, Einspritzung 12° vor OT, Zündung 2° nach OT, Messzeitpunkte 43 – 80° nach OT, Bilder über jeweils 20 Einzelaufnahmen gemittelt

Ein Vergleich von Abbildung 6-9 und Abbildung 6-7 zeigt signifikante Unterschiede in der Rußbildung und -oxidation. Obwohl die gesamte, detektierte Rußmenge vergleichbar ist, verteilt sich der Ruß bei der späteren Einspritzung und Zündung (12° vor OT bzw. 2° nach OT) in Abbildung 6-9 über weite Bereiche des Brennraums, während er bei der früheren Einspritzung und Zündung (24° vor OT bzw. 8° vor OT) in Abbildung 6-7 fast ausschließlich über der Kolbenoberfläche zu finden ist. Offensichtlich gelangt bei der späteren Einspritzung trotz ungünstigerer, weiter oben gelegener Kolbenposition weniger Kraftstoff auf die Kolbenoberfläche. Bei Einspritzung 24° vor OT befindet sich der Kolben etwa 4,7 mm, bei Einspritzung 12° vor OT etwa 1,2 mm unter der OT- Stellung. Der Brennraumdruck beträgt im ersten Fall 12,0 bar, im zweiten Fall 17,2 bar. Die durch den höheren Druck verringerte Eindringtiefe [NAU 06] kann die ungünstigere Kolbenposition offensichtlich überkompensieren. Dies führt zu deutlich weniger „Pool Fire", wie anhand der geringen bis mäßigen Rußvolumenbrüche in Kolbennähe deutlich wird. Siehe dazu insbesondere die Bilderreihen bei 65° Kurbelwinkel nach OT in Abbildung 6-9 und Abbildung 6-7. Weiterhin wird der entstehende Ruß deutlich schlechter oxidiert, so dass er auch noch 80° nach OT große Teile des Brennraums füllt. Diese Beobachtung lässt sich mit dem späteren Zündzeitpunkt erklären, der zu einer späteren Verbrennung im Motorzyklus und damit zu geringeren Brennraumdrücken und Verbrennungstemperaturen führt. Die Temperatur ist für die Geschwindigkeit der Rußbildung und Oxidation maßgeblich.

Da diese Versuchsreihe nach der aus Kapitel 6.2.3 durchgeführt wurde, sind von Beginn an die negativen Auswirkungen eines verschmutzten Glasrings zu erkennen. Dort sind streifenartige Rußwolken in der jeweiligen Bildmitte und zu groß erscheinende Partikel am jeweils rechten Bildrand zu erkennen. Weiterhin kommt die Signalintensität am äußerst rechten Bildschirmrand augenscheinlich aus dem Glasring. Sie wurden in Kauf genommen, um weitreichende Konsequenzen, die sich beim Reinigen und anschließendem erneuten Zusammenbau des Motors ergeben hätten, zu verhindern. Dazu zählen vor allem die nach Demontage und Neuaufbau von Motorkopf und Glasring veränderte Orientierung der Masseelektrode der Zündkerze und Änderungen an der Kameraperspektive oder Laserbandlage.

Genau wie unter den Bedingungen des ersten vorgestellten, schichtgeladenen Brennverfahrens ist zu erkennen, dass zuerst, das heißt bis zum Zeitpunkt 43° nach OT, Rußwolken entsprechend der Spraykegel gebildet werden. Dies ist hier sogar noch wesentlich deutlicher zu erkennen als in der obersten Bilderreihe von Abbildung 6-7. Danach, also ab etwa 48° nach OT verlagert sich die Rußbildung auf die „Pool Fire". Auch in Abbildung

6-9 liegen die Partikeldurchmesser des Rußes aus den „Pool Fire", also ab etwa 53° Kurbelwinkel nach OT, bei 6 bis 12 nm. Im Gegensatz dazu sind die Partikel bei relativ frühen Zeitpunkten (z.B. 43° nach OT) im Motorzyklus merklich kleiner. Auch dies ist, neben dem Fehlen eines Rußmaximums dicht über der Kolbenoberfläche, ein Indiz dafür, dass dieser Ruß aus einer anderen Quelle stammt. Die darunter liegende Bilderreihe bei 48° nach OT zeigt, wie dieser erste Ruß allmählich, ausgehend von der Kolbenoberfläche, mit größeren Rußpartikel aus den „Pool Fire" vermischt wird. Die Partikelzahldichte des Rußes 43° nach OT ist in Anbetracht der geringen Rußkonzentration außergewöhnlich hoch. Dies lässt darauf schließen, dass bei der Rußbildung im Gasraum, generell kleinere und mehr Partikel entstehen als durch brennenden Kraftstoff auf der Kolbenoberfläche.

Bei genauer Betrachtung fällt auf, dass die mittleren Partikeldurchmesser bei 73° und 80° Kurbelwinkel nach OT zumindest stellenweise sogar leicht unter dem genannten Bereich von 6 bis 12 nm liegen. Eben diese Bereiche zeigen auch eine besonders hohe Teilchenzahldichte bei vergleichsweise geringen Rußvolumenbrüchen. Aufgrund der zuletzt genannten Beobachtungen können die verringerten Partikelradien kaum durch die teilweise Oxidation von Partikeln erklärt werden. Neoh [NEO 85], [SUN 99] beschreibt zwar, dass die porösen Rußpartikel in mageren oder leicht fetten Flammen auch an ihrer inneren Oberfläche brennen und dann platzen können, aber selbst eine mäßig gute Oxidationsrate würde kleine Partikel schnell vollkommen oxidieren, was einer Verringerung der mittleren Partikelgröße entgegenstehen müsste. Eine weitere, mögliche Erklärung ist die Kolbenbewegung, deren Geschwindigkeit dem Kurbelgesetz folgt und daher im Arbeitstakt bei 90° Kurbelwinkel nach OT am größten ist. Mit der Kolbenbewegung werden die brennenden Kraftstoffpfützen und damit die Rußquellen nach unten bewegt, d.h. der entstehende Ruß wird über ein größeres Volumen verteilt. Dies kann sich negativ auf die Partikelkoagulation auswirken und somit kleinere mittlere Radien der Primärpartikel ergeben.

Weiterhin ist in Abbildung 6-9 gut zu erkennen, dass kein Ruß in unmittelbarer Nähe der oberen und unteren Kanten des Glasrings detektiert werden kann. Dies liegt zum einen daran, dass das Laserband etwas weniger hoch als der Glasring war, um sicherzustellen, dass das Laserband in seiner vollen Höhe aus dem Motor austreten kann, zum anderen daran, dass nach dem Passieren des Eintrittsfensters die Kanten des Querschnitts des Lichtbandes durch Streuung an Ruß- und Ölablagerungen nicht mehr scharf definiert sind. Damit nimmt die Einstrahlintensität und damit die Intensität vor allem des LII- Signals am Rand des Laserbandes kontinuierlich und nicht sprunghaft ab. Dieser Effekt wird durch die Verwendung des wellenlängenselektiven Filters vor der LII Kamera tendenziell verstärkt: Nur Volumenelemente, im Fall der RAYLIX- Auswertung also Pixel des LII Bildes, in denen der Ruß eine gewisse Mindesttemperatur erreicht, emittieren genügend Licht unterhalb einer Wellenlänge von 470 nm, um bei der Auswertung des LII Bilds berücksichtigt zu werden. Den durch die Pixel repräsentierten Volumenelementen, in denen der Ruß ein wenig zu kalt ist, wird im Verlauf der Auswertung kein Ruß zugeordnet.

6.3 *Zusammenfassung*

Die RAYLIX- Technik konnte erfolgreich im Brennraum eines kontinuierlich laufenden Motors angewendet werden. Wie erwartet, ist die zeitliche Steuerung der Bildgewinnung dort wesentlich präziser als in einem Einhubtriebwerk, was die Möglichkeit zu reproduzierbaren Aufnahmezeitpunkten eröffnet. Diese wurde wie geplant für Mehrfachaufnahmen und zur Mittelwertbildung über eben diese Mehrfachaufnahmen genutzt, was den Effekt von zyklischen Schwankungen zumindest reduzieren konnte. Ein Nachteil der Messungen am kontinuierlich laufenden Motor ist dagegen die stark ausgeprägte Neigung zur Verschmutzung der Fenster. Anders als bei einem Einhubtriebwerk kann ein Einzylindermotor nicht ohne Öl betrieben werden. Damit hat man neben Ruß ein zweites Medium, das sich innen auf den Fenstern absetzen kann. Verschärft wird das Problem dadurch, dass der Ölfilm, der sich bei unserem Versuchsträger unvermeidlich auf dem Glasring befand, zeitweise auch kleine Luftbläschen enthielt, die das Laserlicht streuen können.

Dennoch konnte anschaulich (siehe Kapitel 6.2.2) gezeigt werden, dass bei ausreichend großen und dichten Rußwolken im zentralen Bereich des Brennraums keine nennenswerte Störung durch reflektiertes und/oder gestreutes Licht auftritt. Reflexionen und/oder Lichtstreuung an Kolben und Glasring haben lediglich in deren Nähe oder aber bei kleinen Rußmengen, wie sie bei homogener Betriebsweise auftreten, einen störenden Einfluss. Die genannten, bei den Messungen störenden Effekte der Verschmutzung von optischen Zugängen und Reflexionen an Kolben und Glasring verursachen zusammen mit der Eigenbewegung des Motors während eines Arbeitszyklus ihren Tribut an die Genauigkeit der Kalibrierung, dass heißt der absoluten Zahlenwerte. In Kapitel 10 werden mögliche Fehlerquellen ausführlich diskutiert und eine Fehlerrechnung basierend auf der Unsicherheit der Kalibrierwerte u_{cal} und v_{cal} und aus der Unsicherheit der Messsignale I_{sca} und I_{LII} durchgeführt. Aus diesen Berechnungen ergeben sich die Fehler in der Skalierung der Ergebnisse für die Rußvolumenbrüche zu $\Delta f_V = 50\%$, der Partikeldurchmesser zu $\Delta d_m = 21\%$ und der Teilchenzahldichten zu $\Delta N_V = 108\%$. Zusätzlich treten örtlich aufgelösten Fehler aufgrund der Unsicherheiten von I_{sca} und I_{LII} auf. Diese sind für die Ruß-volumenbrüche bis zu $\Delta f_V = 66\%$, für die Partikeldurchmesser bis zu $\Delta d_m = 40\%$ und für die Teilchenzahldichten bis zu $\Delta N_V = 165\%$.

Unter allen untersuchten Versuchsbedingungen wurde das Maximum der Rußmenge erst zu relativ späten Zeitpunkten im Motorzyklus nachgewiesen ($55°$ bis $70°$ nach OT). Darüber hinaus lagen zu diesen Zeitpunkten die höchsten Rußkonzentrationen immer unmittelbar über der Kolbenoberfläche, was auf Rußbildung durch sogenannte „Pool Fire", also auf dem Kolben brennende Kraftstoffpfützen, schließen lässt.

Es konnte gezeigt werden, dass die mittleren Partikeldurchmesser in den „Pool Fire" bei 6 bis 12 nm liegen. Einspritz- und Zündzeitpunkt zeigen keinen grundsätzlichen Einfluss auf die Größe der Partikel, sondern nur auf den zeitlichen Verlauf der Rußbildung und Oxidation. Die Partikelgrößenbestimmung führt allerdings in Kolbennähe zu fehlerhaften Ergebnissen, was besonders stark unter der Einspritz- und Zündzeitpunkten im Homogenbetrieb hervortritt. Im schichtgeladenen Betrieb bei sehr später Einspritzung und Zündung kurz nach OT ist die Rußbildung zeitlich weit nach hinten verschoben, so dass deren Maximum erst nach $70°$ nach OT erreicht wird. Zu diesem Zeitpunkt liegt die Partikelgröße an manchen Stellen am unteren Rand des oben angegebenen Bereichs. Weiterhin konnte unter diesen Bedingungen bei etwa $40°$ nach OT eine Rußbildung im Gasraum beobachtet werden, die ebenfalls kleinere Partikeldurchmesser hervorbringt.

7 Untersuchung der Rußbildung und Oxidation nahe am oberen Totpunkt in einem Otto- Einhubtriebwerk

Die Anwendung der RAYLIX- Technik im Brennraum eines Einzylinder- Ottomotors mit Benzindirekteinspritzung hat die Benetzung der Kolbenoberfläche als Hauptquelle für die Rußbildung identifiziert. Nun lässt sich eben diese durch verschiedene Parameter und Maßnahmen (Einspritzzeitpunkt, Mehrfacheinspritzung, Brennraumgeometrie, Spraybild der Düse, Einspritzdruck) in Serienaggregaten weitestgehend vermeiden. Dies wird bei einem Vergleich der Abbildung 7-6 und Abbildung 7-7 deutlich. Im Gegensatz dazu ist es kaum zu verhindern, dass die Zündkerze vom Einspritzstrahl aufgrund der räumlichen Nähe von Injektor und Zündkerze getroffen wird. Eine nahe Anordnung ist für ein zündfähiges Kraftstoff/Luft-Gemisch im Bereich der Elektroden, d.h. für eine zuverlässige Zündung unter allen Betriebspunkten notwendig.

Weiterhin kann nach den Untersuchungen am ROTAX Motor keine Aussage über den im freien Gasraum, kurz nach dem oberen Totpunkt gebildeten Ruß, getroffen werden, da der Versuchsträger diesem Zeitpunkt noch nicht optisch zugänglich ist. Je nach Einspritz- und Zündzeitpunkt wurde zwar die Rußbildung im freien Gasraum bei bis zu 43° nach OT beobachtet (Abbildung 6-9), der Ruß wird dann jedoch zunehmend von Ruß aus den „Pool Fire" mengenmäßig dominiert. Es ist also zu klären, ob der in den kraftstoffreichen Regionen im Gasraum gebildete Ruß vollkommen oxidiert werden kann.

Zu diesem Zweck bedarf es eines Versuchsträgers der einerseits bis ins Brennraumdach, d.h. auch im oberen Totpunkt, optisch zugänglich ist und andererseits einem seriennahen Brennverfahren soweit ähnlich ist, dass eine Benetzung der Kolbenoberfläche weitestgehend vermieden wird. Beide Bedingungen lassen sich am besten an einem Einhubtriebwerk vereinen: Die größte Herausforderung ist es, das Laserband durch den Brennraumkopf, senkrecht zur Blickrichtung der Kameras, verlaufen zu lassen. Der Brennraumkopf eines Einhubtriebwerks kann zu diesem Zweck mit einem Schnitt für das Laserband versehen werden ohne Probleme mit der Wärmeableitung zu bekommen. In kontinuierlich gefeuerten Motoren käme es zu zu hohen Temperaturen an den Kanten des Schnitts. Weiterhin kann der gesamte Zylinderkopf, insbesondere die Anordnung von Injektor und Zündkerze frei nach den Vorgaben eines erprobten Brennverfahrens gestaltet werden. Das für diese Untersuchungen gewählte Einhubtriebwerk bietet außerdem die Möglichkeit im Vorfeld verschiedene Arten von Turbulenzen zu erzeugen, so dass unter anderem die Rotationsströmung („Tumble"), die im Motor durch die seitliche Anordnung der Einlassventile erzeugt wird, nachgebildet werden kann.

Ziel des folgenden Kapitels ist es, gezielt die Fragestellungen zu untersuchen, die sich aus den Messungen im vorausgegangenen Kapitel ergeben haben. Diese sind im Einzelnen: Bildet sich Ruß schon sehr früh im Motorzyklus, kurz nach der Zündung? Falls ja, wie schnell wird dieser Ruß oxidiert? Wie effektiv kann die Rußbildung aus „Pool Fire" reduziert werden, wenn eine Benetzung von Oberflächen weitestgehend vermieden wird? Gibt es „Pool Fire" auch an der Zündkerze? Das hierzu wieder ein Einhubtriebwerk verwendet wurde ist darauf zurückzuführen, dass dies der einzige verfügbare Versuchsträger ist, der die entsprechende optische Zugänglichkeit besitzt, die notwendige Möglichkeit zur Adaption eines kommerziellen Brennverfahrens bereitstellt und darüber hinaus einen ölfreien und damit verschmutzungsarmen Betrieb zulässt.

7.1 Experimenteller Aufbau

Der experimentelle Aufbau an diesem Versuchsträger ist mit zwei neuen Herausforderungen verknüpft: Zum einen steht aufgrund der begrenzten Platzverhältnisse und damit der Nähe des Lasers zum Einhubtriebwerk nur eine vergleichsweise kurze Strecke zur Ausbildung des Laserbandes zur Verfügung. Zum anderen sind die Aufgaben, die zum Ablauf einer Messung zeitlich korrekt ausgeführt werden müssen, ungleich vielfältiger als bei den Untersuchungen an einem Einhubtriebwerk mit Selbstzündung von Dieselkraftstoff in Kapitel 5. Mit der Fremdzündung kommt nicht nur das (eventuell mehrfache) Zünden bei einer festgelegten Kolbenposition, sondern auch das Aufladen der Zündspule als Ereignis während des Messvorgangs hinzu. Zusätzliche Ereignisse kommen optional hinzu, falls eine Turbulenz generiert und dazu eine definierte Abklingzeit eingehalten werden soll.

7.1.1 Einhubtriebwerk mit Turbulenzgenerator

Das hier verwendete Einhubtriebwerk befindet sich wiederum am Institut für Kolbenmaschinen und wird durch Mitarbeiter dieses Instituts gewartet und betrieben. Im Gegensatz zum bereits in Kapitel 5 beschriebenen EHT ist es auf die Untersuchung der ottomotorischen, nicht der dieselmotorischen Verbrennung ausgelegt. Das EHT, dargestellt in der folgenden Abbildung 7-1 besitzt eine quadratische Kolbengrundfläche mit einer Kantenlänge von 88 mm, was einen sehr guten optischen Zugang ermöglicht: An zwei gegenüberliegenden Seiten sind Quarzglasscheiben mit einer Stärke von 50 mm eingebaut, die nahezu die gesamte Kantenlänge des EHTs erfassen. An den anderen zwei Seiten befinden sich zentriert schmale Quarzglasfenster, die die Ein- und Auskopplung eines Laserstrahls ermöglichen. Druck- und Wegverlauf gleichen, insbesondere im Bereich des oberen Totpunkts, einem Ottomotor. Die Anpassung an die jeweils zu untersuchenden Motorparameter kann durch konstruktive Änderungen am Zylinderkopf und durch Anpassung von Hub- und OT- Einstellung erfolgen. Der Zylinderkopf ist zusätzlich mit zwei Spalten in den beiden Flanken des Brennraumdachs versehen, durch den das Laserband geführt werden kann. Damit ist es möglich, das Laserband bis fast an die Düse des Injektors zu führen. Die Spitze der Massenelektrode der Zündkerze ragt geringfügig in das Laserband hinein. Da mit dem hier verwendeten Zylinderkopf ein kommerzielles Brennverfahren nachgebildet wird, dessen Details nicht vollständig veröffentlicht werden können, ist in der folgenden Abbildung die Darstellung des Zylinderkopfs als CAD Modell nicht detailgetreu.

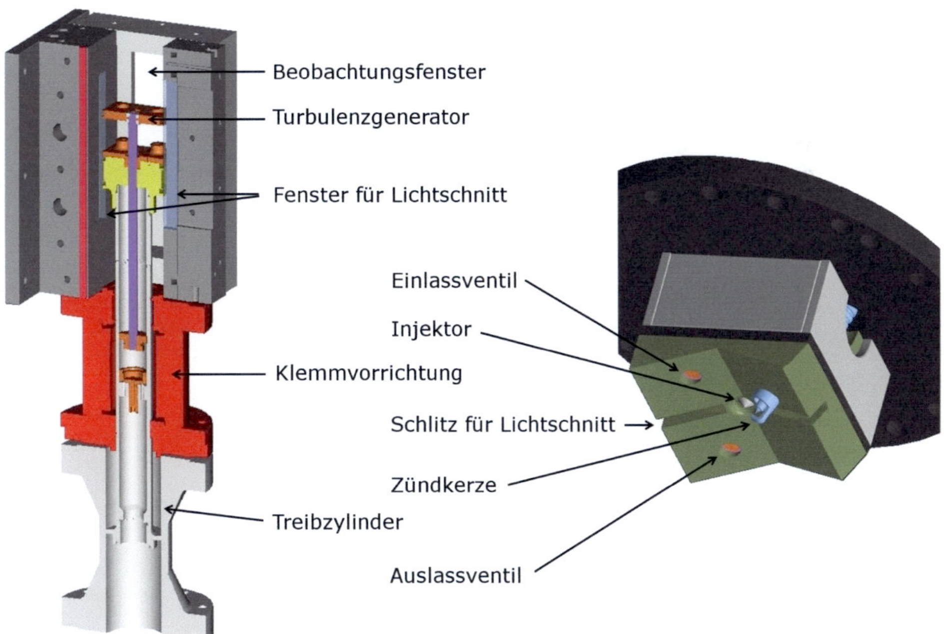

Abbildung 7-1: CAD Zeichnung des Einhubtriebwerks und des nicht detailgetreuen Zylinderkopfes

Zusätzliche Turbulenz wird, falls gewünscht, mit Hilfe einer Lochplatte erzeugt, die im Ruhezustand auf dem Kolben aufliegt beziehungsweise dort festgeklemmt werden kann und faktisch einen großen Teil der Kolbenoberfläche bildet. Ihre Löcher werden in diesem Zustand durch entsprechende Ausbildungen im eigentlichen Kolben ausgefüllt. Vor der Messung befindet sich der Kolben in Ruhelage im UT. Soll eine Turbulenz erzeugt werden, wird die Turbulenzplatte in Vorbereitung der Messung nach oben gefahren. Dies geschieht mit Hilfe ihrer separaten, vergleichsweise dünnen Kolbenstange, die in der hohlen Kolbenstange des eigentlichen Kolbens läuft. Der Antrieb erfolgt in beide Bewegungsrichtungen mittels einer gesonderten Treibkammer. Die Stickstoffversorgung für sie erfolgt über einen Druckspeicher mit einem maximalen Arbeitsdruck von 10 bar. Der Bewegungsablauf mit Turbulenzgenerierung ist in der folgenden Abbildung veranschaulicht.

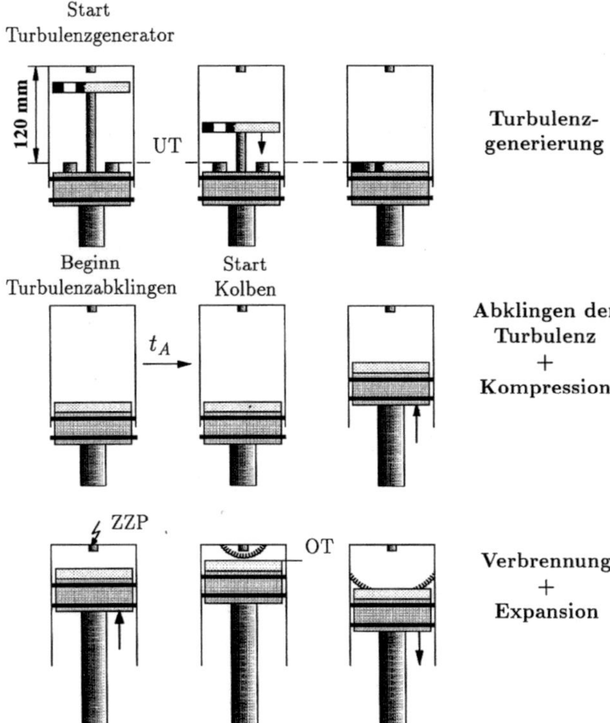

Abbildung 7-2: Turbulenzgenerierung, Verdichtung und Arbeitstakt am Einhubtriebwerk [GRU 93]

Die Turbulenzplatte wird durch Füllen ihrer Treibkammer schnell durch den Brennraum nach unten gezogen. Dabei wird das Frischgas (hier aufgrund der später erfolgenden Direkteinspritzung lediglich Luft), das sich unterhalb der Turbulenzplatte befindet, durch deren Löcher nach oben in den eigentlichen Brennraum verdrängt. Je nach Anordnung und Anzahl der Löcher kann entweder eine ungerichtete Turbulenz oder eine Rotationsströmung (Tumble) erzeugt werden. Die Platte wird nach Erreichen des Kolbens relativ zu ihm fixiert. Danach folgt eine frei wählbare Pause im Ablauf des Arbeitsspiels, in der die Turbulenz teilweise abklingen kann. Nach erfolgter Abklingzeit wird die Klemmvorrichtung des Kolbens gelöst, so dass er durch den Stickstoffdruck in seiner Treibkammer nach oben beschleunigt. Zu den jeweils beabsichtigten Zeitpunkten erfolgen dann Kraftstoffeinspritzung und Zündung, woran sich nach Durchlaufen des OT der Arbeitstakt anschließt.

Auch dieses Einhubtriebwerk hat einen einstellbaren Hub und somit ein einstellbares Verdichtungsverhältnis. Für die hier beschriebenen Messreihen wurde die folgende Einstellung gewählt:

Tabelle 7-1: Technische Daten des Einhubtriebwerks mit quadratischem Kolbenquerschnitt

Zylinderquerschnitt (quadratisch)	88 x 88	mm
Hub	90	mm
Hubvolumen	697	cm^3
Verdichtungsverhältnis	11 : 1	---

7.1.2 RAYLIX- Messtechnik und zeitliche Steuerung

Der Aufbau der RAYLIX- Technik war gegenüber dem Aufbau an den bisher beschriebenen Versuchsträgern keinen grundsätzlichen Änderungen unterzogen. Hier hätte prinzipiell die Möglichkeit bestanden, die beiden ICCD- Kameras an den gegenüberliegenden Fenstern des Einhubtriebwerks zu positionieren. Darauf wurde jedoch zugunsten der besseren Zugänglichkeit des gesamten Aufbaus verzichtet und auf die bewährte Methode der wellenlängenselektiven Teilung von Rayleigh- und LII- Signalen mittels Strahlteilerplatte zurückgegriffen.

Die zeitliche Steuerung des Messablaufs war aufgrund der Turbulenzgenerierung und Fremdzündung deutlich komplexer als am Einhubtriebwerk in Kapitel 5. Die zugrunde liegende Aufgabe ist allerdings unverändert: Da der Laser mit einer konstanten Wiederholrate arbeitet muss der Kompressionsvorgang im richtigen Moment gestartet werden, damit der folgende Laserpuls zu der gewünschten Kolbenposition emittiert wird. Um die notwendige Grundvoraussetzung, d.h. einen möglichst präzise reproduzierbaren zeitlichen Ablauf der Kolbenbewegung zu schaffen, wurde das Gleichstrom-Magnetventil zum Lösen der Hydraulik- Klemmvorrichtung aus dem Einhubtriebwerk aus Kapitel 5 verwendet. Die Steuerung des Messablaufs wurde hier weitestgehend von elektronischen Komponenten (Delaygeneratoren, Inverter, Funktionsgeneratoren), die aus früher durchgeführten Messabläufen zur Einspritzstrahlvisualisierung, zur Flammenausbreitung und zu LIF- Aufnahmen installiert und erprobt waren, übernommen. Eine schematische Darstellung von Aufbau und Messablauf findet sich in der folgenden Abbildung.

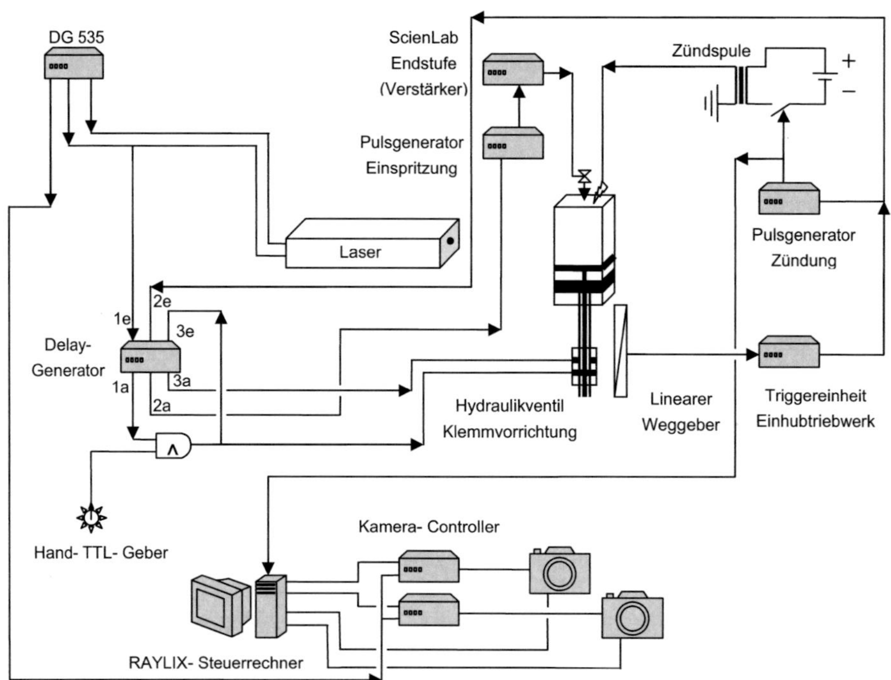

Abbildung 7-3: Schematischer Aufbau und Messablauf am Einhubtriebwerk mit Fremdzündung

Analog zum Aufbau in Kapitel 6 wird auch hier der Laser mit seiner Nennfrequenz von 10 Hz betrieben. In Abbildung 7-3 sind nur die Triggersignale der Pulsuhr DG 535 für die beiden Q-Switches des Lasers dargestellt. Die Triggersignale für die Blitzlampen werden ebenfalls von dieser Pulsuhr bereitgestellt, sind für die weitere zeitliche Steuerung jedoch unerheblich. Weiterhin triggert ein Signal, zwischen den beiden Q-Switch-Triggern, permanent die ICCD-Gates der Kameras, die allerdings zunächst nicht für eine Aufnahme bereit- und freigeschaltet sind. Zusätzlich wird ein Q-Switch Signal abgegriffen, in geeigneter Weise verzögert und in einen Eingang eines UND-Gatters geleitet. Am zweiten Eingang ist ein handbetriebener TTL-Geber angeschlossen, so dass damit der Start einer Messung ausgelöst werden kann. Dieser Startimpuls aus dem Ausgang des UND- Gatters gelangt zu einer hydraulischen Klemmvorrichtung am Einhubtriebwerk und setzte dort unmittelbar die Turbulenzplatte in Bewegung. Außerdem wird er in einen weiteren Eingang des Delaygenerators zurückgeführt. Auf diese Weise kann die Abkling-zeit für die Turbulenz festgelegt werden. Nach dieser zweiten Verzögerung wird das TTL-Signal auf die hydraulische Klemmvorrichtung des Kolbens gelegt und so dessen Bewegungsablauf gestartet. Mit Hilfe eines linearen Weggebers und der Triggereinheit des Einhubtriebwerks wird zu einer festgelegten Kolbenposition ein TTL- Signal generiert. Dieses wird verzögerungsfrei dem Pulsgenerator der Zündung und dem Computer, der die Kameras steuert, weitergereicht, woraufhin die Zündspule geladen und gleichzeitig das Startsignal für die Bildgewinnung generiert wird. Auf diese Weise werden die Kameras auf die Aufnahme zum nächsten Laserpuls vorbereitet und freigeschaltet. Das Signal aus dem Weggeber und der Triggereinheit des EHT wird außerdem mit zeitlicher Verzögerung dem Pulsgenerator der Einspritzung weitergereicht. Er löst mit Hilfe der Endstufe Dicu Basic von ScienLab, die Einspritzimpulse aus. Diese Endstufe ist ein Verstärker, der, entsprechend der TTL- Signale aus dem Pulsgenerator, den Strom für den Injektor ladungsgeregelt bereitstellt. Damit ist es möglich das Ausgangssignal der Seriensteuergeräte zum Injektor nachzubilden. Dieses Modul wurde nur für die Untersuchung des kommerziellen Brennverfahrens, nicht für die Untersuchung bei Benetzung der Kolbenoberfläche genutzt. Nach der Einspritzung wird der Zündspulenstrom unterbrochen und so die Zündung ausgelöst. Unter der Voraussetzung einer sorgfältig ausgewählten Zusammenstellung der Verzögerungszeiten und unter der Voraussetzung, dass das Einhubtriebwerk präzise die Kolbengeschwindigkeit und Auslöseverzögerung einhält, wird der Laserpuls und mit ihm die Kameras zum gewünschten Messzeitpunkt ausgelöst. Die einzelnen Verzögerungszeiten können exemplarisch aus dem folgenden Triggerschema entnommen werden.

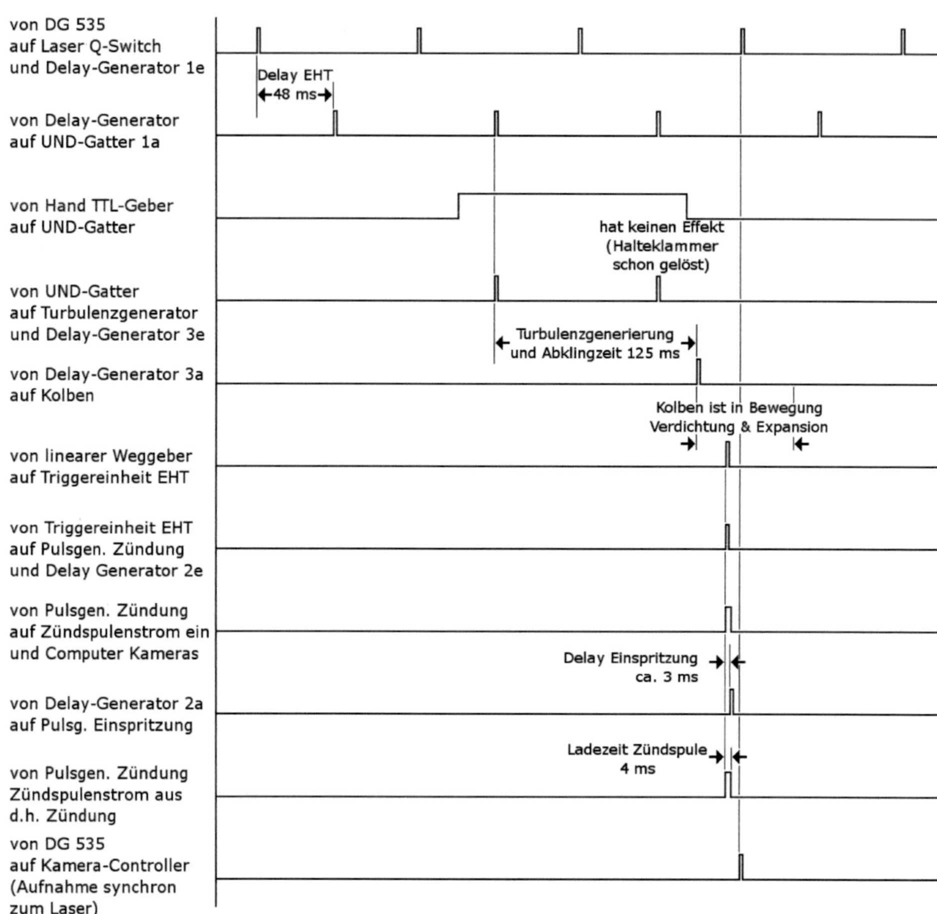

Abbildung 7-4: Triggerschema einer Messung am Einhubtriebwerk mit Turbulenzgenerierung

Wie am Einhubtriebwerk aus Kapitel 5 gab es auch an diesem Versuchsträger zeitliche Schwankungen im Kolbenauslösezeitpunkt und in geringerem Maße in der Kolbengeschwindigkeit. Daher konnte der Messzeitpunkt relativ zur Kolbenstellung (der ja zeitlich fest von der Laserfrequenz vorgegeben wird) nicht absolut präzise vorherbestimmt werden. Die Genauigkeit des Messzeitpunkts reichte mit einem Fehler von ±0,6 ms jedoch aus, um mit einer akzeptablen Anzahl von Messungen pro Versuchsbedingung (40 – 140) über die statistische Verteilung der Messzeitpunkte das Arbeitsspiel des Einhubtriebwerks zufriedenstellend untersuchen zu können.

7.2 Messungen und Ergebnisse

Die hier beschriebenen Messungen stellen eine gute Annäherung des verwendeten Einhubtriebwerks an ein kommerzielles Brennverfahren dar. Somit zeigen sie die Möglichkeiten und Grenzen des Einhubtriebwerks als Ersatz für Untersuchungen an einen optisch zugänglichen Motor auf. Die Benetzung des Kolbens als Hauptursache der Rußbildung durch „Pool Fire", wie in Kapitel 6 beobachtet, wird von diesen Untersuchungen bestätigt. Da der Zylinderkopf mit zwei Spalten in den Flanken des Brennraumdachs versehen ist, zeigen die Ergebnisse auch die Vorgänge der Rußbildung und Oxidation, wenn der Kolben im oberen Totpunkt steht. Damit stellen sie eine ideale Ergänzung zu den Ergebnissen aus Kapitel 6 dar. Die Qualität der Aufnahmen ist in jeder Hinsicht auf gleichem Niveau wie in Kapitel 5, da auch hier planare Fenster verwendet wurden und praktisch ölfreie Versuchsbedingungen vorlagen.

7.2.1 Experimentelle Randbedingungen

Für eine angestrebte Hubdauer von etwa 15 ms, was einer Motordrehzahl von 2000 1/min entspricht, wurde empirisch ein Antriebsdruck für den Treibzylinder von 45 bar ermittelt und eingestellt. Es wurde ausnahmslos mit einer 3-fachen Einspritzung gearbeitet, wobei die Hauptmenge des Kraftstoffs nach der zweiten Einspritzung in den Brennraum eingebracht war. Nach dieser erfolgte auch die Zündung, so dass der letzte Einspritzvorgang in erster Linie ein ausreichend fettes Gemisch im Bereich des noch vorhandenen Zündfunkens und damit die Zündung des Kraftstoffs sicherstellen sollte. Die drei Einspritzvorgänge nahmen 250 µs, 160 µs und 110 µs in Anspruch. Die Pausen zwischen den Einspritzvorgängen bertrugen etwa 350 µs und 430 µs. Die Einspritzungen erfolgten etwa 4,1 bis 2,8 ms oder 24 bis 14 mm vor OT. Die hier gezeigten Ergebnisse wurden mit einem Einspritzdruck von 200 bar erhalten. Der Zündzeitpunkt lag bei circa 3,2 ms oder 17 mm vor OT, was im Motor einem Kurbelwinkel von etwa 38° vor OT entspricht. In der folgenden Abbildung ist ein typisches Weg-Zeit- Diagramm der Kolbenbewegung samt Zündzeitpunkt und Einspritzvorgängen dargestellt. Da der zeitliche Verlauf des Injektorstroms teil des kommerziellen Brennverfahrens ist, wird er in dieser Arbeit nicht dargestellt.

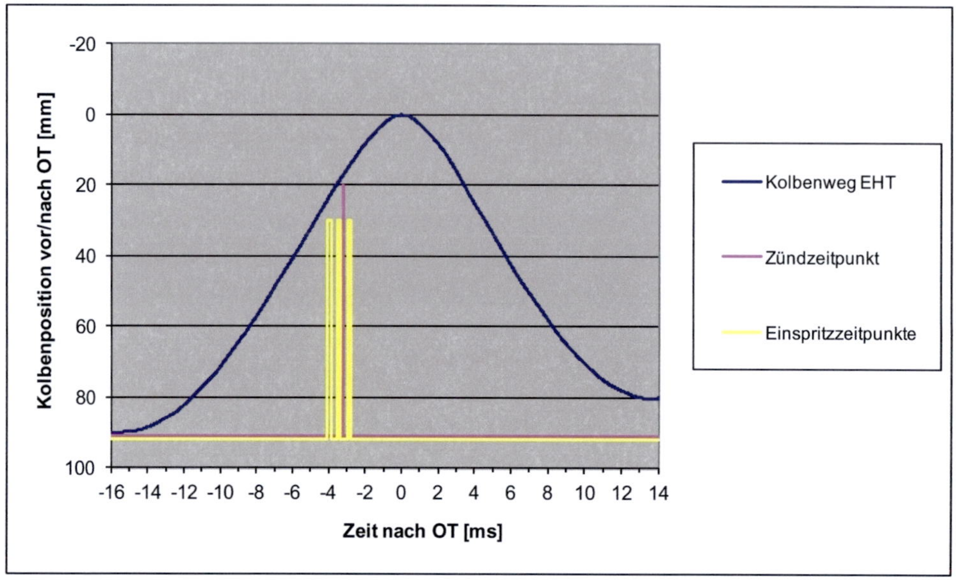

Abbildung 7-5: Weg-Zeit Diagramm der Kolbenbewegung am Otto- Einhubtriebwerk mit Zündzeitpunkt und Einspritzzeitpunkten

Insgesamt wurden Messreihen ohne Turbulenzgenerator, mit isotroper Turbulenz und mit anisotroper Turbulenz (Rotationsströmung, „Tumble", wie im realen Motor) durchgeführt, wobei jeweils zwei Einspritzstrategien getestet wurden. Dabei lag der Unterschied darin, ob zunächst 250 µs und dann 160 µs eingespritzt wurde oder umgekehrt. Nach den Erfahrungen aus dem Einzylindermotor aus Kapitel 6, wie stark die Rußbildung und Oxidation in den ersten Sekunden des gefeuerten Betriebs abnimmt, ist es für Untersuchungen an DI-Ottomotoren unter realistischen Bedingungen unabdingbar, den Brennraum auf Betriebstemperatur vorzuheizen. Dies gilt naheliegender Weise auch für Untersuchungen an Einhubtriebwerken, jedoch ist die Realisierung etwas aufwändiger: An kontinuierlich laufenden Motoren kann der Kühlwasser- und/oder Ölkreislauf beheizt werden. Beim hier verwendeten Einhubtriebwerk müssen die Wände direkt über Heizelemente temperiert werden. Damit können jedoch nur geringere Temperaturen als in kontinuierlich laufenden Motoren erzielt werden, da eine ungleichmäßige Temperaturverteilung und damit verbunden mechanische Spannungen, insbesondere zwischen Glasfenstern und Metallwänden verhindert werden müssen. Das hier verwendete Einhubtriebwerk wurde vor Beginn und während der Messungen mit Hilfe von elektrischen Heizelementen auf 60°C temperiert.

Wie bei den Messreihen am Einhubtriebwerk aus Kapitel 5 konnte die Energiedichte des Lasers für die laserinduzierte Inkandeszenz auch hier, dank der planaren und wenig zur Verschmutzung neigenden Fenster, bis an die Verdampfungsschwelle reichen. Diese Energiedichte kann nur mit einem relativ dünnen Laserband realisiert werden. Ein dünnes Laserband war allerdings in jedem Fall notwendig, um innerhalb der Grenzen der für den Laserstrahl vorgesehenen Schnitte im Brennraumdach zu bleiben. In der folgenden Tabelle sind die die geometrischen Verhältnisse des Laserbands, die gewählte Pulsenergie und die Energiedichte aufgeführt.

Tabelle 7-2: Lasereinstellung am quadratischen Einhubtriebwerk vor Eintritt in den Brennraum

Laserband	Höhe	23,5 mm
	Dicke	1,5 mm
Einstellung Laser	Pulsenergie (LII- Puls)	44 mJ/Puls
	Pulsenergie (Rayleigh- Puls)	2,4 mJ/Puls
Bestrahlung	LII- Puls	125 mJ/cm²
	Rayleigh- Puls	6,8 mJ/cm²

7.2.2 Rußentwicklung im EHT unter den Bedingungen des kommerziellen Brennverfahrens

In der zunächst vorgestellten Versuchsreihe wurden die Vorgaben des kommerziellen Brennverfahrens, wie es in einem optisch nicht zugänglichen Versuchsmotor unter einer bestimmten Lastbedingung zur Anwendung kommt, möglichst präzise eingehalten. Dies umfasst sowohl die wählbaren Parameter wie Einspritzdruck, Einspritzzeitpunkt, Ansteuerzeiten des Einspritzventils, Zündzeitpunkt und Kolbengeschwindigkeit als auch die verwendeten Komponenten wie Injektor, ladungsgeregelte Injektorsteuerung und Zündkerze. Eine repräsentative Zusammenstellung von Ergebnissen aus Einzelaufnahmen vor und nach dem oberen Totpunkt ist in den folgenden Bildern in Abbildung 7-6 und Abbildung 7-7 gegeben. In der linken Spalte sind die Rußvolumenbrüche, in der mittleren die Teilchendurchmesser und in der rechten die Teilchenzahldichten dargestellt. Jede Bildderzeile wurde in einem separaten Arbeitszyklus des Einhubtriebwerks aufgenommen.

Die Position des Brennraumdachs und der Zündkerze sind jeweils eingezeichnet und jede Bilderzeile ist mit der dazugehörigen Kolbenposition und dem Aufnahmezeitpunkt relativ zum oberen Totpunkt beschriftet.

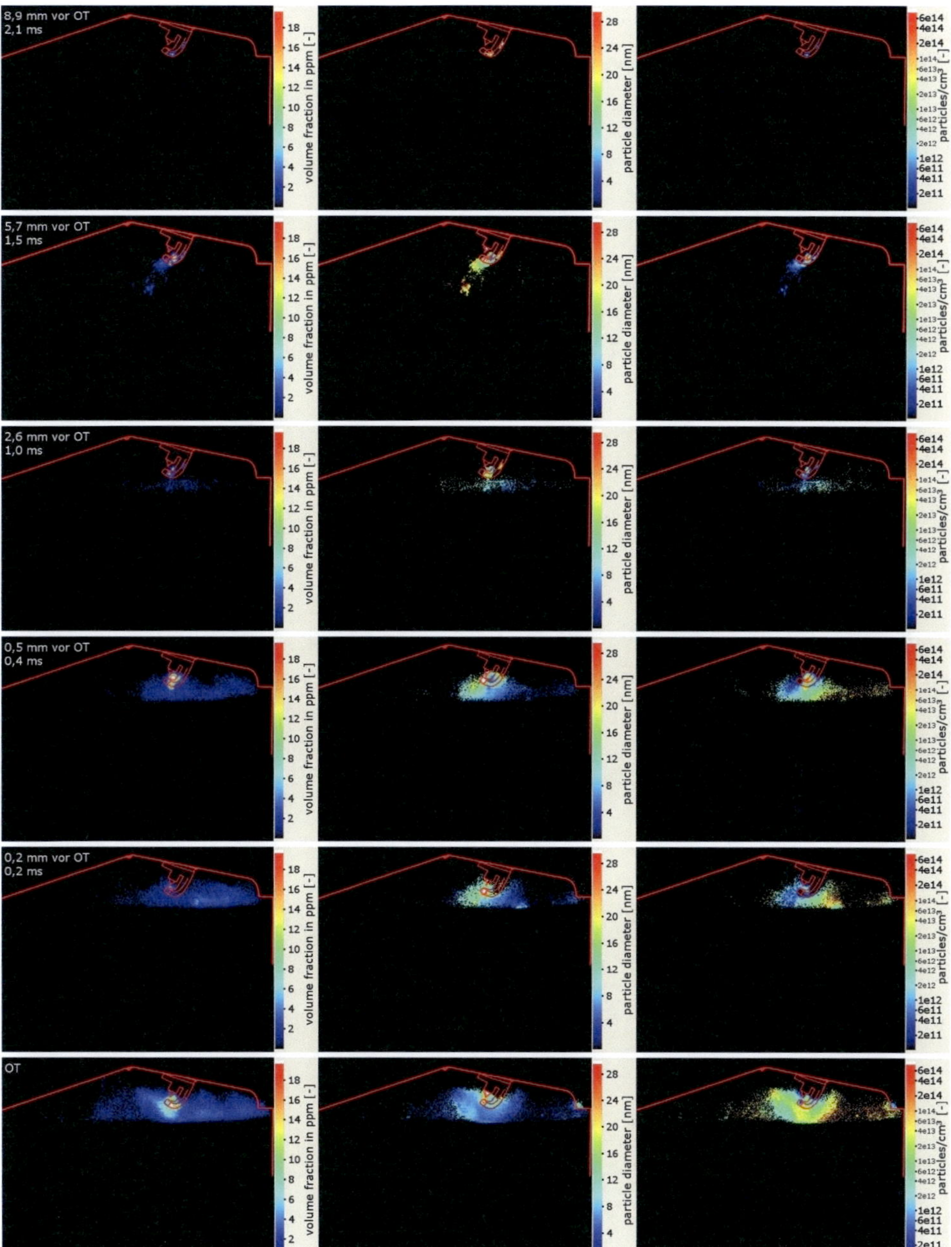

Abbildung 7-6: RAYLIX- Ergebnisse unter den Bedingungen des kommerziellen Brennverfahrens vor OT: Einspritzung mit ladungsgeregelter Injektorbestromung, Zündzeitpunkt 17 mm vor OT, Messungen 8,9 mm vor OT bis OT

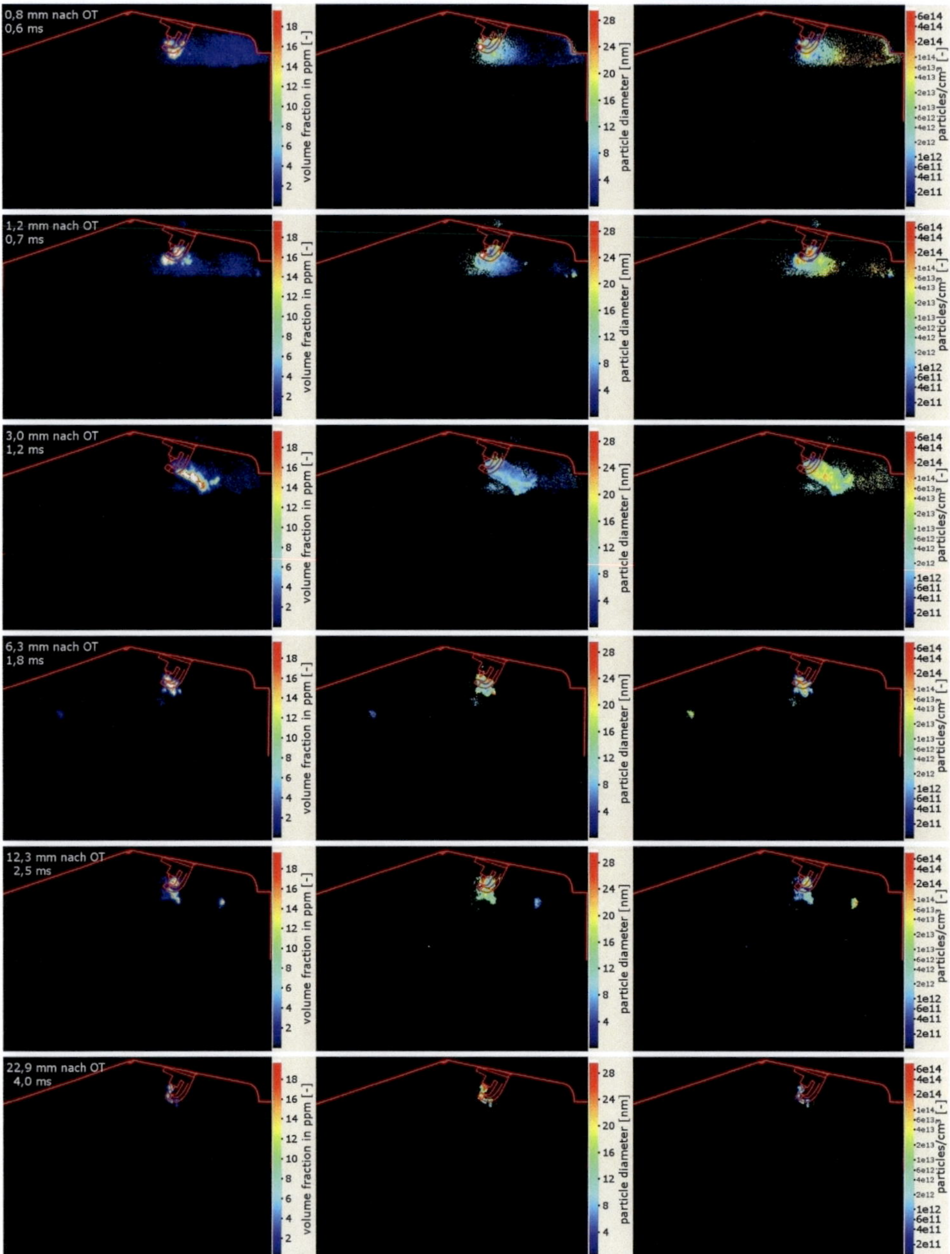

Abbildung 7-7: RAYLIX- Ergebnisse unter den Bedingungen des kommerziellen Brennverfahrens nach OT: Einspritzung mit ladungsgeregelter Injektorbestromung, Zündzeitpunkt 17 mm vor OT, Messungen 0,8 mm nach OT bis 22,9 mm nach OT

Der in diesem Kapitel und Abbildung 7-5 beschriebene Betriebspunkt des kommerziellen Brennverfahrens zeichnet sich durch eine, im Vergleich sowohl zum Kapitel 6 als auch zum folgenden Kapitel 7.2.3 äußerst geringe Rußentwicklung aus. Bis ca. 9 mm vor OT ist, nicht zuletzt aufgrund des Zündverzugs, keine nennenswerte Rußbildung zu beobachten. Lediglich an oder in unmittelbarer Nähe der Elektroden der Zündkerze gibt es in diesem Zeitraum ausreichend Intensität im LII- Bild, die theoretisch auf Rußpartikel schließen lässt. Allerdings machen auch hier, wie schon in Abbildung 6-6, starke Reflexionen durch die Nähe zu Metallteilen die Berechnung der mittleren Partikelgrößen und Anzahldichten praktisch unbrauchbar. Weiterhin ist es durchaus möglich, dass es sich bei diesen Signalen nicht um Ruß, sondern um Reflexionen an den Elektroden der Zündkerze handelt. Es ist zwar so, dass die Lichtintensitäten an der Position der Elektroden bei ausgeschalteter Einspritzung nicht auftreten, aber dies ist einfach zu begründen: Der Laserstrahl trifft zwar die äußerste Spitze der Massenelektrode, die Einfalls- und Ausfallswinkel liegen jedoch so günstig, dass kein Licht senkrecht zum Laserband reflektiert wird. Die Elektroden der Zündkerze sind demnach nur sichtbar, wenn sie vom Kraftstoff gestreutes Licht reflektieren. Bei dem erwähnten Kraftstoff kann es sich insbesondere auch um solchen handeln, der als Flüssigkeitsfilm auf der Elektrode liegt. Die so entstehenden Reflexionen des intensiven LII- Laserpulses können trotz Verwendung des wellenlängenselektiven Spiegels und Filters nicht vollständig abgeblockt werden. Die Tatsache, dass die LII- Kamera erst kurz vor dem Ende des Laserpulses, also wenn seine Intensität bereits abgefallen ist, aufnimmt, ändert an diesem Problem nichts, weil reflektiertes Laserlicht, auch wenn es sich um vorher gestreutes Laserlicht handelt, auch zum Ende des Laserpulses immer noch um Größenordnungen intensiver ist als das LII- Signal.

Ab ca. 8 mm bis 2,6 mm vor OT sind vermehrt Punkte oder kleine Rußwolken direkt vor den Elektroden der Zündkerze zu beobachten. Auch Rußwolken etwas abseits der Elektroden mit fleckenartiger räumlicher Verteilung treten bei einzelnen Aufnahmen auf, allerdings befinden sie sich immer noch in der rechten Brennraumhälfte und somit in der Nähe der Zündkerze. Zumindest in diesen Fällen ist davon auszugehen, dass es sich tatsächlich um Partikel handelt. Eine Erklärung, warum sich diese Phänomene auf die rechte Brennraumhälfte beschränken, konnte durch High-Speed- Streulicht- Aufnahmen gefunden werden: Die Verbrennung bleibt zunächst tatsächlich auf dieses Gebiet beschränkt. Dies wiederum ist eine direkte Folge der Wälzströmung, die durch die Injektion des Kraftstoffs, also unabhängig von der eventuell zusätzlich eingesetzten Turbulenzplatte, erzeugt wird. Diese Wälzströmung dreht, ausgehend von dem kegelförmigen Einspritzstrahl, in der rechten Brennraumhälfte gegen den Urzeigersinn, in der linken Brennraum- hälfte mit dem Urzeigersinn.

Ab 2,6 mm vor OT folgt eine Phase in der von der LII- Kamera großflächig Licht mit geringer Intensität in weiten Teilen des Brennraums detektiert wurde. Diese Phase er- streckt sich zeitlich bis 3 mm nach OT, wobei das Signal wiederum hauptsächlich in der rechten Brennraumhälfte auftritt. Nicht zuletzt wegen der so gut wie nicht vorhandenen Rayleigh- Signale an diesen Positionen, spricht einiges dafür, dass es sich um die Emission von elektronisch angeregten Molekülen (Chemilumineszenz) bei der homogenen Ver- brennung und nicht um LII- Signale von Ruß handelt. Aus Untersuchungen an vorge- mischten, nicht rußenden Flammen sind einige Chemilumineszenzbanden von C_2 und CH bekannt, die in dem Wellenlängenbereich von blauem Licht liegen [GAY 57], [LEI 96], [OBE 96], [JUN 02]. Außerdem wurde eine solche Chemilumineszenz bereits in DI-Ottomotoren beobachtet [DRA 03]. Lauer [LAU 10] beschreibt in turbulenten Koh- lenwasserstoffflammen zusätzlich noch eine sehr breitbandige CO_2 Chemilumineszenz. Anhand der folgenden Abbildung wird deutlich, dass die Emission aller drei Spezies den eingesetzten Breitband- Interferenzfilter (FWHM 370-470 nm) vor der LII- Kamera zu- mindest teilweise passieren.

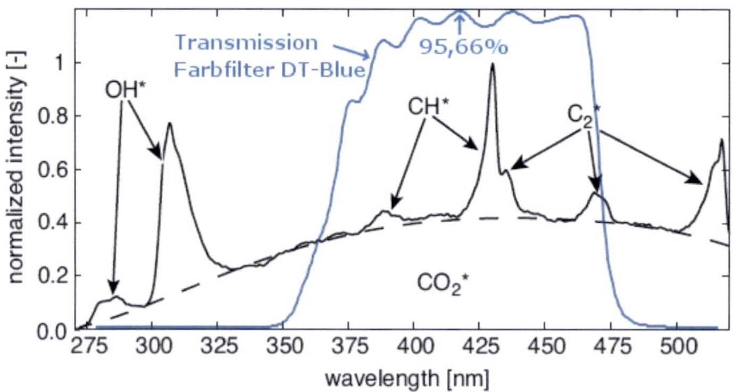

Abbildung 7-8: Chemilumineszenz einer stöchiometrischen, vorgemischten Methan- Luft-Flamme [LAU 10] und Transmission des Breitband- Interferenzfilters

Werden die Regeln zur Auswahl von gelungenen RAYLIX- Aufnahmen aus Kapitel 5.2.2 angewendet, ist dieses Signal nicht zur Auswertung geeignet: Seine Intensität ist sehr schwach, die Struktur der vermeintlichen Rußwolke auf dem LII- Bild ist kaum auf dem entsprechenden Rayleigh- Bild wiederzuerkennen und die Gradienten in der Intensität auf dem LII- Bild sind klein, d.h. es liegt keine fleckenartige Struktur vor, wie sie typisch für Rußwolken wäre. Zudem scheitert die RAYLIX- Auswertung überall dort, wo nach Abzug des Hintergrundbildes die Rayleigh- Intensität gleich Null ist und so die Berechnung von Partikelgrößen und Teilchenzahldichten fehlschlägt. An diesen Positionen werden beide Größen gleich Null gesetzt, was in den oben stehenden Abbildungen, z.B. 0,8 mm nach OT, gut zu erkennen ist.

Parallel zur Abnahme der großflächigen Intensität auf dem LII- Bild wird Ruß in vielen Fällen in hoher Konzentration in kleinen Wölkchen gebildet, die sich als Fleckenmuster in den RAYLIX- Ergebnissen darstellen. Diese Flecken befinden sich wiederum in unmittelbarer Nähe der Zündkerze, was auf die schon früher beschriebenen „Pool Fire", also Kraftstoff, der als Flüssigkeitsfilm auf den Elektroden brennt, schließen lässt. Sie brennen offensichtlich auch in diesem Fall sehr lange, denn selbst 20 mm nach OT liegen sie unvermindert vor. Danach nimmt die Größe und die Konzentration der „Pool Fire" eindeutig ab, was vielfach zu einer hakenartigen Rußverteilung ab 3 mm nach OT auf den Elektroden oder zum kompletten Verschwinden der LII- Intensitäten führt. Die Elektroden der Zündkerze ragen geringfügig in das Laserband hinein, siehe dazu die untere Bildreihe in Abbildung 7-7.

Die beim Einzylindermotor beobachteten „Pool Fire" auf der Kolbenoberfläche treten bei dieser Messreihe, bis auf eine kleine Stelle mit mittlerer Rußkonzentration 6,3 mm nach OT, nicht auf. Dies spricht dafür, dass die Parameter des Brennverfahrens im Sinne der Reduktion von Rußemission gut gewählt sind. Dazu zählt vor allem die Positionierung des Kraftstoffsprays, das bei allen drei Einspritzvorgängen offensichtlich nicht die Kolbenoberfläche oder die Brennraumwände trifft.

Wie bereits am Einzylindermotor unter homogener Betriebsweise erläutert, ist die zuverlässige Bestimmung der Partikelgrößen in der Nähe von reflektierenden Metallteilen mit Hilfe der RAYLIX- Technik unmöglich. Dazu kommt, dass den großflächigen, aber intensitätsschwachen Bereichen im LII- Bild kein Rayleigh- Signal zugeordnet werden kann und so viele Pixel von der Auswertung ausgeschlossen werden müssen. Eine Analyse der örtlichen Verteilung der Partikelgrößen ist nur sinnvoll, wenn zum einen keine Bereiche mit, durch Reflexionen fehlerhaften Partikeldurchmessern vorhanden sind und zum, anderen die Abbildungen der Rußwolken groß genug sind damit eine Darstellung als Histogramm überhaupt Sinn macht. Daher eignen sich nur die Positionen im OT in Abbildung 7-6 und 3,0 mm nach OT in Abbildung 7-7 dafür. Bei ihnen ist der größte Teil von der LII- Kamera detektierten Lichtemission weit von der Zündkerze entfernt und die Rußwolken sind groß genug, damit den zentralen Größenintervallen eine Häufigkeit von mehr als 100 zugeordnet werden kann. Im Folgenden wird also einmal davon ausgegangen, dass es sich bei der großflächigen Intensität auf dem LII- Bild im OT um Ruß handelt. Dann liefert die Position im OT die Partikelgrößenverteilung des Rußes, der verteilt im freien Gasraum gebildet wird, und die Position 3,0 mm nach OT überwiegend die Partikelgrößenverteilung des Rußes in den „Pool Fire" an der Zündkerze.

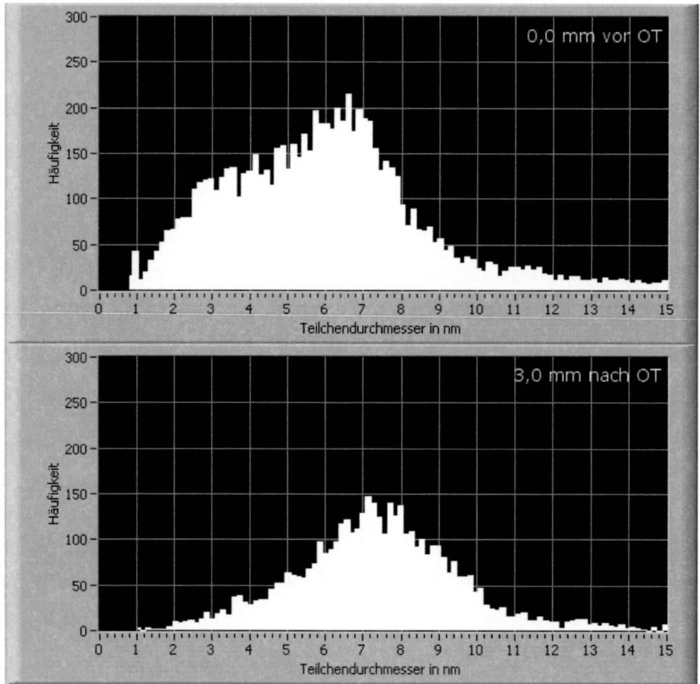

Abbildung 7-9: Häufigkeitsverteilungen der mittleren Partikeldurchmesser unter den Bedingungen des kommerziellen Brennverfahrens mit ladungsgeregelter Injektorbestromung, Zündzeitpunkt 17 mm vor OT

Genau wie in den vorherigen Kapiteln stellt die Abbildung 7-9 die Häufigkeitsverteilung der mittleren Teilchendurchmesser, und nicht die Häufigkeitsverteilung der Teilchendurchmesser an sich dar. Abbildung 7-9 ist deshalb nur eine Darstellung, die eine gezielte Information, nämlich die Häufigkeitsverteilungen der mittleren Partikeldurchmesser aus Abbildung 7-6 und Abbildung 7-7 zeigen und andere Informationen, wie z.B. die räumliche Lage und Form der Rußwolken nicht berücksichtigt. Es ist zu erkennen, dass die große, homogene, vermeintliche Rußwolke im OT eine wesentlich breitere Verteilung der Partikeldurchmesser besitzt als die kleinen, eng begrenzten Rußwolken mit hoher Konzentration 3 mm nach OT. Zudem ist im OT deutlich eine Tendenz zu zwei sich überlagernden Verteilungen mit Maxima bei 3,5 nm und 6,7 nm in der Häufigkeitsverteilung zu erkennen. Die breitere Verteilung ist also in erster Linie eine Folge von einem stark gesteigerten Anteil an scheinbaren, kleinen Partikeln unter 4 nm Durchmesser. Außerdem ist der Anteil der Durchmesser mit 8 bis 10 nm verringert: Im OT zeigen weniger als 10% der Pixel, bei denen eine nennenswerte Intensität aufgetreten ist, einen Durchmesser von 8 bis 10 nm , 3,0 mm nach OT sind es dagegen über 25%. Damit zeigt auch die Analyse der Häufigkeitsverteilung der mittleren Partikeldurchmesser, dass es sich bei der großflächigen Intensität im OT in Abbildung 7-6 kaum um Rußpartikel handeln kann, da die Rußpartikelgröße in allen anderen Messreihen und Versuchsträgern als nahezu konstant ermittelt wurde.

7.2.3 Rußentwicklung bei Benetzung der Kolbenoberfläche

Am Einzylindermotor mit Benzindirekteinspritzung (siehe Kapitel 6.2.3) trat unter allen untersuchten Betriebsbedingungen „Pool Fire" auf der Kolbenoberfläche. Im vorangegangenen Abschnitt, mit den aus einem kommerziellen Brennverfahren vorgegebenen Parametern für Einspritzzeitpunkt, Einspritzmenge, Zündzeitpunkt etc. konnte praktisch kein brennender Kraftstoff auf der Kolbenoberfläche beobachtet werden. Dies spricht uneingeschränkt für die Auswahl und das gute Zusammenspiel dieser Parameter, wirft aber die Frage auf, ob die an diesem Einhubtriebwerk erstmals beobachtete, großflächige Intensität im LII- Bild in gleicher Weise auftritt, wenn ein größerer Anteil der Kraftstoffs auf der Kolbenoberfläche landet.

Die folgenden Ergebnisse wurden unter denselben Sollwerten für Kolbengeschwindigkeit, Einspritzzeitpunkt, Einspritzdauer und Zündzeitpunkt wie im vorherigen Kapitel erhalten. Sie wurden jedoch ohne die ladungsgeregelte Injektor-Endstufe von ScienLab, siehe Abbildung 7-3, durchgeführt. Dieser Verstärker regelt die Bestromungskurven des Injektors. Ohne ihn stellt sich der Injektorstrom entsprechend der Spannungsvorgabe des Pulsgenerators für die Einspritzung und den Widerständen, Kapazitäten und Induktivitäten des Stromkreises ein. Ohne diese Endstufe ist also keine definierte Bestromungskurve und damit keine Ansteuerung des Nadelhubs und der Nadelgeschwindigkeit nach den Vorgaben des Seriensteuergerätes möglich.

Wie erwartet traten durch die ungenauere Steuerung des Injektors in dieser Versuchsreihe deutlich „Pool Fire" auf. Da jedoch auch die großflächige Intensität im LII- Bild ausgeprägter erscheint, liegt die Vermutung nahe, dass ohne die Endstufe mehr Kraftstoff in den Brennraum eingebracht wurde beziehungsweise mehr Kraftstoff bei schließendem Injektor nachgeflossen ist.

Auch in der folgenden Abbildung handelt es sich jeweils um einzelne Aufnahmezeitpunkte aus verschiedenen Arbeitszyklen des Einhubtriebwerks. Obwohl demnach keine Serie von tatsächlich zeitlich aufeinanderfolgenden Aufnahmen innerhalb eines Verbrennungszyklus vorliegt, können die Ergebnisse als charakteristisch für diese Messreihe angesehen werden.

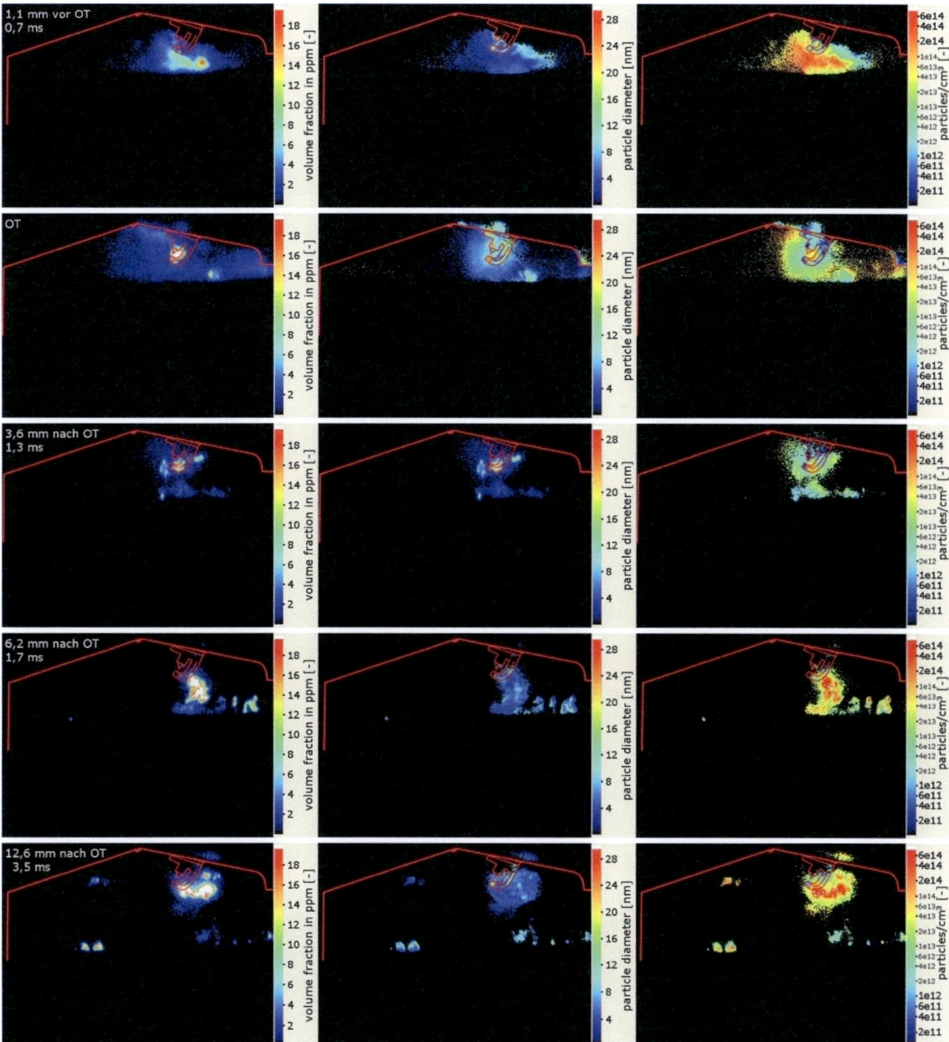

Abbildung 7-10: RAYLIX- Ergebnisse bei Benetzung des Kolbenbodens: Einspritzung mit ungeregelter Injektorbestromung, Zündzeitpunkt 17 mm vor OT

Unter diesen Versuchsbedingungen tritt nach dem OT „Pool Fire" auf, wodurch es möglich wird die Kolbenposition direkt in Abbildung 7-10 zu erkennen. Wie bereits am Einzylindermotor ist die Position und Intensität der „Pool Fire" von Verbrennungszyklus zu Verbrennungszyklus unterschiedlich. Dennoch ist ein Schwerpunkt unterhalb der Zündkerze bis zum rechten Brennraumrand auszumachen. Eine weitere bevorzugte Position für „Pool Fire" ist etwa in der Mitte der linken Brennraumhälfte vorzufinden.

Es ist gut zu erkennen, dass die Partikelradien in den „Pool Fire" auf dem Kolben, denen des Rußes an den Elektroden gleichen. Es können sogar ähnlich hohe Konzentrationen und damit folgerichtig ähnlich große Teilchenzahldichten beobachtet werden. Die groß- flächige Intensität im LII- Bild kurz vor/nach OT ist auch hier zu erkennen, tritt also un- abhängig davon auf, ob später viele brennenden Kraftstoffpfützen vorliegen oder nicht. Daher ist davon auszugehen, dass die dafür verantwortliche Strahlungsquelle auch im Einzylindermotor aus Kapitel 6 kurz vor/nach OT aufgetreten ist und nur nicht beobach- tet werden konnte weil die Aufnahmen ausnahmslos zu späteren Zeitpunkten im Motor- zyklus gemacht wurden. Wie in der vorherigen Messreihe ist auch hier die Bestimmung der Partikelgrößen für viele Bildausschnitte/Pixel nicht sinnvoll: Das Rayleigh- Signal ist so schwach, dass es durch Reflexionen von Fremdlicht an der Zündkerze überlagert wird.

In Abbildung 7-10 wurde in größerem Umfang als in Abbildung 7-6 und Abbildung 7-7 Lichtintensität durch die LII- Kamera außerhalb/oberhalb der Grenzen des eingezeichne- ten Brennraums detektiert. Dabei handelt es sich jedoch lediglich um Reflexionen am Brennraumdach, dessen Oberfläche aufgrund der perspektivischen Abbildung durch die Kameras einsehbar ist (vergleiche hierzu 6.2.3). Da weder dieser störenden Einfluss, noch nennenswerte Reflexionen in der Bilderreihe 6,2 mm nach OT auftaucht, eignet sich diese Messung für eine Analyse der Häufigkeitsverteilung der Partikelgrößenverteilung. Außer- dem zeigt diese Bilderreihe ausschließlich „Pool Fire" unterhalb der Zündkerze und auf der Kolbenoberfläche.

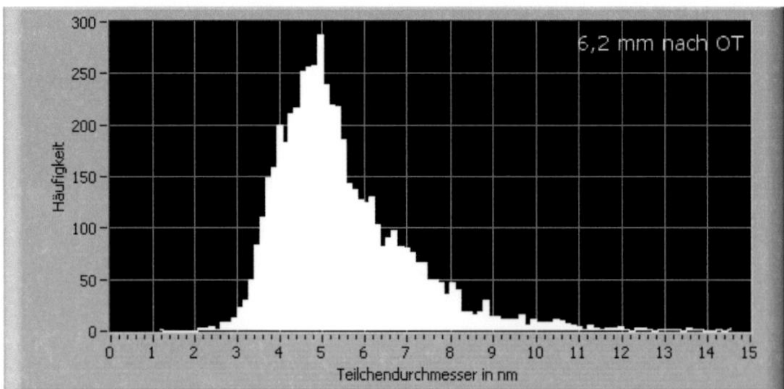

Abbildung 7-11: Häufigkeitsverteilungen der mittleren Partikeldurchmesser bei Benet- zung der Kolbenoberfläche durch ungeregelte Injektorbestromung

Die Partikelgrößenverteilung ist im hier dargestellten Fall besonders schmal. Das Maxi- mum liegt bei einem Teilchendurchmesser von 5 nm, was deutlich unter dem Maximum der Partikelgrößenverteilung aus Abbildung 7-9 zum Aufnahmezeitpunkt 3 mm nach OT liegt. Da hier im Mittel die Rußvolumenbrüche besonders hoch sind, lässt sich aus Abbildung 7-9 und Abbildung 7-11 schließen, dass die mittleren Teilchendurchmesser eine umso engere Größenverteilung aufweisen, je dichter und kompakter die Rußwolken sind.

7.3 Zusammenfassung

Generell wurde „Pool Fire" als Ursache für die Rußbildung zu späten Aufnahmezeitpunkten im Motorzyklus bestätigt. Zusätzlich zu den bereits am Einzylindermotor beobachteten brennenden Kraftstoffpfützen auf dem Kolbenboden konnten diese „Pool Fire" auch an der Zündkerze in nicht unerheblichem Ausmaß nachgewiesen werden. Darüber hinaus wurde an einem konkreten Beispiel gezeigt, dass die Benetzung der Kolbenoberfläche, anders als die Benetzung der Zündkerzenelektroden, zumindest unter den in Kapitel 7.2.2 untersuchten Bedingungen vermieden werden kann.

Bei einem direkten Vergleich der Rußvolumenbrüche aus diesem Einhubtriebwerk mit denjenigen aus dem Einzylindermotor fallen die durchweg scheinbar höheren Konzentrationen auf. Dies ist eine Folge der Mittelwertbildung der Aufnahmen am Einzylindermotor: Da die Position der „Pool Fire" von Verbrennungszyklus zu Verbrennungszyklus verschieden ist, bekommt die Darstellung der Rußverteilung durch die Mittelwertbildung über eine Reihe von RAYLIX- Aufnahmen eine gewisse räumliche Unschärfe: Die örtlich sehr begrenzten Wolken höchster Konzentration in einer einzelnen Aufnahme weisen etwa die gleichen Rußvolumenbrüche auf, die auch in diesem Kapitel am Einhubtriebwerk aufgetreten sind. Sie werden jedoch mit zahlreichen Aufnahmen, an denen an eben dieser Position kein oder kaum Ruß vorhanden ist, zu einem lediglich mäßig großen Volumenbruch gemittelt. Umgekehrt sind Wolken geringer Konzentration oft örtlich weit ausgedehnt. Somit ist die Konzentration an einer bestimmten Stelle in allen Aufnahmen annähernd gleich, so dass die Mittelung das Vorhandensein dieser geringen Rußvolumenbrüche bestätigt und kaum abschwächt.

Weiterhin konnte in diesem Kapitel am Einhubtriebwerk eine großflächige Intensität im LII- Bild während des Durchlaufens des oberen Totpunkts beobachtet werden. Für diesen scheinbaren Ruß können mangels Intensität auf dem Rayleigh- Bild nicht in allen Fällen Partikelgrößen und Teilchenzahldichten berechnet werden. Dort, wo eine Berechnung mathematisch möglich ist, sind die berechneten Partikelgrößen zweifelsfrei äußerst klein, so dass Emissionen von elektronisch angeregten Molekülen, namentlich $\cdot C_2$ und $\cdot CH$

Banden bei ca. 430 nm und 475 nm die weitaus wahrscheinlichere Ursache für die durch die LII- Kamera gemessenen Lichtintensitäten sind.

Am Einzylindermotor aus Kapitel 6 wurde in einer Versuchsreihe mit Zündung zum OT (Abbildung 6-9) 43° bzw. 48° nach OT ebenfalls Rußbildung im freien Gasraum identifiziert. Dort allerdings nicht mehr oder weniger gleichförmig im gesamten Brennraum, sondern nur in dessen Zentrum. Außerdem weisen diese Rußwolken eine Form auf, die eine Assoziation zu den keulenförmigen Spraywolken des Einspritzvorgangs nahelegt. Daher muss es sich dabei tatsächlich um Ruß handeln. Darüber hinaus sind die Zeitpunkte im Motorzyklus, zu denen die Phänomene beobachtet wurden, unterschiedlich: Der Ruß im freien Gasraum des Einzylindermotors konnte erst bei ca. 43° nach OT zweifelsfrei detektiert werden, die Chemilumineszenz am Einhubtriebwerk ist bis maximal 2 ms, also etwa 24° nach OT zu beobachten.

Genau wie in Kapitel 5 fordern auch hier die schwierigen experimentellen Randbedingungen wie das temporär eng begrenzte Verbrennungsereignis, die Eigenbewegung des Einhubtriebwerks während eines Arbeitszyklus, die Messung unter hohem Druck und die Verschmutzung der optischen Zugänge ihren Tribut an die Genauigkeit, insbesondere der absoluten Zahlenwerte. In Kapitel 10 werden mögliche Fehlerquellen ausführlich diskutiert und eine Fehlerrechnung basierend auf der Unsicherheit der Kalibrierwerte u_{cal} und v_{cal} und aus der Unsicherheit der Messsignale I_{sca} und I_{LII} durchgeführt. Aus diesen Berechnungen ergeben sich die Fehler in der Skalierung der Ergebnisse für die Rußvolumenbrüche zu $\Delta f_V = 50\%$, der Partikeldurchmesser zu $\Delta d_m = 21\%$ und der Teilchenzahldichten zu $\Delta N_V = 108\%$. Zusätzlich treten örtlich aufgelösten Fehler aufgrund der Unsicherheiten von I_{sca} und I_{LII} auf. Diese sind für die Rußvolumenbrüche bis zu $\Delta f_V = 66\%$, für die Partikeldurchmesser bis zu $\Delta d_m = 40\%$ und für die Teilchenzahldichten bis zu $\Delta N_V = 165\%$.

8 Untersuchung der Rußbildung und Oxidation in einem Einzylinder- DI-Dieselmotor

Nachdem bereits in Kapitel 6 ein kontinuierlich arbeitender Einzylinder- Ottomotor untersucht wurde, soll nun ein Einzylinder- Dieselmotor, basierend auf einem Nutzfahrzeugmotor mit Hilfe der RAYLIX- Technik untersucht werden. Die bisherigen Untersuchungen haben an allen Versuchsträgern sehr starke Schwankungen der Rußbildung von Motorzyklus zu Motorzyklus gezeigt. Dies bezieht sich sowohl auf den Ort der Rußentstehung, als auch auf die Rußmenge. Der Grund dafür ist, dass am Einzylinder- DI-Ottomotor und am Otto-Einhubtriebwerk die Rußbildung fast ausschließlich auf „Pool Fire" zurückzuführen ist. Deren räumliche Position und Ausdehnung ist von Motorzyklus zu Motorzyklus verschieden und kann nicht vorhergesagt werden. Am Diesel-Einhubtriebwerk haben die Ungenauigkeit des Einspritzzeitpunkts und der geringe Einspritzdruck zu stark unterschiedlichen Spraygeometrien und damit zu stark unterschiedlicher Form der Rußwolken geführt. Mit diesen Messungen war zu zeigen, dass diese Schwankungen an einem kontinuierlich arbeitenden Dieselmotor, mit präzise reproduzierbaren Einspritzzeitpunkten und Spraygeometrien weitaus weniger ausgeprägt sind.

Die Ergebnisse am Einhubtriebwerk aus Kapitel 5 haben gezeigt, dass die entstehenden Rußkonzentrationen bei der dieselmotorischen Verbrennung sehr hoch sind. Dementsprechend wurden auch in diesem Kapitel starke LII- und Rayleigh- Streulichtsignale erwartet. Da außerdem das Erreichen der optischen Zugänglichkeit an kontinuierlich laufenden Motoren immer eine Herausforderung ist, wurde sie unter Nutzung eines starren Endoskops als Beobachtungsinstrument geplant. Der Vorteil davon ist der kegelförmige Beobachtungsraum und damit die Möglichkeit die optischen Zugänge kleiner zu gestalten und somit weniger gravierend in die Brennraumgeometrie einzugreifen und die serienmäßigen Kühlkanäle zu erhalten. Der generelle Nachteil von Endoskopen ist ihre Lichtschwäche: Sie können nur Licht, dass in ihr bauartbedingt kleines Objektiv gelangt weiterleiten. Aufnahmen durch ein Endoskop erreichen so oft nur einige Prozent der Bildhelligkeit, die sich mit einem Objektiv (alleine) erreichen lassen.

8.1 Experimenteller Aufbau

Auch an diesem Einzylindermotor wurde die Synchronisation von Motor und Laser durch die kommerziell verfügbare Elektronik, das YEX Modul in Zusammenarbeit mit der PTU der LaVision GmbH sichergestellt. Die Planungs- und Umbaumaßnahmen durch das Institut für Kolbenmaschinen zur Schaffung der optischen Zugänge für die RAYLIX- Technik war mit großem Aufwand verbunden. Dies hatte im Wesentlichen den Grund, dass der Motor zu Beginn mit keinerlei optischen Zugängen ausgestattet war. Nach den Erfahrungen aus den Messungen am Einzylinder- Ottomotor wurden planare Fenster eingesetzt, die etwas von Laufbuchse und Kolben zurückgezogen angeordnet waren. Damit wurden einerseits Reflexionen am Glas durch Laser-Eintrittswinkel ungleich 90° vermieden und andererseits Verschmutzung und Streuung durch Öltröpfchen reduziert. Sowohl der Gradient im Druckanstieg als auch die Spitzendrücke bei der Verbrennung sind im Dieselmotor wesentlich größer als im Ottomotor, was eine enorme Belastung für die Quarzglasfenster darstellt.

8.1.1 Einzylinder- Dieselmotor

Bei dem Versuchsträger handelt es sich um einen Einzylinder- Dieselmotor auf Basis eines Mercedes Benz OM450. Zylinderkopf und Laufbuchse wurden mit optischen Zugängen versehen, in den Kolben wurde, ähnlich dem Zylinderkopf am Einhubtriebwerk aus Kapitel 7, ein Schlitz für die Durchleitung des Laserbandes zu Zeitpunkten nahe dem OT eingefräst. Die Zylinderverkleidung mit ihren optischen Zugängen ist eine komplette Neuanfertigung. Der Motor ist in einen Motorprüfstand am Institut für Kolbenmaschinen integriert, der die Versorgung mit Verbrennungsluft und temperiertem Kühlwasser und Öl, bereitstellt. Außerdem kann er mit Hilfe eines Drehstrommotors in Verbindung mit einem mobilen Frequenzumrichter im Schleppbetrieb bei definierter Drehzahl betrieben werden. Zur Simulation verschiedener Lastbedingungen dient eine ebenfalls in den Prüfstand integrierte Wirbelstrombremse. In Tabelle 8-1 sind die wichtigsten Daten des Versuchsmotors aufgeführt:

Tabelle 8-1: Technische Daten des Einzylinder- Dieselmotors

Hubraum	1827	cm^3
Bohrung	128	mm
Hub	142	mm
Pleuellänge	256	mm
Verdichtungsverhältnis	16,1:1	---
Ventile	4	---

Zwei der drei optischen Zugänge mit einem Durchmesser von jeweils 25 mm liegen sich gegenüber und dienen zum Ein- und Auslass des Laserbandes. Ein dritter optischer Zugang ist so angeordnet, dass das Laserband senkrecht zu seiner Ausbreitungsrichtung beobachtet werden kann. Um das beobachtbare Gebiet so groß wie möglich zu gestalten, wurde ein Endoskop (Richard Wolf, Durchmesser 8 mm, Blickwinkel 0°, Sichtwinkel 70°) an diesem Fenster eingesetzt und am Kolben eine Ausfräsung vorgenommen, um einen maximalen Beobachtungswinkel von 40° nutzen zu können. Damit ist die optische Zugänglichkeit im oberen Totpunkt, bis auf einen kleinen Bereich in der Kolbenmulde, erfüllt. Wie bereits beim Einzylinder- Ottomotor öffnet sich mit dem Fortschreiten im Motorzyklus nach dem OT allerdings ein nicht einsehbarer Bereich des Brennraums. Dies ist jedoch für die hier geplanten Untersuchungen unerheblich, weil die Rußbildung und Oxidation im Bereich des Spraykegels untersucht werden soll. Die folgenden Abbildungen zeigen das Einhubtriebwerk mit eingezeichnetem Laserband und den Kolben mit den optischen Zugängen und Modifikationen als CAD-Modell.

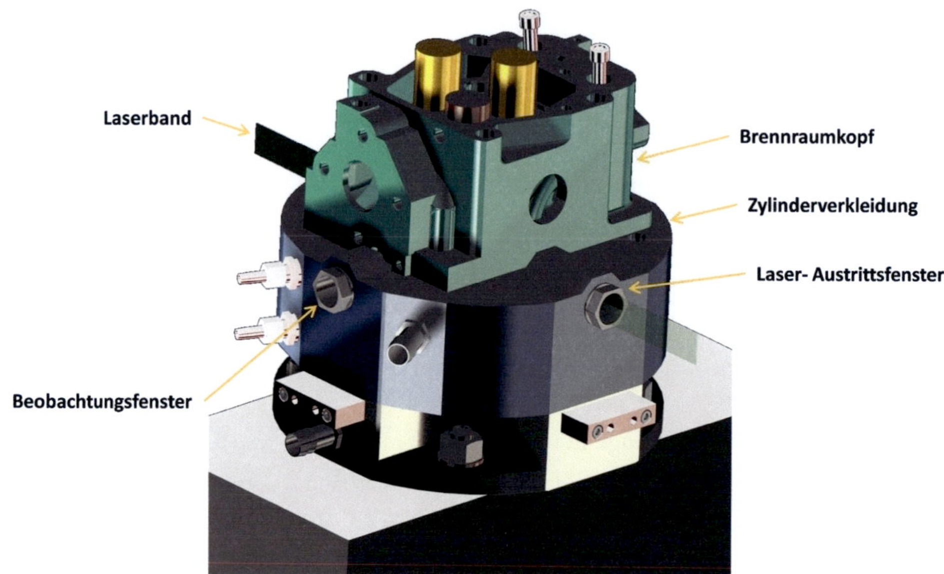

Abbildung 8-1: CAD Modell des Einzylinder- Dieselmotors mit optischen Zugängen

Abbildung 8-2: CAD Modell des modifizierten Kolbens des Einhubtriebwerks

Für die im Folgenden beschriebenen Messungen war der Motor mit einem Bosch CRIN3-18 Injektor, der mit lediglich fünf anstatt sieben Löchern mit einem Durchmesser von 139 μm versehen ist, ausgestattet. Die Anordnung der Löcher bzw. der sich daraus ergebenden Injektorjets ist in Abbildung 8-3 dargestellt und basiert auf dem ursprünglichen 7-Loch-Design. Die beiden Jets bzw. Löcher, die sich in der Sichtlinie zwischen Beobachtungsfenster und dem untersuchten Injektorjet im Laserband befunden hätten, wurden entfernt.

Anders als am Einzylinder- Ottomotor konnte an diesem Dieselmotor nicht die dem Beobachtungsfenster gegenüberliegende Innenseite der Laufbuchse geschwärzt werden. Auch dieser Prüfstand ist mit einem OT- und Kurbelwinkel- Impulsgeber ausgestattet, der bei jeder Umdrehung der Kurbelwelle und zusätzlich nach jedem durchlaufenen zehntel Grad Kurbelwinkel ein TTL-Signal generiert. Auf diesen Signalen beruht die zeitliche Steuerung von motorsynchronen Ereignissen wie hier der RAYLIX- Technik.

8.1.2 RAYLIX- Technik und zeitliche Steuerung

Das Laserband wurde in ähnlicher Weise wie in den vorangegangenen Kapiteln mit zwei zylindrischen und einer sphärischen Linse aufgebaut. Lediglich die Brennweiten der verwendeten Linsen wurden angepasst, um die veränderten Platzverhältnisse an diesem Prüfstand zu berücksichtigen. So hatten die beiden zylindrischen Linsen L1 und L3 eine Brennweite von -30 mm, die sphärische Linse L2 hatte eine Brennweite von 150 mm. Die wellenlängenselektive Teilung der Bildsignale in ein Rayleigh- Bild und ein LII- Bild erfolgte hier mit einem Shortpass Filter, Cutoff- Wellenlänge 500 nm und den Bandpass-Filtern mit 532 nm, 10 nm FWHM für das Rayleigh- Bild und 420 nm, 100 nm FWHM für das LII- Bild. Die Transmission dieses Filters als Funktion der Wellenlänge und die Chemilumineszenz einer vorgemischten Methan-Luft-Flamme sind in Abbildung 7-8 dargestellt. Allerdings waren sie in dieser Messreihe in einen extra für diesen Zweck konstruierten Strahlteiler integriert. Er besaß einen passenden Adapter für die Aufnahme des Endoskops, das von ihm und einem Aluminium-Adapter mit einem 8 mm Fenster im entsprechenden optischen Zugang gehalten wurde. Das hier verwendete starre Endoskop kommt ohne Lichtleiter aus und besitzt stattdessen ein Linsensystem, so dass keine Abstriche bezüglich der optischen Auflösung gemacht werden müssen. Zusätzlich war in der optischen Strecke vor der Rayleigh- Kamera noch ein Polarisationsfilter integriert, um einen Teil des kaum polarisierten Mie- Streulichts von den Kraftstofftröpfchen zu absorbieren. Das vertikal polarisierte Rayleigh- Streulicht der Rußpartikel wurde dagegen durch den Filter nicht abgeschwächt. Der Strahlteiler befand sich zusammen mit den Kameras auf einer Stahlplatte, so dass das von Zeit zu Zeit notwendige Reinigen des Fensters im optischen Zugang ohne anschließende Neujustage der optischen Komponenten erfolgen konnte. In den zylindrischen Aufsätzen vor den Photodioden befinden sich jeweils zwei Streuscheiben, ein Laserspiegel und eine Sammellinse, wobei die außen positionierte

Streuscheibe eine gerichtete Rückreflexion des Laserlichts unterbindet, der Interferenz-spiegel nur einen kleinen Teil des eintreffenden Laserlichts auf die innen liegende Streu-scheibe fallen lässt, die durch die Sammellinse auf die aktive Fläche der Photodiode proji-ziert wird. Der Versuchsaufbau ist in der folgenden Abbildung als CAD- Modell dargestellt.

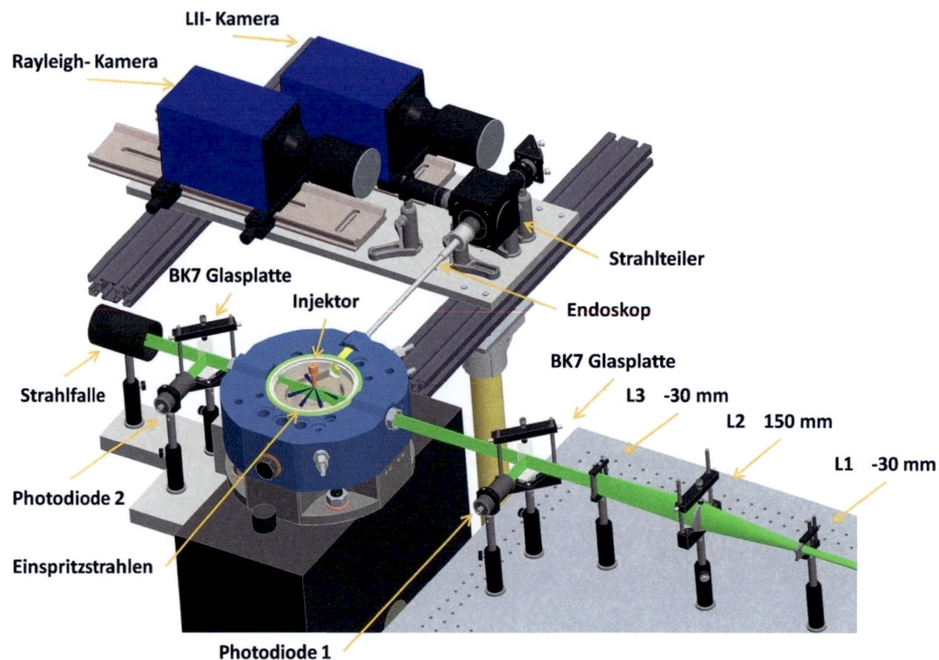

Abbildung 8-3: Aufbau der RAYLIX- Technik am Einzylinder- Dieselmotor

In Abbildung 8-3 sind zudem die Einspritzstrahlen und der Injektor eingezeichnet. Es ist zu erkennen, dass der Injektor modifiziert wurde, um lediglich fünf der ursprünglich sie-ben Einspritzstrahlen zu erzeugen, von denen nur einer in der Ebene des Laserbandes liegt. Weiterhin befindet sich kein Einspritzstrahl zwischen diesem Einspritzstrahl und dem Beobachtungsfenster. Damit ist es möglich, die Rußbildung separat, in einem einzi-gen Einspritzstrahl des Dieselmotors zu untersuchen.

Die zeitliche Steuerung wurde auch hier, basierend auf dem Signalgeber für jede ganze Umdrehung (OT- Geber) und jedem durchlaufenen 3600ten Teil einer Umdrehung, vom kommerziell erhältlichen YEX Modul von LaVision übernommen. Eine anschauliche Beschreibung der Funktionsweise ist in Kapitel 6.1.2 zu finden. Um eine schnelle und bei laufendem Motor zuverlässige Variation der Aufnahmezeitpunkte zu ermöglichen, wurde ein fester Aufnahmezeitpunkt in die Eingabemaske der Software von LaVision eingegeben und ein Kurbelwinkel-Delaygenerator eingesetzt. Dieser befand sich zwischen Motor und LaVision- System und hat das OT- Signal verzögert, also praktisch ein variables Offset zwischen dem OT-Signal, das dem YEX Modul bereitgestellt wird, und dem tatsächlichen Durchlaufen des oberen Totpunkts definiert. Durch diesen variablen Offset konnte der Aufnahmezeitpunkt beliebig variiert werden, ohne die Synchronisation zwischen Motor und Laser durch das YEX Modul neu zu starten: Nach einer Änderung des Aufnahmezeitpunkts in der DaVis Software von LaVision erfolgt eine Neuberechnung der Kamera-Laser-Synchronisation und möglicher Aufnahmezeitpunkte. Dadurch kann in einer Messreihe z.B. zu jedem fünften Motorzyklus eine Aufnahme gemacht werden, in der nächsten Messreihe dagegen z.B. zu jedem achten Motorzyklus. Dies wäre eine ineffektive Nutzung der bei optisch zugänglichen Verbrennungsmotoren knapp bemessenen Zeit, die diese Motoren am Stück gefeuert betrieben werden können. Wie bereits am Einzylindermotor in Kapitel 6 beschreiben, wurde bei diesem 4-Takt Motor automatisch durch die Zylinderdruckindizierung zwischen dem Zünd-OT und dem Ladungswechsel-OT differenziert.

8.2 Messungen und Ergebnisse

Die Messungen zeigen, dass die Rußbildung in den Spraykegeln eines DI-Dieselmotors ausgesprochen intensiv ist. Bereits die Ergebnisse am Einhubtriebwerk aus Kapitel 5 zeigen Spitzenkonzentrationen im Rußvolumenbruch von einigen hundert ppm. Es ist zu erwarten, dass die Rußkonzentrationen in einem Dieselmotor mindestens ähnlich hohe Werte annehmen. Einerseits ist der Einspritzdruck in einem heutigen Dieselmotor mit ca. 2000 bar wesentlich höher als bei den Untersuchungen am Einhubtriebwerk aus Kapitel 5 mit 200 bzw. 400 bar, und damit die Kraftstoffzerstäubung, d.h. die Gemischbildung besser. Andererseits wird aufgrund der geringeren Eindringtiefe, des höheren Brennraumdrucks zum Zeitpunkt der Einspritzung und der längeren Einspritzzeiten als bei den Untersuchungen am Einhubtriebwerk aus Kapitel 5 mehr Kraftstoff in ein kleineres Volumen eingebracht. Die ähnlich hohen Werte für die Rußkonzentration wurden auch insofern experimentell bestätigt, als dass lediglich innerhalb eines kleinen Kurbelwinkelintervalls von 2 -3° überhaupt Messungen möglich waren. Bei späteren Aufnahmezeitpunkten wurde einerseits das Laserlicht vollkommen absorbiert, andererseits das Flammeneigenleuchten zu intensiv um das LII-Signal eindeutig davon unterscheiden zu können.

8.2.1 Experimentelle Randbedingungen

Der Motor wurde mit Dieselkraftstoff bei 1175 1/min und einem Raildruck von 800 bar betrieben. Das Brennverfahren bestand aus einer Piloteinspritzung 15° vor OT mit einer Einspritzdauer von 298 µs und einer Haupteinspritzung 3° vor OT mit einer Einspritzdauer von 523 µs, woraus ein indizierter, effektiver Mitteldruck (IMEP) von 1,5 bar resultiert. Dies ist ein Betriebspunkt mit niedriger Last. Vor jeder Messreihe wurde der Motor durch den Öl- und Kühlwasserkreislauf auf 80°C vorgeheizt. Die geometrischen Verhältnisse des Laserbandes und die eingestrahlte Energiedichte können der folgenden Tabelle entnommen werden:

Tabelle 8-2: Lasereinstellung am Einzylinder- Dieselmotor vor Eintritt in den Brennraum

Laserband	Höhe	21,8 mm
	Dicke	1,4 mm
Einstellung Laser	Pulsenergie (LII- Puls)	65 mJ/Puls
	Pulsenergie (Rayleigh- Puls)	3,5 mJ/Puls
Bestrahlung	LII- Puls	213 mJ/cm²
	Rayleigh- Puls	11,4 mJ/cm²

Die Bestrahlung für die Rayleigh- Pulse wurde also auf etwa 5,4% der Bestrahlung der LII-Pulse begrenzt.

8.2.2 Ergebnisse der RAYLIX- Technik

Wie bereits erwähnt hat sich an diesem Motor trotz der niederlastigen Betriebspunkte gezeigt, dass die Rußkonzentrationen so hohe Werte annehmen, dass der Laserstrahl zu den meisten geplanten Aufnahmezeitpunkten vollkommen absorbiert wird. Bereits 2° Kurbelwinkel nachdem überhaupt erst Ruß aufgetreten ist, wird dadurch die Anwendung der RAYLIX- Technik unmöglich. Zum einen müsste ein zumindest messbarer Teil der eingestrahlten Laserenergie den Motor wieder verlassen, um eine Grundlage für die Extinktionsmessungen zu haben und zum anderen kann der Ruß im beobachtbaren Bereich für die LII- Messungen nicht stark genug aufgeheizt werden, wenn schon vorher zu viel Energie absorbiert worden ist. Letzteres zeigt sich darin, dass die Lichtemission der vom Laserband durchzogenen Spraywolke nicht mehr intensiver ist als die der Spraywolken auf Flammentemperatur im Hintergrund, die ausschließlich Flammeneigenleuchten zeigen. Wie bereits in Kapitel 4.3.1 erwähnt, steigt bei gegebener Rußkonzentration das LII- Signal zunächst mit einem Anstieg der Bestrahlung, durchläuft dann ein Maximum und fällt danach leicht ab. Für LII- Aufnahmen muss die Bestrahlung also idealerweise über der gesamten Messstrecke im Bereich dieses Plateaus liegen. Außerdem tritt bei so hohen Rußkonzentrationen auch deutlich Vielfachstreuung auf, die eine auf der RAYLIX- Technik basierte Auswertung unmöglich macht. Aus diesen Gründen war das zeitliche Messfenster im Motorzyklus auf die drei Zeitpunkte 0,5°, 1,5° und 2,5° nach OT beschränkt.

Um die in dieser Versuchsreihe aufgetretene Rußmenge und deren zeitlichen Verlauf anschaulich darzustellen, wurde das gesamte detektierte Rußvolumen $V = f_V \cdot A \cdot d$ wie folgt berechnet: Der Abbildungsmaßstab der Kameras ist bekannt, daher ist auch festgelegt, welche Fläche A des Laserbandes durch jedes Pixel auf dem Kamerachip repräsentiert wird. Außerdem ist die Dicke des Laserbandes d, also aus Sicht der Kamera die Tiefe, aus der das Lichtsignal für jedes Pixel kommt, bekannt. Damit lässt sich ein Volumen $V = A \cdot d$, das durch ein Pixel auf dem Kamerachip repräsentiert wird, berechnen. Mit dem hier verwendeten Abbildungsmaßstab von 0,28 mm/Pixel und der Laserbanddicke von 1,4 mm resultiert ein Volumen von 0,111 mm³. Durch Multiplikation dieses Volumens, das in den RAYLIX- Ergebnissen durch jedes Pixel dargestellt wird, mit den lokalen Rußvolumenbrüchen erhält man die lokalen Rußvolumen. Wendet man dies auf jedes Pixel des kalibrierten LII- Bildes an und summiert die einzelnen Werte auf, erhält man das gesamte detektierte Rußvolumen. Die folgende Abbildung zeigt die aufsummierten Rußvolumen der einzelnen Messungen und eine Trendlinie aus einer exponentiellen Regressionsanalyse der Datenpunkte. Jeder Datenpunkt repräsentiert hierbei eine einzelne „Single-Shot" Messung.

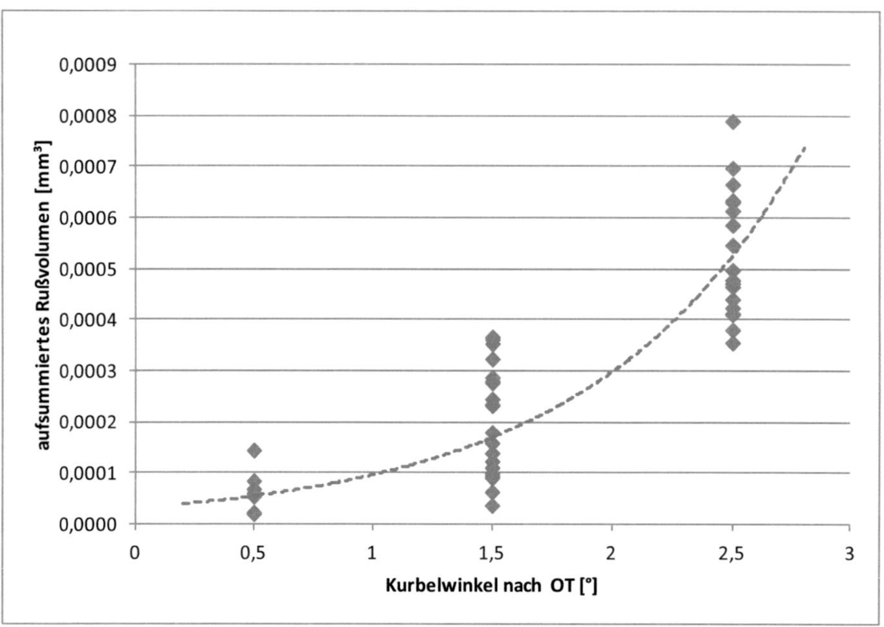

Abbildung 8-4: Aufsummiertes Rußvolumen der Einzelmessungen bei 800 bar Einspritzdruck, Einspritzzeitpunkten 15° und 3° vor OT und 1175 1/min am Einzylinder-Dieselmotor

Abbildung 8-4 zeigt, dass das detektierte, aufsummierte Rußvolumen im untersuchten Zeitraum stark ansteigt. Zur Verdeutlichung ist eine exponentielle Regressionsanalyse durchgeführt worden und als gestrichelte Linie zusätzlich zu den Datenpunkten dargestellt. Weiterhin sind die zyklischen Schwankungen in der detektierten Rußmenge zu erkennen. 0,5° nach OT zeigten nur wenige Einzelschussaufnahmen überhaupt Ruß. Demzufolge sind für diesen Zeitpunkt nur wenige Datenpunkte dargestellt.

Leider ist in einigen Fällen, vor allem bei den Aufnahmen 0,5° Kurbelwinkel vor und nach dem oberen Totpunkt eine komplette RAYLIX- Auswertung nicht sinnvoll, da die Rayleigh- Bilder durch die Mie- Streuung der zu diesen Zeitpunkten offensichtlich noch vorhandenen Kraftstofftröpfchen den ICCD- Chip der Rayleigh- Kamera sättigen. Aber auch in den Bildbereichen, in denen keine Sättigung auftritt und auf dem LII- Bild Ruß vorhanden ist, liegt die Vermutung nahe, dass das Streulichtsignal nicht nur von Rußpartikeln sondern auch von Kraftstofftröpfchen stammt. Anhand der Einspritzdauer von 523 µs, der Drehzahl von 1175 1/min und dem Startzeitpunkt der Haupteinspritzung 3° vor OT lässt sich berechnen, dass die Einspritzung bis 0,66° nach OT dauert und daher zu diesen Zeitpunkten Kraftstoffspray vorhanden sein muss. Wenn die RAYLIX- Auswertung darauf angewendet wird, resultieren rechnerisch und formell sehr große Primärpartikeldurchmesser von über 60 nm. Es ist aufgrund der bisher in dieser Arbeit gemessenen und in der Literatur beschriebenen Primärpartikelgrößen klar, dass solche großen Durchmesser physikalisch nicht sinnvoll sind und demnach die vollständige RAYLIX-Auswertung 0,5° nach OT nicht angewendet werden kann. In den folgenden Abbildungen sind repräsentative Ergebnisse des Rußvolumenbruchs, des Partikeldurchmessers und der Teilchenzahldichte 1,5° und 2,5° nach OT dargestellt. In der linken Spalte sind die Rußvolumenbrüche aufgetragen, während in der Mitte die mittleren Partikeldurchmesser und in der rechten Spalte die Teilchenzahldichten abgebildet sind.

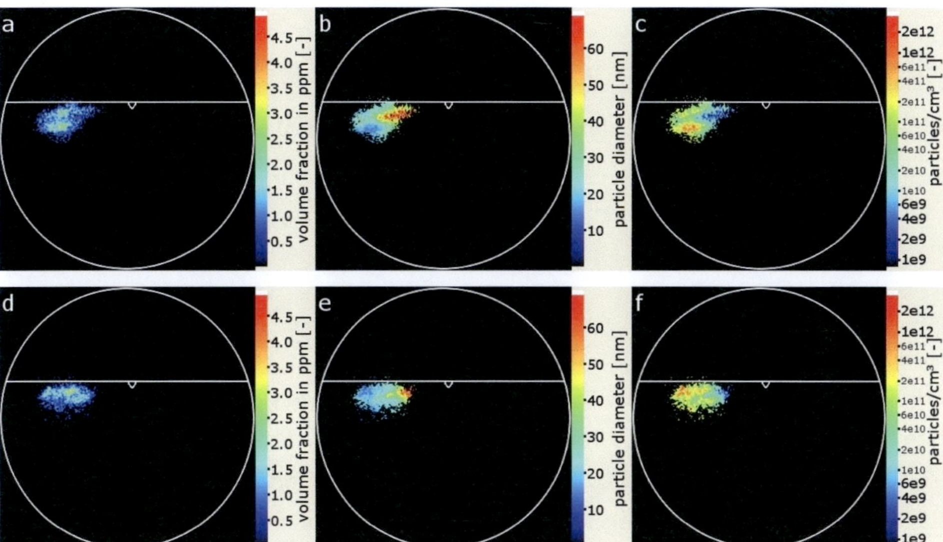

Abbildung 8-5: RAYLIX- Ergebnisse am Dieselmotor mit 800 bar Einspritzdruck und Einspritzungen 15° und 3° vor OT, Messzeitpunkt 1,5° KW nach OT

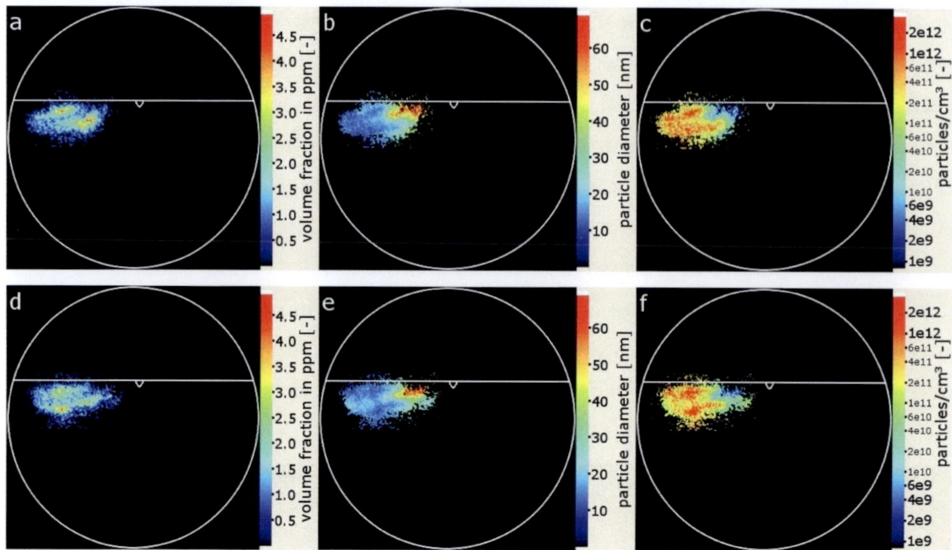

Abbildung 8-6: RAYLIX- Ergebnisse am Dieselmotor mit 800 bar Einspritzdruck und Einspritzungen 15° und 3° vor OT, Messzeitpunkt 2,5° KW nach OT

In den Abbildungen sind die Beobachtungsgrenze des Endoskops, das Brennraumdach und die Injektorspitze skizziert. Gut zu erkennen ist sowohl in Abbildung 8-5 b und e als auch in Abbildung 8-6 b und e ein Bereich mit scheinbar sehr großen Primärpartikeldurchmessern von über 60 nm. Dies lässt sich aus den Rohbildern erklären: Das LII- Bild gibt direkt die in Abbildung 8-6 zu erkennende Rußwolke wieder. Das Rayleigh- Streulichtbild zeigt dagegen seine maximale Intensität im räumlichen Bereich zwischen der Rußwolke und der Injektorspitze. Offensichtlich sind also auch zu diesen Zeitpunkten im Motorzyklus im zuletzt genannten Bereich noch Kraftstofftröpfchen vorhanden, wenn auch in erheblich geringerem Ausmaß als 0,5° vor bzw. nach OT. Im Grenzbereich zwischen Ruß- und Spraywolke resultieren die oben erwähnten, scheinbar sehr großen Primärpartikeldurchmesser. Die Rußbildung hat gerade begonnen, was einerseits an den im Vergleich zu den Messungen am Einhubtriebwerk in Kapitel 5 äußerst geringen Rußvolumenbrüchen von wenigen ppm deutlich wird, andererseits aus der nur ansatzweise zu erkennenden Feinstruktur der Rußwolke in Abbildung 8-5 a und d abzuleiten ist. Letztere wurde, in Kapitel 5.2.2, als Kriterium für eine gelungene RAYLIX- Aufnahme genannt. Beschränkt man sich auf die Ergebnisse 2,5° Kurbelwinkel nach OT und auf die Bereiche ohne Kraftstoffspray, ist ein Primärpartikeldurchmesser von 10 - 20 nm und eine Partikelzahldichte von $1 \cdot 10^{11}$ - $3,2 \cdot 10^{12}$ Partikel/cm^3 festzustellen.

8.3 Zusammenfassung

Zunächst enttäuscht das Ergebnis, dass der Motor nur unter Betriebspunkten mit äußerst geringer Last und dann auch nur innerhalb eines eng begrenzten Zeitfensters im Motorzyklus untersucht werden kann. Dennoch hat sich bestätigt, dass die zyklischen Schwankungen weitaus weniger stark ausgeprägt sind als bei den vorherigen Versuchsträgern. Dies zeigt sich unter anderem darin, dass 0,5° nach OT nur in wenigen Ausnahmefällen etwas Ruß detektiert werden konnte, 1,5° nach OT und 2,5° nach OT die RAYLIX- Messungen so gut wie immer erfolgreich durchgeführt werden konnten, während zu späteren Zeitpunkten im Motorzyklus der Laser immer vollständig absorbiert wurde. Die Rußentstehung beginnt also immer zum gleichen Zeitpunkt und die Position der Rußwolken war zu den Messzeitpunkten immer an der Spitze der Injektorjets. Die Rußbildung setzt in praktisch allen Motorzyklen immer 1,5° nach OT ein, der Anstieg der Rußkonzentration ist immer so stark ist, dass bereits 2° KW später die Rußwolke nicht mehr transparent genug für die RAYLIX- Technik ist.

Leider hat sich die Hoffnung, aufgrund der hohen Rußkonzentrationen starke LII- und Rayleigh- Streulichtintensitäten zu erhalten, nicht erfüllt. Vielmehr wurde das Laserlicht durch sie zu fast allen Aufnahmezeitpunkten nach wenigen Millimetern bis Zentimetern im Brennraum praktisch vollständig absorbiert. Da später als zu den oben genannten Zeitpunkten im Motorzyklus kein Messsignal detektiert werden konnte, liegt die Vermutung nahe, dass die vollständige Absorption bereits innerhalb des Schlitzes für das Laserband im Kolbenrand, siehe Abbildung 8-2, stattfindet. Berechnungen auf Basis von Kapitel 3.1.3 zeigen, dass bei der Dicke des Kolbenrands von 13 mm bereits bei einem Rußvolumenbruch von 30 ppm die Einstrahlintensität nach durchlaufen dieser 13 mm auf unter 4% abgeschwächt wird. Die verbleibende Intensität reicht nicht mehr für eine deutliche Temperaturerhöhung der Rußpartikel aus, so dass kein LII- Signal detektiert werden kann. In Kapitel 5 wurden zwar stellenweise wesentlich höhere Rußvolumenbrüche von über 100 ppm gemessen, allerdings auch nur in räumlich eng begrenzten Bereichen, so dass die Extinktion des Laserlichts dort noch akzeptabel war.

Bei den gelungenen RAYLIX- Messungen, beziehungsweise deren Rohdaten, fällt die, trotz hoher Einstrahlintensität und Rußkonzentration, geringe LII- Intensität auf. Dies ist auf die Nutzung des Endoskops zurückzuführen: Bauartbedingt liefert ein Endoskop eine wesentlich geringere Bildhelligkeit als ein Standard- Objektiv. Somit kann für die Nutzung eines Endoskops für die RAYLIX- Technik keine positive Bilanz gezogen werden. Ein solcher Versuchsaufbau ist zwar möglich, aber nicht wirklich empfehlenswert, so dass sich für zukünftige RAYLIX- Untersuchungen ein größerer Eingriff in die Brennraumgeometrie und eventuell in die Kühlkanäle zugunsten von größeren optischen Zugängen lohnt.

Auch bei diesen Messungen treten Reflexionen an den metallischen Oberflächen von Kolben und Zylinderlaufbuchse auf. Außerdem ist in Abbildung 8-5 und Abbildung 8-6 deutlich die Auswirkung von durch Kraftstofftröpfchen gestreutem Licht in der Nähe des Injektors in Form von scheinbar sehr großen Primärpartikeln zu erkennen. In Kapitel 10 werden mögliche Fehlerquellen ausführlich diskutiert und eine Fehlerrechnung basierend auf der Unsicherheit der Kalibrierwerte u_{cal} und v_{cal} und aus der Unsicherheit der Messsignale I_{sca} und I_{LII} durchgeführt. Aus diesen Berechnungen ergeben sich die Fehler in der Skalierung der Ergebnisse für die Rußvolumenbrüche zu $\Delta f_V = 50\%$, der Partikeldurchmesser zu $\Delta d_m = 21\%$ und der Teilchenzahldichten zu $\Delta N_V = 108\%$. Zusätzlich treten örtlich aufgelösten Fehler aufgrund der Unsicherheiten von I_{sca} und I_{LII} auf. Diese sind für die Rußvolumenbrüche bis zu $\Delta f_V = 66\%$, für die Partikeldurchmesser bis zu $\Delta d_m = 40\%$ und für die Teilchenzahldichten bis zu $\Delta N_V = 165\%$.

9 Numerische Simulation der Rußbildung in einem DI-Dieselmotor

Im Rahmen dieser Arbeit sollte die Rußbildung und Rußoxidation in Motoren mit Kraftstoffdirekteinspritzung zusätzlich durch eine numerische Simulation untersucht werden. In den voranstehenden Kapiteln wurde zwar gezeigt, dass die RAYLIX- Technik zur Bestimmung von Rußvolumenbruch, Teilchenzahldichten und mittleren Partikelradien in Verbrennungsmotoren geeignet ist, allerdings ist der Versuchsaufbau an jedem Versuchsträger sehr aufwendig, so dass nur wenige Motoren mit dieser Technik untersucht werden können. Dazu kommt, dass die Rußkonzentrationen zur Anwendbarkeit der RAYLIX-Technik nicht zu hoch sein dürfen: So stellen Rußvolumenbrüchen von 100 – 200 ppm, selbst wenn sie, wie in Kapitel 5, örtlich eng begrenzt auftreten, sicherlich die obere Grenze dar. Wenn die Strecke der Extinktion wenige Millimeter überschreitet, sind sogar 30 ppm die Obergrenze. Das Laserlicht wurde bei den in Kapitel 5 vorgestellten Messungen teilweise zu mehr als 90% absorbiert und es wurde bereits auf eine streifenartige Struktur in den Rußwolken, also Anzeichen für eine nahezu vollständige Lichtabsorption, hingewiesen. Andererseits stellen Rußkonzentrationen von nur 1 – 2 ppm, wie sie teilweise in den Kapiteln 6, 7 und 8 gemessen wurden, für die RAYLIX- Technik in Verbrennungsmotoren aufgrund von Störsignalen durch Flammeneigenleuchten und Reflexionen an den Zylinderwänden, die kleinsten, messbaren Konzentrationen dar. Daher kann eine Simulation der Rußbildung in Motoren mit Kraftstoffdirekteinspritzung einerseits eine wertvolle Möglichkeit zur Validierung der Ergebnisse darstellen, andererseits eventuell auch auf Zeitpunkte im Motorzyklus, Betriebsbedingungen oder Versuchsträger übertragen werden, für die die RAYLIX- Technik nicht geeignet ist.

Die Ergebnisse zu den DI-Ottomotoren beziehungsweise deren Brennverfahren in den Kapiteln 6 und 7 haben gezeigt, dass die Rußbildung in nennenswertem Umfang nur dort auftritt, wo Kraftstoff auf Oberflächen auftrifft. Da dies bei heutigen, strahlgeführten Brennverfahren unerwünscht ist und folglich unkontrolliert geschieht, sind die zyklischen Schwankungen in der Rußbildung sehr groß. Es ist kaum möglich aus einzelnen Aufnahmen allgemeine Aussagen über die Konzentration oder den genauen Ort der Rußbildung in diesen Motoren zu machen. Aufgrund dieser Schwankungen ist es im DI-Ottomotor unmöglich die für eine Simulation benötigten Parameter wie die an der Rußbildung beteiligte Kraftstoffmenge, verbrauchte Luftmenge und einen Temperaturverlauf in der rußenden Flamme festzulegen. Daher liegt es nahe stattdessen die Rußbildung in einem DI-Dieselmotor zu simulieren. Dies wird im Folgenden sowohl anhand des Einhubtriebwerks aus Kapitel 5 als auch anhand des Einzylinder- Dieselmotors aus Kapitel 8 an jeweils einem Beispiel durchgeführt.

9.1 Modellvorstellungen und Diffusionsberechnung

Für die numerische Simulation wurde das Programm ERNEST (Extended reactor network structures) des Engler-Bunte-Instituts, Bereich Verbrennungstechnik genutzt. Entwickelt wurde es von P. Habisreuther, J. Tofahrn und G. Knochenhauer, genutzt wurde die RUSS-Version von 2002. Es macht die sukzessive Berechnung verschiedener, in einem Netzwerk angeordneter einfacher Reaktoren möglich. Basis ist das CHEMKIN II Programmpaket der Sandia National Laboratories, bei dem der jeweils verwendete Satz an Reaktionsmechanismen und thermodynamischen Stoffdaten in Form von ASCII Dateien bereitgestellt werden kann. Auf gleiche Weise wird auch das in ERNEST zu verwendende Reaktornetzwerk definiert. Weiterhin wurde durch P. Habisreuther eine graphische Benutzeroberfläche in Form eines Tcl/Tk Skripts entwickelt (TkERNEST), die die Bedienung des ursprünglichen, einfachen Kommandozeilenprogramms komfortabler macht.

9.1.1 Reaktornetzwerke in ERNEST

Die von ERNEST unterstützten Reaktortypen wie zum Beispiel Strömungsrohr oder Rührkessel sind ausnahmslos ideale Reaktoren, das heißt es existieren keine räumlichen Konzentrations- oder Temperaturgradienten im Rührkessel und im Strömungsrohr existieren Konzentrations- oder Temperaturgradienten ausschließlich in Flussrichtung. Zeitlich ändern sich die Konzentrationen und Temperaturen in den Reaktoren jedoch aufgrund der ablaufenden Reaktionen. Dem gegenüber stehen die realen Verhältnisse in Verbrennungsmotoren, bei denen Temperatur, Druck und in DI-Motoren mit Ladungsschichtung auch das Verbrennungsluftverhältnis orts- und zeitabhängig sind. Alle drei Parameter werden in Motoren außer durch die chemischen Reaktionen auch noch durch äußere Einflüsse, wie z.B. durch die mechanische eingebrachte oder geleistete Volumenarbeit oder die Kraftstoffeinspritzung beeinflusst. Allerdings bietet das Programm für Strömungsrohrreaktoren die Möglichkeit einen zeitlichen Temperatur- und Druckverlauf in tabellarischer Form vorzugeben und der Simulation so die Bedingungen im Verbrennungsmotor aufzuzwingen. Die Zusammensetzung des reagierenden Gasstroms in der Simulation ändert sich wie bereits erwähnt aufgrund der chemischen Reaktionen kontinuierlich. Hier ist jedoch zusätzlich eine Beeinflussung durch externe Einflüsse, namentlich die Diffusion von Luft beziehungsweise Sauerstoff in das reagierende Gasgemisch, erforderlich. Die sukzessive Hinzugabe von Luft in das reagierende Gasgemisch kann nur durch eine Teilung des Reaktors in mehrere Reaktoren mit entsprechend kurzer Verweilzeit erfolgen. Die Luftzugabe wird dann durch die Netzwerkelemente ‚Reaktoreingang‘ und ‚Mischer‘ zwischen jeweils zwei ‚Strömungsrohrreaktoren‘ realisiert. Da mit dieser Vorgehensweise jeweils eine sprunghafte Änderung der Gemischzusammensetzung und damit der Reaktionskinetik verbunden ist, sind möglichst kleine Zeitschritte, das heißt möglichst viele Strömungsrohre mit entsprechend kurzer Verweilzeit sinnvoll. Die in ERNEST verwendeten Mischer sind ebenfalls idealisiert, das heißt in ihnen findet keine Reaktion statt. Lediglich die Auslasstemperatur könnte auf Basis der Einlasstemperaturen und Wärmekapazitäten der Medien berechnet werden. Diese Möglichkeit wurde aber hier nicht genutzt. Hier wird stattdessen die Mischerauslasstemperatur auf die Einlasstemperatur des folgenden Reaktors gesetzt. Wie bereits erwähnt wird Letztere auf Basis von Messergebnissen am jeweiligen Versuchsträger, der Simulation aufgezwungen. Die Reaktornetzwerke zu den beiden untersuchten Versuchsträgern sind in den Kapiteln 9.2.1 und 9.2.3 skizziert.

9.1.2 Modell zur diffusionskontrollierten Verbrennung

Mit der diffusionskontrollierten Verbrennung wird allgemein ein Verbrennungsprozess bezeichnet, bei dem der Reaktionsumsatz aufgrund einer zumindest unvollständigen Vorvermischung von Brennstoff und Oxidationsmedium durch die Diffusion bestimmt/begrenzt ist. Dies bezieht sich sowohl auf die gegenseitige Diffusion dieser beiden Medien ineinander als auch den Abtransport der Verbrennungsprodukte. Der Stofftransport hängt dabei von der Temperatur, dem Druck, den Moleküleigenschaften, wie Masse und Stoßquerschnitt, und von der Grenzfläche zwischen den ineinander diffundierenden Stoffen ab. Zusätzlich zur reinen molekularen Gasdiffusion kommt bei technischen Verbrennungsprozessen ein mehr oder weniger großer Anteil zum Stofftransport aus der Konvektion, das heißt der Strömung der Gase. Spätestens wenn man im Gedankenexperiment den nächsten Schritt macht und bedenkt, dass bei der Verbrennung eine um Größenordnungen höhere Anzahl an Zwischenprodukten als die meistens gut bekannten Produkte der vollständigen Verbrennung auftreten und dass die Reaktionswärme den konvektiven Stofftransport beeinflusst, wird klar, dass ein Modell zur diffusionskontrollierten Verbrennung beliebig komplex werden kann.

Da das hier verwendete Simulationsprogramm jedoch keine räumlichen Informationen berücksichtigt, muss die zu bearbeitende Aufgabe durch einen einzigen, möglichst repräsentativen Fall des Stofftransports beschrieben werden. Dazu wird von einem oder mehreren verdampfenden Kraftstofftröpfchen aus den Einspritzspray ausgegangen. Es liegt dabei nahe, jeglichen konvektiven Stofftransport zu vernachlässigen, denn Kraftstofftröpfchen, die sich beispielsweise in einer beschleunigten Bewegung relativ zum umgebenden Gas bewegen, sorgen für nicht abschätzbare geometrische Verhältnisse für die Diffusion von Luft in die dabei entstehende, etwa zylinderförmige Wolke aus gasförmigem Kraftstoff. Die Vernachlässigung von konvektivem Stofftransport lässt sich damit rechtfertigen, dass die Gasgeschwindigkeiten der Tumble- Strömung aus dem Ansaugtakt wenige m/s nicht überschreiten [NAU 06]. Die Tröpfchen im Einspritzstrahl eines Dieselmotors besitzen zwar Geschwindigkeiten von einigen zehn bis zu wenigen hundert m/s [SUH 08], [TON 09], allerdings kann für die Modellvorstellung vereinfachend angenommen werden, dass sie ihre Geschwindigkeit weitgehend abgebaut haben bevor sie verdampfen, da sie nach Austritt aus dem Injektor zunächst ihre Verdampfungstemperatur erreichen müssen. Ohne konvektiven Stofftransport bildet sich aus dem oder den Kraftstofftröpfchen eine annähernd sphärische Kraftstoffwolke. Zu diesem Zeitpunkt soll unmittelbar die Diffusion von Luft in diese Kraftstoffwolke einsetzen, so dass die Verbrennung starten kann. Die Masse der in alle Reaktoreingänge außer dem Ersten zugegebener Luft relativ zur Masse des im ersten Reaktoreingang eingesetzten Kraftstoffs wurde entsprechend dem Verhältnis der berechneten Verdampfungs- und Diffisionsgeschwindigkeit gewählt.

Ein weiterer Punkt, der das Modell zur diffusionskontrollierten Verbrennung handhabbar macht ist der Verzicht auf die in der Realität vorhandenen vielfältigen Gasphasenspezies. Die klassische molekulare Gasdiffusion ist auf ein binäres Gasgemisch beschränkt. Es existiert zwar mit der Maxwell-Stefan-Diffusion auch ein Diffusionsmodell für ein Mehrkomponentensystem, allerdings sind auch dort die Diffusionskonstanten nur für den binären und ternären Fall mit vertretbarem Aufwand zu ermitteln und müssen bei einer größeren Anzahl an Komponenten empirisch bestimmt beziehungsweise angenähert werden. Hier muss allerdings selbst schon unter der Annahme einer klassischen binären Diffusion der Komponenten Luft und Diesel der binäre Diffusionskoeffizient abgeschätzt werden. Dies liegt vor allem daran, dass Diesel ein Multikomponentengemisch verschiedener Kohlenwasserstoffe ist und hier durch die Modellsubstanz Cetan ($C_{16}H_{34}$) repräsentiert wird, dessen Diffusionskonstante ihrerseits ebenfalls nicht tabelliert ist. Daher muss sie nach Extrapolation von Stoßquerschnitt und Lennard-Jones-Kraftkonstanten aus kurzkettigen Alkanen auf Cetan mit Hilfe von empirischen Näherungsformeln berechnet bzw. abgeschätzt werden. Im Folgenden sind die Vereinfachungen, die das Modell zur diffusionskontrollierten Verbrennung ausmachen, zusammengestellt:

1) Es gibt keinen konvektiven, nur diffusiven Stofftransport.

2) Es handelt sich um eine binäre Gasdiffusion mit den Komponenten Luft und Brennstoff.

3) Moleküle, die die Grenzschicht zwischen den Komponenten vollständig durchwandert haben werden augenblicklich durch die Verbrennungsreaktion verbraucht.

4) Der Stofftransport durch Diffusion wird durch die Bildung von Zwischen- oder Endprodukten der Verbrennung nicht beeinflusst.

5) Der Stofftransport durch Diffusion wird durch die freiwerdende Reaktionswärme nicht beeinflusst; im betrachteten Zeitintervall herrscht eine konstante Temperatur und konstanter Druck.

Der Punkt 4) hat unter anderem zur Folge, dass dieses Modell uneingeschränkt nur bei einem großen Luftüberschuss, das heißt im Dieselmotor nur bei kleinen Motorlasten gelten kann. Nur dann ändern die entstehenden Zwischen- und Endprodukte sowie der Verbrauch von Sauerstoff die Zusammensetzung der Diffusionskomponente Luft nicht maßgeblich. Zur Bestimmung der diffundierenden Stoffmengen relativ zu den eingesetzten Stoffmengen ist eine Vorstellung über die geometrischen Verhältnisse bei der Diffusion erforderlich. Dies bezieht sich sowohl auf das Verhältnis von Grenzfläche zu Volumen der beiden Gasphasen als auch auf die Dicke der Grenzschicht. Ersteres stellt anschaulich den Grad der Vormischung da: Je kleiner die Gasblasen des ersten Stoffs im zweiten Stoff sind, desto besser die (Vor-)Mischung und desto größer das Verhältnis von Grenzfläche zu Volumen. Auch dabei hilft nur eine weitere Modellvorstellung weiter: In ein kugelförmiges Dieseltröpfchen aus dem Einspritzstrahl wird aus der Gasphase durch Wärmeübergang eine abschätzbare Energiemenge pro Zeiteinheit eingebracht. Sie wird, nach Erreichen der Verdampfungstemperatur, zur Verdampfung eines Massenstroms Diesel genutzt, der dann als Gasschicht das Tröpfchen vollständig einhüllt. Die Zunahme des Radius dieser Gasschicht ist der Diffusion der umgebenden Luft in sie entgegengerichtet. Für die Abschätzung der geometrischen Verhältnisse der Diffusion wird von einem bzw. mehreren vollständig verdampften Tröpfchen ausgegangen. Die resultierende Gaswolke soll, wie bereits erwähnt, ideal kugelförmig vorliegen. Deren Oberfläche A und Radius r entsprechend der Grenzfläche und Grenzschichtdicke bei der Diffusion.

9.1.3 Berechnung der Wärmeübertragung und Verdampfung

Der Wärmestrom $\dot{Q}$ auf oder von einer kugelförmigen Oberfläche in einem ruhenden Fluid durch eine Grenzschicht in Form einer Kugelschale berechnet sich wie folgt [VDI 06]:

$$\dot{Q} = \frac{\lambda_Q}{r_a - r_i} \cdot 4\pi \cdot r_i \cdot r_a \cdot \Delta T \tag{9.1}$$

Dabei ist λ_Q der Wärmeleitungskoeffizient, r_a der Außen- und r_i der Innenradius der Kugelschale, so dass für die Dicke s der Kugelschale und das geometrische mittel von Innen- und Außenfläche A_m gilt:

$$s = r_a - r_i \tag{9.2}$$

$$A_m = \sqrt{A_i \cdot A_a} = 4\pi \cdot r_i \cdot r_a \tag{9.3}$$

Lässt man den Außenradius r_a gegen unendlich gehen, während der Innenradius $r_i = r$ die Oberfläche einer kleinen Kugel konstanter Temperatur T_0 definiert, erhält man mit der Temperatur des umgebenden Fluides T_a:

$$\dot{Q} = \lambda_Q \cdot 4\pi \cdot r \cdot \left(T_0 - T_a\right) \tag{9.4}$$

Der Wärmeleitfähigkeitskoeffizient in Gleichung (9.4) gilt für die unendlich dicke Kugelschale ($r_a \to \infty$), dementsprechend ist T_a die Temperatur des Fluids in hinreichend großer Entfernung zur Kugeloberfläche. Durch die maximierte Grenzschichtdicke ist der Wärmestrom minimiert.

In der Modellvorstellung aus Kapitel 9.1.2 sollen die Dieseltröpfchen bereits ihre Verdampfungstemperatur erreicht haben, das heißt damit ist eine konstante Temperatur T_0 sichergestellt. Der Siedebereich von Diesel liegt bei 433 - 653 K [ARA 10], in dieser Modellvorstellung wurde das arithmetische Mittel von 543 K angenommen. Der Wärmeleitfähigkeitskoeffizient der umgebenden Luft λ_Q ist temperatur- und druckabhängig, und bis 1000°C und 1000 bar tabelliert [VDI 06]. In dieser Arbeit wurde er für einen angenommenen Druck von 40 bar auf eine angenommene Lufttemperatur von 2000 K extrapoliert. Die Differenzen zu den Wärmeleitfähigkeitskoeffizienten unter den Drücken am Einhubtriebwerk von 10 – 23 bar und am Einzylinder- Dieselmotor von 16 – 42 bar sind vernachlässigbar.

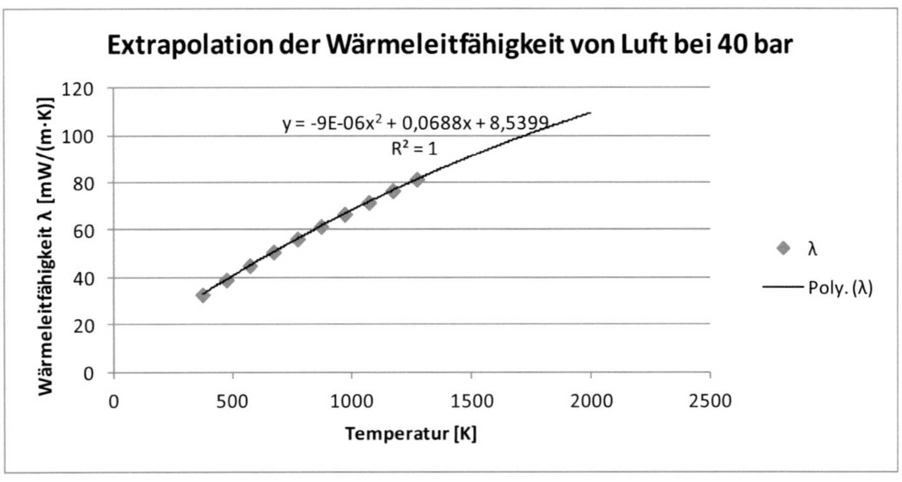

Abbildung 9-1: Extrapolation der Wärmeleitfähigkeit von Luft bei 40 bar

Mit dem in Abbildung 9-1 dargestellten Ergebnis einer quadratischen Regressionsanalyse erhält man einen Wärmeleitfähigkeitskoeffizienten von $110\ \text{mW}/(\text{m} \cdot \text{K})$. Bei einem Tröpfchendurchmesser von $10\ \mu\text{m}$ [AMA 97], [TON 06] folgt nach (9.4) einen Wärmestrom von 10,07 mW. Die Verdampfungsenthalpie $\Delta H_{verd.}$ von Diesel bei seiner Verdampfungstemperatur liegt bei $250 - 290\ \text{kJ}/\text{kg}$ [CHE 11], auch dafür wurde das arithmetische Mittel von $270\ \text{kJ}/\text{kg}$ angenommen. Man erhält einen Massenstrom $\dot{m}$ von $3{,}73 \cdot 10^{-8}\ \text{kg}/\text{s}$ an verdampftem Dieselkraftstoff.

$$\dot{m} = \frac{\dot{Q}}{\Delta H_{verd.}} \tag{9.5}$$

Innerhalb der durch das Reaktornetzwerk definierten Zeitschritte der Simulation von $100\ \mu\text{s}$ für das Einhubtriebwerk (Kapitel 9.2.1) bzw. $70{,}9\ \mu\text{s}$ für den Einzylinder- Dieselmotor (Kapitel 9.2.3) ergibt sich die Masse an verdampftem Dieselkraftstoff von $3{,}73 \cdot 10^{-12}\ \text{kg}$ bzw. $2{,}65 \cdot 10^{-12}\ \text{kg}$.

9.1.4 Berechnung der diffundierenden Luftmenge

Die Berechnung der diffundierenden Luftmenge setzt einen bekannten Diffusionskoeffizienten des binären Stoffsystems Diesel/Luft voraus. Für Gase können die Diffusionskoeffizienten $D_{1,2}$ in cm^2/s für die Gase 1 und 2 nach folgender Formel berechnet werden [BAE 06].

$$D_{1,2} = \frac{18{,}583 \cdot T^{\frac{3}{2}} \cdot \left(\dfrac{M_1 + M_2}{M_1 \cdot M_2} \right)^{\frac{1}{2}}}{P \cdot 10^{-5} \cdot \sigma_{1,2}^2 \cdot \Omega_K} \tag{9.6}$$

Dabei ist T die Temperatur in K, $M_{1,2}$ die Molmasse der Gase, P der Druck in Pa, Ω_K das Kollisionsintegral und $\sigma_{1,2}$ die Stoßdurchmesser in der Funktion für das Lennard-Jones-Potential. Das Kollisionsintegral Ω_K hängt von einer Kraftkonstanten $\varepsilon_{1,2}$ für das Lennard-Jones-Potential ab, der funktionale Zusammenhang

$$\Omega_K = f\left(\frac{k_B \cdot T}{\varepsilon_{1,2}} \right) \tag{9.7}$$

ist tabelliert [BAE 06] und findet sich im Anhang dieser Arbeit. Weiterhin gilt:

$$\varepsilon_{1,2} = \sqrt{\varepsilon_1 \cdot \varepsilon_2} \tag{9.8}$$

$$\sigma_{1,2} = 0{,}5 \cdot \left(\sigma_1 + \sigma_2 \right) \tag{9.9}$$

Die Lennard-Jones-Kraftkonstanten können aus Viskositätsdaten gewonnen werden und sind in der Form ε/k_B für n-Alkane bis Hexan tabelliert, genauso wie die Lennard-Jones-Stoßdurchmesser [BAE 06]. Hier wurde Hexadecan ($C_{16}H_{34}$), Trivialname Cetan, als Modellbrennstoff gewählt und die Lennard-Jones-Kraftkonstanten und -Stoßdurchmesser basierend auf den tabellierten Werten der kurzkettigen Alkane extrapoliert:

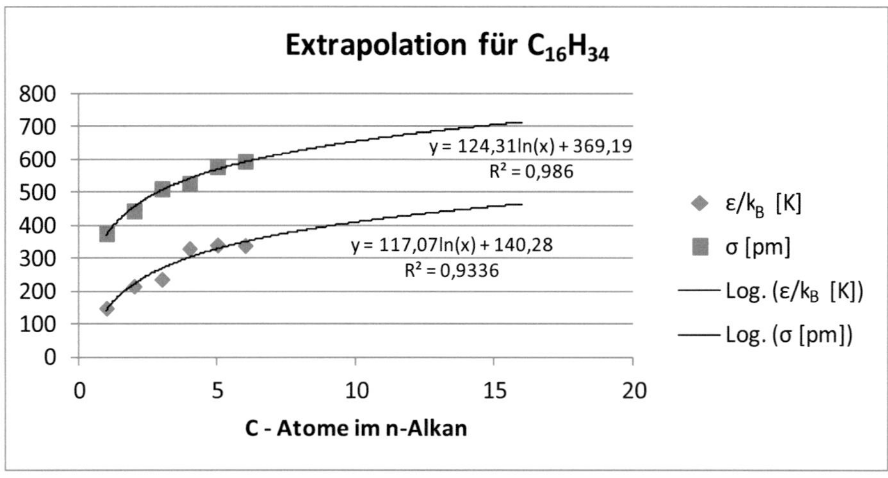

Abbildung 9-2: Extrapolation der Lennard-Jones-Kraftkonstanten und des Stoßdurchmessers für Cetan ($C_{16}H_{34}$)

Aus der Extrapolation aus Abbildung 9-2 kann für Cetan ein $\varepsilon/k_B = 465$ K und ein $\sigma = 714$ pm bestimmt werden. Mit $\sigma(\text{Luft}) = 371$ pm folgt nach (9.9) ein $\sigma_{1,2} = 542$ pm. Weiterhin kann nach (9.8) und einem $\varepsilon/k_B(\text{Luft}) = 78{,}6$ K eine Kraftkonstante $\varepsilon_{1,2} = 2{,}46 \cdot 10^{-21}$ J beziehungsweise ein $k_B \cdot T/\varepsilon_{1,2} \approx 10$ berechnet werden. Aus der Tabelle im Anhang dieser Arbeit folgt ein $\Omega_K = 0{,}7424$. Damit kann nach (9.6) ein binärer Diffusionskoeffizient bei 2000 K und $3{,}6 \cdot 10^6$ Pa von $4{,}18 \cdot 10^{-6}$ m²/s berechnet werden. Mit den in Kapitel 9.1.3 berechneten, verdampften Kraftstoffmassen kann mit einer angenommenen molaren Masse von 0,226 kg/mol (entsprechend der Summenformel $C_{16}H_{34}$) die verdampfte Stoffmenge berechnet werden. Diese entspricht unter der Voraussetzung der Gültigkeit des idealen Gasgesetzes bei einem Druck von $3{,}6 \cdot 10^6$ Pa, nach $V = n \cdot R \cdot T/P$ einem verdampften Volumen. Unter der Annahme, dass es sich um eine ideal sphärische Gaswolke handelt, folgen Radius und Oberfläche dieser Gaswolke. Die Ergebnisse der Berechnungen sind in der folgenden Tabelle für beide Versuchsträger dargestellt.

Tabelle 9-1: Berechnung der geometrische Verhältnisse für die Diffusion aus den verdampften Kraftstoffmassen bei 2000 K und 36 bar

	Masse	Stoffmenge	Volumen	Radius	Oberfläche
Einhubtriebwerk	$3{,}73 \cdot 10^{-12}$ kg	$1{,}65 \cdot 10^{-11}$ mol	$7{,}62 \cdot 10^{-14}$ m^3	$2{,}63 \cdot 10^{-5}$ m	$8{,}69 \cdot 10^{-9}$ m^2
Einzylindermotor	$2{,}65 \cdot 10^{-12}$ kg	$1{,}17 \cdot 10^{-11}$ mol	$5{,}40 \cdot 10^{-14}$ m^3	$2{,}35 \cdot 10^{-5}$ m	$6{,}91 \cdot 10^{-9}$ m^2

Der Stoffstrom bei der äquimolaren Diffusion berechnet sich aus dem Diffusionskoeffizienten $D_{1,2}$, der Stoffmengenkonzentration c_{mol}, der Grenzfläche A, der Grenzschichtdicke $\delta = r$ und den Stoffmengenanteilen auf beiden Seiten der Grenzschicht x_0 und x_δ [UNI 05]:

$$\dot{n} = \frac{D_{1,2} \cdot c_{mol} \cdot A}{\delta}\left(x_0 - x_\delta\right) \tag{9.10}$$

Die Stoffmengenkonzentration kann, wiederum unter Annahme der Gültigkeit des idealen Gasgesetzes bei 2000 K und $3{,}6 \cdot 10^6$ Pa nach $n/V = P/R{\cdot}T$ zu 216,5 mol/m^3 berechnet werden. Die Differenz der Stoffmengenanteile $(x_0 - x_\delta)$ ist eins, weil zu Beginn der Diffusion auf der Außenseite der Grenzschicht, also an der Stelle x_0 100% Luft und an der Stelle x_δ 0% Luft vorliegen soll. Nach (9.10) ergibt sich eine diffundierte Luftmenge von $2{,}99 \cdot 10^{-7}$ mol/s für das Einhubtriebwerk und $2{,}67 \cdot 10^{-7}$ mol/s für den Einzylindermotor. Innerhalb der durch das Reaktornetzwerk definierten Zeitschritte der Simulation von 100 µs für das Einhubtriebwerk (Kapitel 9.2.1) bzw. 70,9 µs für den Einzylindermotor (Kapitel 9.2.3) und mit der mittleren molaren Masse von Luft von 0,0288 kg/mol diffundieren $8{,}63 \cdot 10^{-13}$ kg bzw. $5{,}46 \cdot 10^{-13}$ kg Luft in den verdampfenden Kraftstoff.

9.1.5 Modellbrennstoff und Stöchiometrie

Der eigentliche Modellbrennstoff Hexadecan (Cetan, $C_{16}H_{34}$) ist nicht im vorliegenden Reaktionsmechanismus der Simulation enthalten. Generell sind nicht radikalische Spezies nur von C1- und C2- Komponenten, von aromatischen Verbindungen und von sauerstoffhaltigen Verbindungen wie Alkoholen enthalten. Für die Simulation ist es aber das C/H-Verhältnis und die Reaktivität des Brennstoffs entscheidend. Verbindungen wie z.B. Methan einzusetzen ist also genauso falsch wie Radikale oder aromatische Verbindungen als Brennstoff zu verwenden. Daher wurde der Brennstoff für die Simulation als eine Mischung aus 1/8 Ethan (C_2H_6) und 7/8 Ethen (C_2H_4) definiert, was die wichtigsten Bedingungen erfüllt: Das C/H-Verhältnis der Mischung stimmt mit dem C/H-Verhältnis von Cetan überein, zu Beginn der Simulation liegen noch keine radikalischen Spezies vor und der Brennstoff enthält keinen chemisch gebundenen Sauerstoff. Damit liegt es nahe die Brennstoff- und Luftmengen in Form ihrer Massen, also in kg, einzugeben: Zur vollständigen Verbrennung benötigt ein Mol Cetan die gleiche Sauerstoffmenge wie eine Gasmischung aus einem Mol Ethan und sieben Mol Ethen. Während sich die eingesetzte Stoffmenge des Brennstoffs also verachtfacht und das Volumen in ähnlichem Maße steigt, ist die Masse von einem Mol Cetan im Rahmen der hier relevanten Genauigkeit gleich der Masse der Mischung aus einem Mol Ethan und sieben Mol Ethen. Das imaginäre Reaktorvolumen beim Start der Simulation wird dann entsprechend verachtfacht.

Hier wird eine diffusionskontrollierte Verbrennung simuliert, d.h. es muss kontinuierlich Luft in die brennstoffreichen Zonen diffundieren um dort in Abhängigkeit von Druck und Temperatur verbraucht zu werden. Nach der Modellvorstellung aus Kapitel 9.1.2 wird die Simulation mit reinem Brennstoff begonnen und dann möglichst kontinuierlich Luft hinzudosiert. Wie in Kapitel 9.1.1 erläutert, kann dieses Hinzudosieren mit dem hier verwendeten Simulationstool allerdings nur in Stufen, jeweils nach einem Zeitintervall, erfolgen. In den ersten Netzwerkeingang wird also eine Massenstromeinheit der oben beschriebenen Brennstoffmischung aus Ethen und Ethan eingesetzt, in allen folgenden Netzwerkeingängen Luft. Für die Simulation zum Einhubtriebwerk sind dies jeweils $8{,}63 \cdot 10^{-13}$ kg / $3{,}73 \cdot 10^{-12}$ kg = 0,231 Massenstromeinheiten, für die Simulation zum Einzylinder- Dieselmotor jeweils $5{,}46 \cdot 10^{-13}$ kg / $2{,}65 \cdot 10^{-12}$ kg = 0,206 Massenstromeinheiten.

9.2   Numerische Ergebnisse

Die im Folgenden vorgestellten numerischen Ergebnisse sind unterteilt in die numerischen Resultate zum Einhubtriebwerk aus Kapitel 5 und zum Einzylindermotor aus Kapitel 8. Den Simulationen wurde ein während der RAYLIX- Messungen aufgezeichneter Verlauf des Brennraumdrucks zugrunde gelegt. Weiterhin wurde der Verlauf der Flammentemperatur im Brennraum aus der Zwei-Farben-Methode, siehe Kapitel 4.2.1, bestimmt. Am Einhubtriebwerk konnten für die Temperaturbestimmung nach der Zwei-Farben-Methode die direkt während der RAYLIX- Messung aus Abbildung 5-11 d-f aufgezeichneten Signale verwendet werden, am Einzylindermotor musste auf bereits früher durchgeführte 2FM- Messungen zurückgegriffen werden. Vor den Ergebnissen wird das jeweils verwendete Reaktornetzwerk skizziert und damit die bereits in Kapitel 9.1 mehrfach genutzten Zeitschritte für das Hinzudosieren der Luft in den Simulationsrechnungen definiert.

9.2.1 Reaktornetzwerk für das Diesel- Einhubtriebwerk

Der Druck im Brennraum des Einhubtriebwerks wurde kontinuierlich vom ersten Starttrigger bis zum vollständigen Stillstand des Kolbens aufgezeichnet. Die für die Simulation benötigte Temperatur konnte jedoch nur während der etwa 8 ms, in denen das Eigenleuchten der Flamme vorlag, über die Zwei-Farben-Methode bestimmt werden. Eine sogenannte Druckverlaufsanalyse zur Temperaturbestimmung auf der Grundlage der zu- und abgeführten Volumenarbeit, des Wärmewandverlustes und der Reaktionsenthalpie konnte aufgrund der hohen Leckrate des Einhubtriebwerks und der nur unzureichend bestimmbaren Kraftstoffmenge nicht durchgeführt werden. Verschiedene, eigene Versuchsreihen haben jedoch gezeigt, dass die Temperatur vor der Selbstzündung für die Rußentstehung unerheblich ist, solange sie ca. 1600 K nicht überschreitet. Bei diesen Temperaturen verläuft die Kraftstoffpyrolyse in der Realität wie in der Simulation so langsam, dass praktisch kein Umsatz erfolgt. Im Folgenden ein Wert von 273,15 K angenommen, was die Annahme unterstützt, dass die Kraftstoffpyrolyse erst mit der Selbstzündung einsetzt. Weiterhin hat sich gezeigt, dass ab den Zeitpunkten, an denen die Zwei-Farben-Methode durch zu geringe Rußkonzentrationen oder Temperaturen nicht länger angewendet werden kann, auch die Rußbildung und Oxidation in den Simulationsrechnungen abgeschlossen ist. Demnach wurde die Simulation nur bis zu diesem Zeitpunkt fortgesetzt, so dass hier eine Zeitspanne von 369,6 ms erfasst wird, wobei die Rußbildung und -oxidation erst nach der Selbstzündung, also erst ab 363,2 ms einsetzt. Die Temperaturen aus der Zwei-Farben-Methode liegen mit einer zeitlichen Auflösung von 100 µs vor, daher wurde diese Auflösung auch für die Luftzugabe bei der Simulation, siehe Kapitel 9.1.1 gewählt. Im Folgenden ist das Reaktornetzwerk zur Simulation der Rußbildung und Oxidation anschaulich dargestellt.

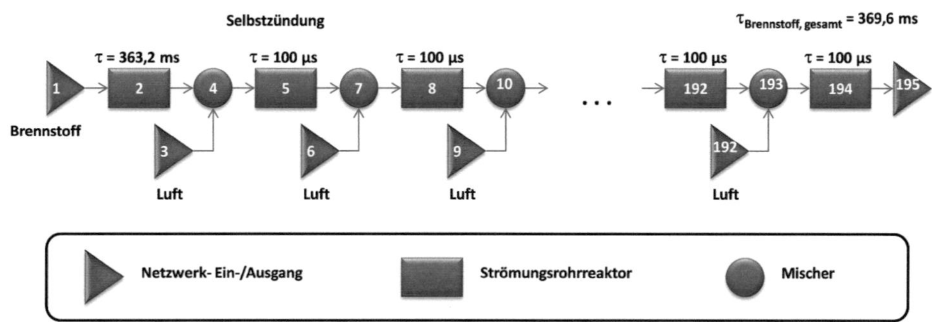

Abbildung 9-3: Verwendetes Reaktornetzwerk für das Diesel- Einhubtriebwerk

Die Simulation startet mit reinem Brennstoff. Die Verbrennungsreaktionen sind auf 65 Strömungsrohrreaktoren aufgeteilt, zwischen jeweils zwei dieser Reaktoren erfolgt eine Luftzugabe entsprechend dem im vorigen Kapitel vorgestellten Modell zur diffusionskontrollierten Verbrennung. Die Verweilzeit τ in den Mischern wurde auf vernachlässigbare 0,1 ns gesetzt und Auslasstemperaturen vorgegeben, die der Einlasstemperatur des jeweils nachfolgernden Strömungsrohrreaktors entspricht. Diese Vorgaben kommen der ohnehin in ERNEST vorhandenen Modellvorstellung entgegen, nach der die Mischer idealisiert sind, d.h. in ihnen findet keine chemische Reaktion statt.

9.2.2 Rußbildung und -oxidation im Diesel- Einhubtriebwerk

Die folgende Abbildung zeigt einen Überblick über die numerische Simulation der Rußbildung am Diesel- Einhubtriebwerk. Neben den Randbedingungen für die Simulation, also dem Temperatur- und Druckverlauf ist der Rußvolumenbruch und der Molenbruch Sauerstoff dargestellt. Anhand Letzterem ist das Konzept der portionsweisen Zugabe von Verbrennungsluft aus dem Modell zur diffusionskontrollierten Verbrennung, Kapitel 9.1, nochmals gut zu erkennen.

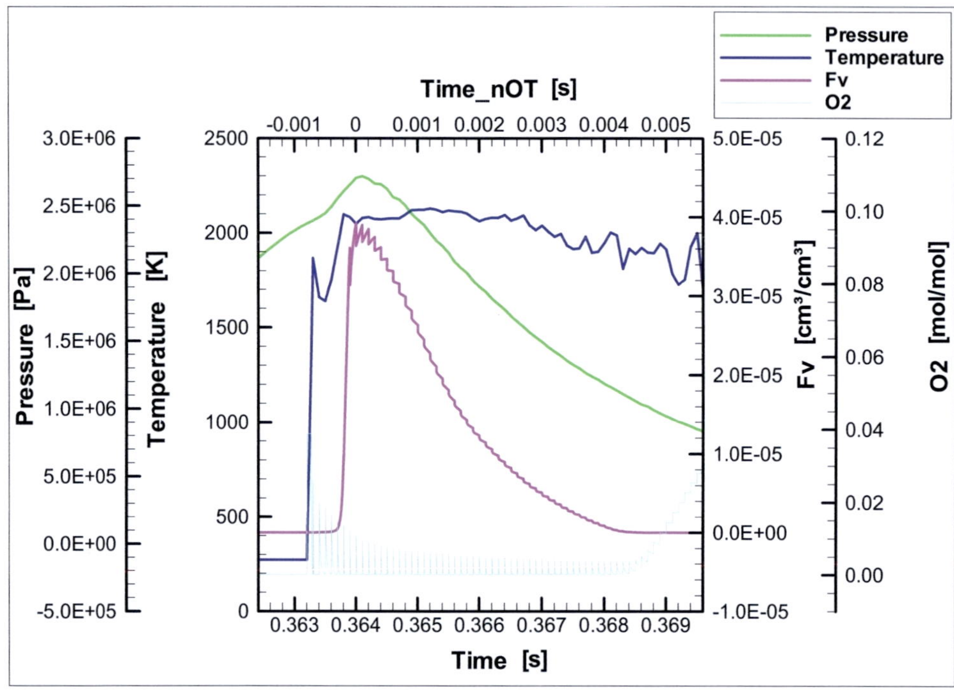

Abbildung 9-4: Übersicht der numerisch bestimmten Rußbildung und -oxidation am Diesel- Einhubtriebwerk

Die Rußkonzentration steigt ab etwa 0,3638 s nach dem Start der Messungen sehr schnell auf ihr Maximum von etwa 40 ppm an und wird dann ungefähr entsprechend einer exponentiellen Abnahme, bis etwa 0,3685 s abgebaut. Die Stufen in der Kurve sind eine direkte Folge der portionsweisen Verbrennungsluftzugabe. Danach ist gut zu erkennen, wie der weiterhin regelmäßig hinzudosierte Sauerstoff nicht mehr vollständig verbraucht wird und sich in der Folge ansammelt.

Die folgende Abbildung zeigt als Vergleich die aus der Zwei-Farben-Methode bestimmten Rußkonzentrationen. Darin resultieren die Temperaturen aus der Auswertung nach der Relativmethode, die Rußkonzentrationen aus der Auswertung nach der Absolutmethode.

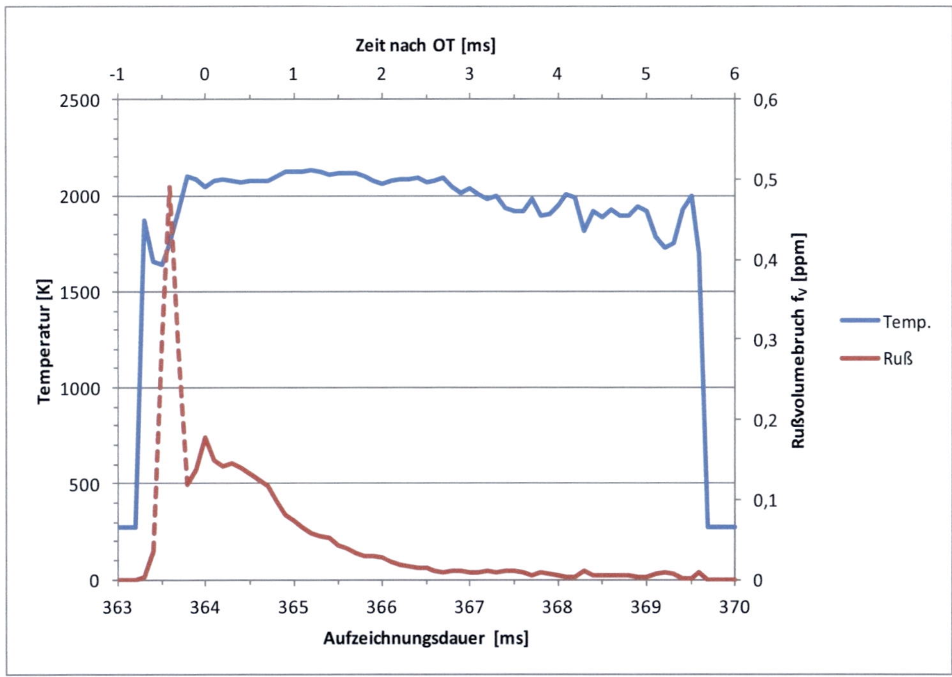

Abbildung 9-5: Rußbildung und -oxidation nach der Zwei-Farben-Methode am Diesel-Einhubtriebwerk der Einzelmessung, deren Temperatur und Druckverlauf Grundlage der numerischen Simulation aus Abbildung 9-4 war

Vergleicht man die numerischen Resultate mit den Rußkonzentrationen aus der Zwei-Farben-Methode, fällt sofort das vermeintliche Maximum in Abbildung 9-5 363,6 ms nach Aufzeichnungsbeginn auf. Ein solches Maximum zeigt sich jedoch häufig bei der Auswertung der Zwei-Farben-Methode und bedeutet nicht, dass tatsächlich so hohe Ruß-volumenbrüche vorlagen. Vielmehr ist es, genau wie das immer auftretende, augenschein-liche Maximum der Temperatur zu Beginn der Verbrennung, auf Chemilumineszenz der reagierenden Spezies zurückzuführen. Eine solche Chemilumineszenz wurde bereits in Kapitel 7, dort allerdings bei der ottomotorischen Verbrennung, beschrieben. Lässt man diesen Peak in der Kurve aus Abbildung 9-5 unberücksichtigt, passt sie gut zur Kurve des Rußvolumenbruchs aus der numerischen Simulation: Das Maximum liegt bei etwas mehr als 364 ms nach dem Start der Messungen und nennenswerte Rußmengen sind bis etwa 368 ms vorhanden.

Den maximal 1,8 ppm aus der Zwei-Farben-Methode stehen die maximal 40 ppm aus der numerischen Simulation gegenüber. Bei diesem Vergleich ist allerdings zu berücksichtigen, dass das Ergebnis der Zwei-Farben-Methode einen Mittelwert für den von der Sonde erfassten Brennraumbereich darstellt, der auf dem Massenabsorptionsquerschnitt A_{abs}, der Massenkonzentration C und der aus den Blickwinkel der Sonde erfassten Wegstrecke L (4.26) basiert. Bei der Auswertung der Zwei-Farben-Methode wird also eine ähnliche räumliche Mittelung vorgenommen, wie bei der Bestimmung des Rußvolumenbruchs durch die Extinktion. Wie bereits erwähnt basiert der Druck- und Temperaturverlauf für diese Simulation auf dem Arbeitszyklus des Einhubtriebwerks, bei dem auch die RAYLIX- Ergebnisse aus Abbildung 5-11 d-f gewonnen wurden. Der dabei über die Extinktion bestimmte mittlere Rußvolumenbruch betrug 4,568 ppm. Der zuletzt genannte Rußvolumenbruch ist der Mittelwert im Bereich des Laserbands und muss nicht zwangsläufig mit dem mittleren Rußvolumenbruch im Beobachtungskegel der Sonde der Zwei-Farben-Methode übereinstimmen.

In der Simulation wird dagegen ein durchschnittlich kraftstoffreicher Bereich, also weder im Zentrum der Flamme noch an deren äußersten Rand, in der Diffusionsflamme berechnet. Vor diesem Hintergrund passt das numerische Ergebnis gut zum Ergebnis der RAYLIX- Technik aus Abbildung 5-11 d-f: Diese RAYLIX- Aufnahme wurde zum Zeitpunkt 365,5 ms gemacht, bei dem die Simulation einen Rußvolumenbruch von 20 ppm voraussagt. Auch in Abbildung 5-11 d-f finden sich Rußvolumenbrüche von ca. 20 ppm, in Bereichen, die sich weder im Zentrum noch am äußersten Rand der Diffusionsflamme befinden.

9.2.3 Reaktornetzwerk für den Einzylinder- Dieselmotor

Die durch das Institut für Kolbenmaschinen durchgeführte Druckverlaufsanalyse an diesem Einzylindermotor liegt für das Intervall von 10° vor OT bis 71° nach OT vor. Allerdings ist die Genauigkeit, mit der die tatsächlichen Verbrennungstemperaturen aus einer solchen Druckverlaufsanalyse berechnet werden können, bei weitem nicht ausreichend für die Simulation der Rußbildung. Daher wurde auch hier ein Temperaturverlauf, basierend auf der Zwei-Farben-Methode aus bereits vorliegenden Untersuchungen zugrunde gelegt. Sie wurden an diesem Motor, allerdings mit einem weniger modifizierten Motorkopf, bei ebenfalls 1175 1/min und Einspritzzeitpunkten von 15° und 3° vor OT durchgeführt. Zudem war die Motorlast mit einem indizierten Mitteldruck von 6 bar und einem Einspritzdruck von 1800 bar deutlich höher als bei den RAYLIX- Messungen aus Abbildung 8-5 und Abbildung 8-6. Da die RAYLIX- Messungen auf Zeitpunkte zu Beginn der Rußbildung beschränkt sind, an denen z.B. die anhaltende Kraftstoffeinspritzung in die bereits brennende Flamme noch nicht relevant ist, sind die Ergebnisse dennoch recht gut vergleichbar. Die Anwendbarkeit der Zwei-Farben-Methode ist auf Zeitpunkte beschränkt, an denen ausreichend Ruß auf hoher Temperatur vorhanden ist. Für die vorliegenden Messungen bedeutete dies ein Kurbelwinkelintervall von 2° bis 88° nach OT. Bei einer geringeren Last, z.B. mit einem Mitteldruck von 1,5 bar, wie er bei den RAYLIX-Messungen vorlag, wäre dieser Zeitraum sicherlich wesentlich kürzer gewesen. Die numerische Simulation wurde auf den Zeitbereich 0° bis 40° nach OT begrenzt, da in ihm die Rußbildung und -oxidation vollständig ablief. Daraus ergibt sich bei der verwendeten Drehzahl von 1175 1/min eine Gesamtverweilzeit von 5,674 ms. Es wurde eine zeitliche Auflösung von 0,5° Kurbelwinkel oder 70,9 µs gewählt. In der folgenden Abbildung ist das Reaktornetzwerk skizziert:

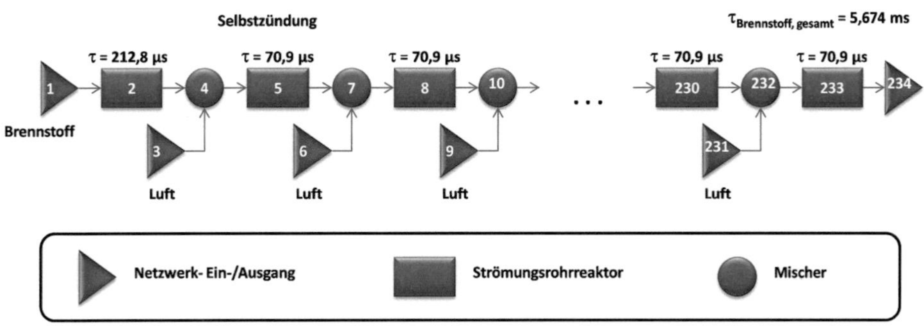

Abbildung 9-6: Verwendetes Reaktornetzwerk für den Einzylinder- Dieselmotor

Die Simulation startet wiederum mit reinem Brennstoff. Die Verbrennungsreaktionen sind auf 78 Strömungsrohrreaktoren aufgeteilt, zwischen jeweils zwei dieser Reaktoren erfolgt eine Luftzugabe entsprechend dem im vorigen Kapitel vorgestellten Modell zur diffusionskontrollierten Verbrennung. Auch in diesem Reaktornetzwerk wurde die Verweilzeit des Gasstroms in den Mischern auf einen vernachlässigbar kleinen Wert von 0,1 ns gesetzt und eine Auslasstemperatur definiert, die jeweils der Einlasstemperatur des nachfolgenden Reaktors entspricht.

9.2.4 Rußbildung und -oxidation im Einzylinder- Dieselmotor

Auch hier folgt direkt eine Abbildung mit einem Überblick über die numerische Simulation der Rußbildung am Diesel- Einhubtriebwerk. Neben den Randbedingungen für die

Simulation, also dem Temperatur- und Druckverlauf ist der Rußvolumenbruch und der Molenbruch Sauerstoff dargestellt. Anhand letzterem ist das Konzept der portionsweisen Zugabe von Verbrennungsluft aus dem Modell zur diffusionskontrollierten Verbrennung, Kapitel 9.1, nochmals gut zu erkennen. Weiterhin sind neben der für die Simulation maßgeblichen Zeitdomäne auch die entsprechenden Kurbelwinkel nach dem oberen Totpunkt dargestellt. Eine nach der Zwei-Farben-Methode aufgetretene, scheinbare Temperaturspitze 2° nach OT von 2223,42 K wurde durch den aus dem Temperaturverlauf interpolierten Wert von 2023 K reduziert. Das heißt es wurde nur ein einzelner, physikalisch nicht sinnvoller Temperaturwert reduziert. Wie bereits in Kapitel 9.2.2 erwähnt, treten die scheinbaren Maxima der Temperaturen bei der Zwei-Farben-Methode zu Beginn der Verbrennung immer mehr oder weniger stark auf. Sie sind auf Chemilumineszenz zurückzuführen.

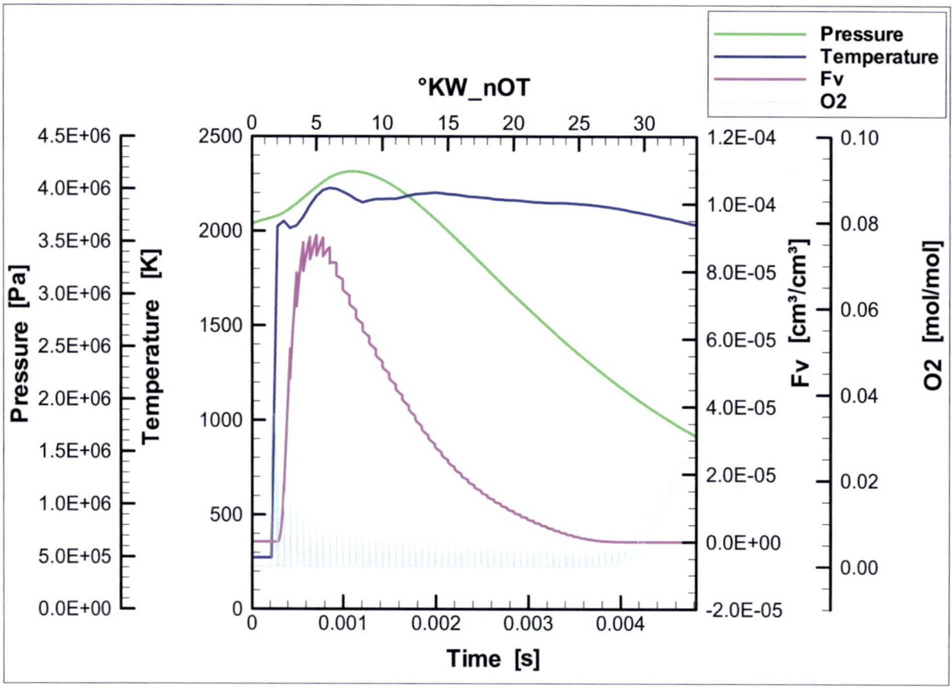

Abbildung 9-7: Übersicht der numerisch bestimmten Rußbildung und -oxidation am Einzylinder- Dieselmotor

Auch in Abbildung 9-7 steigt der Rußvolumenbruch kurz nach der Selbstzündung, also 2-3° nach dem oberen Totpunkt an. Allerdings, wegen der zu diesem Zeitpunkt etwas geringeren Temperaturen von ca. 2000 K, nicht ganz so schnell wie in Abbildung 9-4 bei ca. 2100 K. Nicht zuletzt wegen dem höheren Brennraumdruck wird ein doppelt so großer Rußvolumenbruch von etwa 80 ppm erreicht. Er kann die beobachtete, vollständige Absorption des Laserlichts bei den RAYLIX- Messungen erklären, wie aus der exemplarischen Berechnung in Kapitel 8.3 hervorgeht. Am Einhubtriebwerk in Kapitel 5 wurden zwar Rußvolumenbrüche bis über 200 ppm gemessen, allerdings auch nur in räumlich sehr kleinen Gebieten von wenigen Kubikmillimeter. Außerdem ist sogar schon in den Ergebnisse aus Abbildung 5-10 in einigen Bereichen eine Struktur aus senkrechten Streifen zu erkennen, was ein eindeutiges Anzeichen für eine stellenweise zu geringe Laserbestrahlung an diesen Stellen und damit eine zu starke Absorption ist. Wiederum sind die Stufen in der Kurve des Rußvolumenbruchs eine direkte Folge der portionsweisen Verbrennungsluftzugabe. Die Rußkonzentration nimmt bis etwa 27° nach OT etwa entsprechend einer exponentiellen Abnahme ab.

Die folgende Abbildung zeigt zum Vergleich die aus der Zwei-Farben-Methode bestimmten Rußkonzentrationen. Darin resultieren sowohl die Temperaturen als auch die Rußvolumenbrüche aus der Auswertung nach der Absolutmethode.

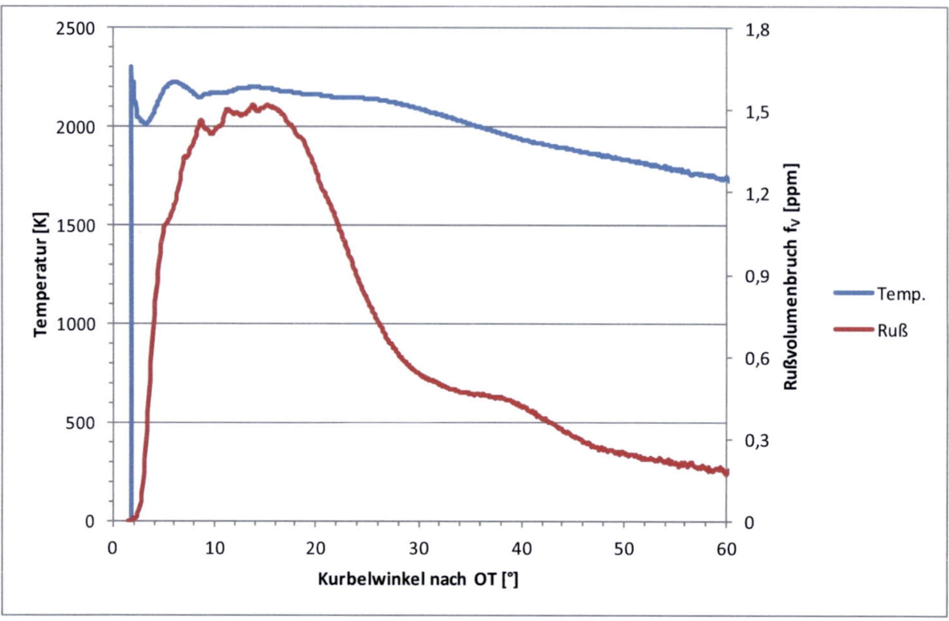

Abbildung 9-8: Rußbildung und -oxidation nach der Zwei-Farben-Methode am Einzy-linder- Dieselmotor

Der Vergleich des Verlaufs des Rußvolumenbruchs aus Abbildung 9-7 mit dem aus Abbildung 9-8 zeigt, dass es etwa doppelt so lange, bis 54° nach OT dauert, bis die Rußkonzentration auf einen mehr oder weniger konstanten Restwert abgefallen ist. Im Gegensatz zu den bisher in diesem Kapitel gezeigten Ergebnissen ist diese Restkonzentration auch nicht vernachlässigbar. Außerdem liegt auch das Maximum der Rußkonzentration über einen vergleichsweise langen Zeitraum von etwa 10° Kurbelwinkel vor. Diese Phänomene sind eine Folge der vergleichsweise hohen Motorlast, unter der die 2FM- Messungen entstanden sind. Anders als bei den Messungen zur RAYLIX- Technik lag sie bei etwa 75% der Volllast. Da die höhere Motorlast durch die Verbrennung einer größeren Kraftstoffmenge erreicht wird, dauert der Einspritzvorgang so lange, dass in die bereits brennende Flamme weiterhin Diesel eingespritzt wird. Es wird also mehr Kraftstoff im nahezu unverändert kleinen Volumen der Spraykegel umgesetzt. Dadurch ist die mittlere Rußkonzentration für einen langen Zeitraum sehr hoch, hier etwa 1,5 ppm. Ab ca. 20° nach OT sinkt zwar der Rußvolumenbruch schnell, die Flamme wird dadurch jedoch transparenter, die Selbstabsorption des Flammeneigenleuchtens nimmt ab. So detektiert die Sonde der Zwei-Farben-Methode nicht mehr nur Flammeneigenleuchten vom Ruß an der Flammenoberfläche sondern zunehmend auch aus dem Flammenvolumen. Aus diesem Grund ist die berechnete Rußkonzentration vor etwa 26° nach OT tendenziell zu klein bzw. bei einer qualitativen Betrachtungsweise erscheint der Abfall des Rußvolumenbruchs ab diesem Zeitpunkt zu langsam.

Die Verläufe der Rußbildung und -oxidation aus den Abbildung 9-7 und Abbildung 9-8 passen jedoch grundsätzlich gut zueinander. Beide Kurven zeigen einen steilen Anstieg der Rußkonzentration 2 - 3° nach OT (Abbildung 9-7) bzw. 3 - 4° nach OT (Abbildung 9-8) und einen deutlich langsameren Abfall, der sich über etwa 12° erstreckt: 8 - 20° nach OT in Abbildung 9-7 bzw. 20 - 30° nach OT in Abbildung 9-8. Ein direkter, absoluter Vergleich des höchsten, gemessenen Rußvolumenbruchs von 1,5 ppm mit dem Rußvolumenbruch von 80 ppm aus der Simulation ist allerdings schwierig, wie bereits in Kapitel 9.2.2 erläutert: Das Ergebnis der Zwei-Farben-Methode stellt einen Mittelwert für den von der Sonde erfassten Brennraumbereich dar, wohingegen in der Simulation ein durchschnittlich kraftstoffreicher Bereich weder in der Mitte noch am äußersten Rand der Diffusionsflamme berechnet wird. Leider hilft hier ein Vergleich mit den RAYLIX- Ergebnissen aus den Abbildung 8-5 und Abbildung 8-6 auch kaum weiter. Die Aufnahmen wurden 1,5° und 2,5° nach OT gemacht, also einem Zeitpunkt, an dem die Rußbildung gerade erst einsetzt. Der 2,5° nach OT detektierte Rußvolumenbruch liegt bei unter 4 ppm, was zwar gut zu den numerischen Ergebnissen aus Abbildung 9-7 passt, aber keine quantitative Aussage über die Maximal erreichbaren Rußkonzentrationen zulässt.

9.3 Zusammenfassung

Das in diesem Kapitel genutzte, sehr einfache Modell zur Simulation der diffusionskontrollierten Verbrennung in Dieselmotoren, ist in der Lage die Rußbildung und -oxidation semi-quantitativ zu beschrieben. Allerding gilt dies nur für einen fiktiven, idealisierten und gradientenfreien Bereich in der Diffusionsflamme mit durchschnittlichem Kraftstoffüberschuss, also weder im Zentrum noch am äußersten Rand der Flamme. Weiterhin gilt das Modell nur bei sehr kleinen Motorlasten, da die real entstehenden Verbrennungsprodukte die Verbrennungsluft in zunehmendem Maße verdünnen, im hier entwickelten Modell aber keine Verbrennungsprodukte berücksichtigt sind (Kapitel 9.1.2). Dennoch wird ersichtlich, dass die nach der Oxidation verbleibende Rußmenge nur einen Bruchteil der insgesamt anfänglich entstandenen Rußmenge darstellt. Eine quantitative Simulation der Rußemission von Verbrennungsmotoren kann deshalb sehr große Fehler aufweisen und ist demnach in erster Linie für qualitative Fragestellungen geeignet [MER 09]. Dies gilt insbesondere, wenn, wie hier, keine Informationen über die räumliche Verteilung des

Kraftstoff-/Luft Gemischs oder Zylinderinnenströmungen für die Simulation genutzt werden können.

Dennoch konnte in diesem Kapitel die in Kapitel 8 beobachtete vollständige Absorption des Lasers anhand der numerischen Ergebnisse erklärt werden. Die zeitlichen Verläufe der Rußvolumenbrüche aus der Simulation passen gut zu den zeitlichen Verläufen der Rußkonzentrationen, wenn die Werte lediglich relativ betrachtet werden. Die absoluten Werte aus der Simulation passen darüber hinaus gut zu den Rußvolumenbrüchen aus den RAYLIX- Messungen. Außerdem wurde der Einfluss der Prozessbedingungen phänomenologisch untersucht: Im Wesentlichen beeinflussen die Temperaturen allein, wie schnell Rußpartikel gebildet und abgebaut werden, während die Stöchiometrie die insgesamt auftretende Rußmenge in starkem Ausmaß beeinflusst. Der Brennraumdruck hat, wie erwartet, einen annähernd linearen Effekt auf den Rußvolumenbruch. Wie bereits am Ende des Kapitels 2 erwähnt, wurde experimentell bis zu Drücken von etwa 10 bar beobachtet, dass der maximale Rußvolumenbruch etwa quadratisch mit dem Druck steigt [BÖH 88], bei Drücken über 10 bar dagegen etwa linear mit dem Druck steigt. Das zuletzt genannte Ergebnis würde man erwarten, wenn der Druck keinen Einfluss auf die Kinetik der Rußbildung hat, da in diesem Fall mit der Steigerung des Drucks lediglich das Volumen komprimiert und somit der Rußvolumenbruch erhöht wird. Unterhalb von 10 bar macht sich dagegen bemerkbar, dass die Kinetik der Reaktion von Teilchen aus der Gasphase von der Stoßhäufigkeit z abhängt. Nach der kinetischen Gastheorie ist, in einem idealen Gas, z proportional zum Druck P [ATK 01]

10 Fehlerbetrachtung und Diskussion

Bei der Anwendung der RAYLIX- Technik ergibt sich, insbesondere bei Messungen in Verbrennungsmotoren oder Einhubtriebwerken, eine Reihe möglicher Fehlerquellen. Diejenigen, die spezifisch für Messungen in Verbrennungsmotoren oder Einhubtriebwerken sind, wurden bereits in Kapitel 1.3 genannt. Ein großer Teil davon geht in die Kalibrierung sowohl des LII- Bildes mit Hilfe der Extinktionsmessung als auch des Rayleigh-Bildes mit Hilfe der Rayleigh- Streuung an Luft ein, so dass ein systematischer Fehler auftritt, der für alle Rußvolumenbrüche, Partikeldurchmesser oder Teilchenzahldichten gleichermaßen gilt. Ruß in Flammen bildet in den letzten Schritten der Rußentstehung Agglomerate aus bis zu mehreren hundert Primärpartikeln. Der Streuquerschnitt von Agglomeraten ist aber wesentlich größer als die Summe des Streuquerschnitts einer entsprechenden Anzahl an einzelnen Primärpartikeln. Dies ist ausführlich in Kapitel 3.1.2 entsprechend der Rayleigh-Deby-Gans-Theorie für fraktale Aggregate dargestellt. Bei beginnender Aggregatbildung, also bei Aggregaten bestehend aus erst wenigen Primärpartikeln, steigt der Streuquerschnitt quadratisch mit der Anzahl der Primärpartikel im Aggregat, siehe dazu Gleichung (3.18). Der Einfluss der Aggregatbildung auf den Streuquerschnitt nimmt allerdings, abhängig vom Primärpartikelradius, nach Bildung von Agglomeraten aus einigen zehn bis einigen hundert Primärpartikeln ab, siehe dazu Tabelle 3-1. Dem erhöhten Streuquerschnitt von Aggregaten gegenüber der Summe der Streuquerschnitte der Primärpartikel steht jedoch die experimentelle Beobachtung gegenüber, dass die Intensität des gestreuten Lichts von Rußpartikeln im Motor kaum zu den detektierten Rußvolumenbrüchen passt: Die kalibrierte Rayleigh- Streulichtintensität ist am unteren Ende der anhand des Rußvolumenbruchs, theoretisch erwarteten Streulichtintensität. Dies zeigt sich darin, dass bei der RAYLIX-Auswertung für die Rußpartikel mittlere Teilchendurchmesser von weniger als 12 nm, stellenweise sogar weniger als 6 nm, berechnet werden. Würde der Einfluss der Aggregatbildung entsprechend der RDG-FA Theorie berücksichtigt, würden rechnerisch noch kleinere Primärpartikel resultieren. Dies spricht dafür, dass, aufgrund der kurzen Zeit, die der Verbrennung bleibt, in Flammen in Verbrennungsmotoren überwiegend einzelne Primärpartikel vorliegen und die Agglomeratbildung erst später im Expansionstakt oder beim Ausstoßen des Abgases stattfindet.

Die Kalibrierung des LII- Bildes mit Hilfe der Extinktion wurde bereits ausführlich in Kapitel 4.3.2 beschrieben. Wenn allerdings ein Teil des Laserstrahls durch den Kolben blockiert sein kann, wie dies bei den Versuchsträgern aus den Kapiteln 6, 7 und 8 der Fall ist, scheidet eine Kalibrierung für jede einzelne Aufnahme aus. Dies liegt daran, dass im Motor die Extinktion nur integriert über die gesamte Höhe des Laserbandes bestimmt werden kann. Dies ist ein Nachteil gegenüber dem ursprünglichen RAYLIX- Aufbau mit pixelzeilenaufgelösten Extinktionsmessungen. Aber auch wenn, wie im ursprünglichen RAYLIX- Aufbau nach Abbildung 4-3, zur Bestimmung der Extinktion Farbstoffküvetten und außen liegende Bereiche des ICCD- Chips der Rayleigh- Kamera verwendet worden wären, würde sich diese Einschränkung ergeben: Das Laserband wird bei Messungen in Verbrennungsmotoren durch die teilweise sehr schnell auftretende Verschmutzung der Fenster so stark gestreut bzw. je nach Messzeitpunkt vom Kolben blockiert, so dass keine eindeutige Zuordnung der Höheninformation zwischen eintretendem und austretendem Laserband möglich wäre. Diese Einschränkung bedeutet, dass nur Messungen zu späten Zeitpunkten im Motorzyklus, wenn der Kolben den Bereich des Laserbands komplett verlassen hat, durch die gemessene Extinktion kalibriert werden können. Für alle anderen Aufnahmezeitpunkte ist man auf eine Kalibrierkonstante angewiesen, die aus den zuerst genannten Fällen berechnet wurde. Um die Vorgehensweise bei der Auswertung zu vereinheitlichen wurde aus verschiedenen geeigneten Messungen zu späten Aufnahmezeitpunkten eine einzige dimensionslose Kalibrierkonstante (Rußvolumenbruch/LII- Intensität) gewählt, die im Anschluss für alle Aufnahmen dieser Messreihen Verwendung fand.

Die Kalibrierung des Rayleigh- Bildes mit Hilfe der Rayleigh- Streuung an Luft leidet unter der großen Intensitätsdifferenz zwischen der schwachen Rayleigh- Streuung an einem Gas und der starken Rayleigh- Streuung an Rußpartikeln. Die Streuung an Rußpartikeln ist etwa um einen Faktor 10^4 stärker als die Rayleigh- Streuung an einem Gas. So ist es generell nicht möglich die gleichen Kameraeinstellungen (Blendendurchmesser, Belichtungszeit, ICCD- Verstärkung) zu verwenden. Eine Änderung der Belichtungszeit macht keinen Sinn, da das aufzuzeichnende Streulichtsignal nur während des Rayleigh- Laserpulses entsteht. Es muss beiden Fällen der gleiche zeitliche Bereich des Laserpulses detektiert werden. Am einfachsten wird dazu der Laserpuls komplett, das heißt über seine gesamte zeitliche Ausdehnung, detektiert. Eine weitere Erhöhung der Belichtungszeit auf ein Vielfaches der Dauer des Laserpulses bringt keine zusätzliche Intensität des Messsignals sondern führt lediglich zu einem erhöhten Anteil von Störsignalen. Eine Änderung des Blendendurchmessers ist alleine nicht geeignet, um einen Faktor in der Intensitätsdifferenz von etwa 10^4 zu kompensieren. Daher bleibt nur den Verstärkungsfaktor des ICCD Chips für die Kalibrierung entsprechend zu erhöhen, wobei die genaue Bestimmung der beiden Verstärkungsfaktoren bzw. deren Verhältnis anhand der Kalibrierkurven im Datenblatt der Kamera abgelesen werden muss. Die Kalibrierung geschieht zweckmäßigerweise nicht über einzelne Pixel, sondern über einen Pixelbereich von einigen hundert Pixeln und wird an verschiedenen Bildstellen in einigen Aufnahmen der Rayleigh- Streulichtintensität an Luft wiederholt.

Aus der jeweils mehrfachen Bestimmung der Kalibrierkonstante der LII- Strahlung und der Rayleigh- Streuung lässt sich eine Genauigkeit für die genannten Werte aus den Abweichungen der Konstanten untereinander abschätzen. In diesen Abweichungen sind Fehler, die sich aus dem Versuchsaufbau ergeben, bereits enthalten. Dazu zählen Schwankungen in der Einstrahlintensität des Lasers, Erfassung von Fremdlicht und Schwankungen in der Kamera- Laser- Synchronisation. Bei der Rayleigh- Kalibrierung kommt noch die Ungenauigkeit beim Ablesen der von den Messbedingungen abweichenden Kameraverstärkung am Gerät und in der Kalibrierkurve des Kameraherstellers hinzu.

Die oben beschriebenen Unsicherheiten in den Kalibrierkonstanten beeinflussen die Auswertung aller örtlichen Bereiche in allen Aufnahmen gleichermaßen. Damit geben sie einen Einblick über die Genauigkeit der absoluten Werte für Rußvolumenbrüche, mittlere Partikelradien/-durchmesser und Teilchenzahldichten, die in jeder Abbildung der RAYLIX- Ergebnisse angegeben sind. Daher ist es sinnvoll, die Fehlerberechnung der RAYLIX- Ergebnisse in einer ersten Betrachtung auf genau die oben beschriebenen Abweichungen bei der Bestimmung der Kalibrierkonstanten zurückzuführen indem auf sie das Fehlerfortpflanzungsgesetz angewendet wird. Die Unsicherheit Δy für eine Größe y, die sich aus mehreren voneinander unabhängigen, fehlerbehafteten Eingangsgrößen x_1 bis x_n und deren Unsicherheiten Δx_1 bis Δx_n zusammensetzen lautet:

$$\Delta y = \sqrt[2]{\left(\frac{\partial y}{\partial x_1} \cdot \Delta x_1\right)^2 + \left(\frac{\partial y}{\partial x_2} \cdot \Delta x_2\right)^2 \dots \left(\frac{\partial y}{\partial x_n} \cdot \Delta x_n\right)^2} \qquad (10.1)$$

Die fehlerbehafteten Eingangsgrößen sind hier u_{cal} (4.32) und v_{cal} (4.37) mit ihren Unsicherheiten Δu_{cal} und Δv_{cal}. Zu bestimmen sind die Unsicherheiten von Rußvolumenbruch Δf_v, Partikelradius Δr_m und Teilchenzahldichte ΔN_V. Für den Fehler des Rußvolumenbruchs Δf_V folgt aus dem Fehlerfortpflanzungsgesetz und der Gleichung zur Berechnung von f_V (4.31):

$$\Delta f_V = \sqrt[2]{\left(\frac{\partial(f_V)}{\partial(u_{cal})} \cdot \Delta u_{cal}\right)^2} = I_{LII} \cdot \Delta u_{cal} \qquad (10.2)$$

Der Fehler des mittleren Radius Δr_m berechnet sich auf der Grundlage des Fehlerfortpflanzungsgesetzes (10.1) und der Gleichung zur Berechnung von r_m (4.38) zu:

$$\Delta \bar{r}_m = \sqrt[2]{\left(\frac{\partial \bar{r}_m}{\partial v_{cal}} \cdot \Delta v_{cal}\right)^2 + \left(\frac{\partial \bar{r}_m}{\partial f_V} \cdot \Delta f_V\right)^2} \tag{10.3}$$

mit

$$\frac{\partial \bar{r}_m}{\partial v_{cal}} = \frac{1}{3} \left(\frac{\lambda^4 \cdot I_{sca} \cdot v_{cal}}{12\pi^3 \cdot \left|\frac{m^2-1}{m^2+2}\right|^2 \cdot \exp\left(13,5\sigma^2\right) \cdot f_V}\right)^{-\frac{2}{3}} \cdot \left(\frac{\lambda^4 \cdot I_{sca}}{12\pi^3 \cdot \left|\frac{m^2-1}{m^2+2}\right|^2 \cdot \exp\left(13,5\sigma^2\right) \cdot f_V}\right) \tag{10.4}$$

und

$$\frac{\partial \bar{r}_m}{\partial f_V} = \frac{1}{3} \left(\frac{\lambda^4 \cdot I_{sca} \cdot v_{cal}}{12\pi^3 \cdot \left|\frac{m^2-1}{m^2+2}\right|^2 \cdot \exp\left(13,5\sigma^2\right) \cdot f_V}\right)^{-\frac{2}{3}} \cdot \left(-\frac{\lambda^4 \cdot I_{sca} \cdot v_{cal}}{12\pi^3 \cdot \left|\frac{m^2-1}{m^2+2}\right|^2 \cdot \exp\left(13,5\sigma^2\right) \cdot f_V^2}\right) \tag{10.5}$$

Für den Fehler der Teilchenzahldichte ΔN_V folgt aus dem Fehlerfortpflanzungsgesetz und der Gleichung zur Berechnung von N_V (4.39):

$$\Delta N_V = \sqrt[2]{\left(\frac{\partial N_V}{\partial v_{cal}} \cdot \Delta v_{cal}\right)^2 + \left(\frac{\partial N_V}{\partial f_V} \cdot \Delta f_V\right)^2} \tag{10.6}$$

mit

$$\frac{\partial N_V}{\partial v_{cal}} = -\frac{f_V^2 \cdot \left|\frac{m^2-1}{m^2+2}\right|^2 \cdot \exp\left(9\sigma^2\right) \cdot \frac{9\pi^2}{\lambda^4}}{I_{sca} \cdot v_{cal}^2} \tag{10.7}$$

und

$$\frac{\partial N_V}{\partial f_V} = 2\frac{f_V \cdot \left|\frac{m^2-1}{m^2+2}\right|^2 \cdot \exp\left(9\sigma^2\right) \cdot \frac{9\pi^2}{\lambda^4}}{I_{sca} \cdot v_{cal}} \tag{10.8}$$

Die Fehlergrenzen, die bei der Kalibrierung gemacht werden, können aufgrund der Mehrfachbestimmung der Kalibrierkonstanten auf etwa 50% des jeweils verwendeten Wertes von u_{cal} und 40% des jeweils verwendeten Wertes von v_{cal} abgeschätzt werden. Dies gilt für alle Versuchsträger gleichermaßen, da die Arbeitsabläufe der Kalibrierungen gleich sind. Die so berechneten Fehlergrenzen beziehen sich auf die (Farb-) Skalierungen in den Darstellungen der RAYLIX- Ergebnisse. Nach den Gleichungen (10.2) bis (10.8) ergeben sich die folgenden Unsicherheiten:

Tabelle 10-1: Fehlergrenzen der RAYLIX- Technik aus der Kalibrierung der Rohdaten

Fehler der LII- Kalibrierung	Δu_{cal}	50%
Fehler der Rayleigh- Kalibrierung	Δv_{cal}	40%
Fehler der Rußvolumenbrüche	Δf_V	50%
Fehler der Partikelradien/-durchmesser	Δr_m	21%
Fehler der Teilchenzahldichten	ΔN_V	108%

Dabei sei an dieser Stelle nochmals darauf hingewiesen, dass es sich bei den Fehlergrenze aus Tabelle 10-1 nur um Fehler handelt, die bei der Kalibrierung gemacht werden. Hinzu kommen Fehler, die bei den eigentlichen Messungen gemacht werden. Dies sind z.B. die Abschwächung oder Streuung des Laserbands in den Rußwolken, teilweise Blockierung des Laserstrahls durch leicht geänderte Motor- und damit Fensterpositionen, Einfluss von unverdampftem Kraftstoffspray oder Chemilumineszenz während der Verbrennungsreaktionen. Es ist in den Kapiteln 5, 6, 7 und 8 aber stets auf offensichtlich fehlerhafte Ergebnisse in einigen Bildbereichen z.B. aufgrund von Verschmutzungen auf dem Beobachtungsfenster oder aufgrund von Kraftstoffspray hingewiesen worden.

Wie bereits im ersten Abschnitt von Kapitel 9 erwähnt, liegt die gemessene Extinktion des Laserlichtbands bei bis zu 90 %. Dies hat zur Folge, dass die verbliebene Bestrahlungsstärke nicht mehr ausreicht um die Temperatur der Rußpartikel signifikant zu erhöhen. Dadurch ist es möglich, dass in den entsprechenden Bildbereichen kein LII- Signal und damit kein Ruß detektiert werden konnte, obwohl er dort möglicherweise vorhanden war. Bei den Messungen aus Kapitel 5 ist dies auch definitiv eingetreten und wurde dort erwähnt. Der resultierende Fehler der Rußvolumenbrüche liegt dementsprechend bei 100 %. Auch Partikelradien oder Teilchenzahldichten können in diesen Fällen nicht berechnet werden.

Bei den hier durchgeführten Messungen ist die gewählte Bestrahlungsstärke etwa zwei bis dreimal so hoch, wie zur Erreichung der maximalen Rußtemperatur, d.h. des maximalen LII- Signals/Rußvolumenbruch notwendig. Daraus folgt, dass selbst nach einer Extinktion des Laserlichtbands von bis zu 66 % noch in etwa das volle LII- Signal generiert werden kann. Eine solche Extinktion ist für die hier vorgestellten Messungen in den Kapiteln 6, 7 und 8 typisch. Das LII- Signal muss dann allerdings aus dieser dichten Rußwolke heraus und zum Detektor, also der Kamera gelangen. Dies gilt im Übrigen in gleicher Weise für das Rayleigh- Streulichtsignal. Wenn man in erster Näherung davon ausgeht, dass die Nutzsignale eine vergleichbar weite Strecke wie der Laserstrahl durch eine vergleichbar dichte Rußwolke wie der Laserstrahl zurücklegen müssen, werden auch sie bis zu 66 % absorbiert. Damit liegt die Unsicherheit der Messung von Rayleigh- Streulicht- und LII- Signal bei eben diesem Wert, allerdings aufgrund der Extinktion nur in negativer Richtung, d.h. es kann gegebenenfalls nur ein Drittel des Nutzsignals detektiert werden. Abweichungen in positiver Richtung, d.h. dass mehr Licht von der Rayleigh- oder der LII- Kamera detektiert wird, als aus den betrachteten Bereichen des Messvolumens emittiert wird, können z.B. durch Reflexionen, unverdampftes Kraftstoffspray oder Chemilumineszenz entstehen. Bilder oder Bildbereiche, in denen diese Phänomene massiv auftreten können recht gut identifiziert werden, siehe dazu z.B. Kapitel 5.2.2. Es ist also bei gewissenhafter Auswertung davon auszugehen, dass diese Abweichungen in positiver Richtung vom Betrag her diejenigen in negativer Richtung niemals überschreiten. Daher wird im Folgenden von einer Messunsicherheit ΔI_{sca} und ΔI_{LII} von 66 % ausgegangen. Ihr Einfluss auf die Bestimmung des Rußvolumenbruchs, der Partikelradien/-durchmesser und Teilchenzahldichten wird mit Hilfe des Fehlerfortpflanzungsgesetzes untersucht. Für den Fehler des Rußvolumenbruchs Δf_V folgt aus dem Fehlerfortpflanzungsgesetz und der Gleichung zur Berechnung von f_V (4.31):

$$\Delta f_V = \sqrt[2]{\left(\frac{\partial (f_V)}{\partial (I_{LII})} \cdot \Delta I_{LII} \right)^2} = u_{cal} \cdot \Delta I_{LII} \tag{10.9}$$

Der Fehler des mittleren Radius Δr_m berechnet sich auf der Grundlage des Fehlerfortpflanzungsgesetzes (10.1) und der Gleichung zur Berechnung von r_m (4.38) zu:

$$\Delta \bar{r}_m = \sqrt[2]{\left(\frac{\partial \bar{r}_m}{\partial I_{sca}} \cdot \Delta I_{sca} \right)^2 + \left(\frac{\partial \bar{r}_m}{\partial f_V} \cdot \Delta f_V \right)^2} \tag{10.10}$$

mit

$$\frac{\partial \bar{r}_m}{\partial I_{sca}} = \frac{1}{3}\left(\frac{\lambda^4 \cdot I_{sca} \cdot v_{cal}}{12\pi^3 \cdot \left|\frac{m^2-1}{m^2+2}\right|^2 \cdot \exp\left(13{,}5\sigma^2\right)\cdot f_V}\right)^{-\frac{2}{3}} \cdot \left(\frac{\lambda^4 \cdot v_{cal}}{12\pi^3 \cdot \left|\frac{m^2-1}{m^2+2}\right|^2 \cdot \exp\left(13{,}5\sigma^2\right)\cdot f_V}\right)$$

$$(10.11)$$

und (10.5). Für den Fehler der Teilchenzahldichte ΔN_V folgt aus dem Fehlerfortpflanzungsgesetz und der Gleichung zur Berechnung von N_V (4.39):

$$\Delta N_V = \sqrt[2]{\left(\frac{\partial N_V}{\partial I_{sca}} \cdot \Delta I_{sca}\right)^2 + \left(\frac{\partial N_V}{\partial f_V} \cdot \Delta f_V\right)^2} \qquad (10.12)$$

mit

$$\frac{\partial N_V}{\partial I_{sca}} = -\frac{f_V^2 \cdot \left|\frac{m^2-1}{m^2+2}\right|^2 \cdot \exp\left(9\sigma^2\right)\cdot \frac{9\pi^2}{\lambda^4}}{I_{sca}^2 \cdot v_{cal}} \qquad (10.13)$$

und (10.8). Die mit den Gleichungen (10.5) und (10.8) bis (10.13) berechneten, örtlich aufgelösten Fehler in den zweidimensionalen Darstellungen der Ergebnisse der RAYLIX-Messtechnik sind in der folgenden Tabelle zusammengefasst. Sie beziehen sich direkt und individuell auf die durch die einzelnen Pixel in den Darstellungen der RAYLIX- Ergebnisse dargestellten Volumenelemente.

Tabelle 10-2: Fehlergrenzen der RAYLIX- Technik aus der Absorption der Nutzsignale

Fehler der Rayleigh- Signale	ΔI_{sca}	66%
Fehler der LII- Signale	ΔI_{LII}	66%
Fehler der Rußvolumenbrüche	Δf_V	66%
Fehler der Partikelradien/-durchmesser	Δr_m	31%
Fehler der Teilchenzahldichten	ΔN_V	148%

Aus der Tatsache, dass in dieser Arbeit die möglicherweise auftretende Agglomeration der Rußprimärpartikel nicht berücksichtigt wurde, ergibt sich eine weitere Unsicherheit der

Ergebnisse. Eine gängige Näherung zur Einbeziehung des Einflusses der Aggregatbildung in Flammenruß ist die Rayleigh-Deby-Gans Theorie für fraktale Aggregate [KÖY 95], [LIU 11]. In Tabelle 3-1 ist dargestellt, wie stark sich die Aggregatbildung auf das Streuvermögen von Rußpartikeln auswirken kann. Ein Agglomerat aus j Primärpartikeln kann Licht demnach bis zu 84 Mal stärker streuen als eine Ansammlung aus j nicht agglomerierten Primärpartikeln. Da in dieser Arbeit stets die Durchmesser und Teilchenzahldichten der Primärpartikel dargestellt sind, bedeutet dies, dass bis zu 98,8 % der detektierten Streulichtintensität fälschlicherweise den Primärpartikeln zugeordnet werden. Mit diesem Fehler der Rayleigh- Signale ergeben sich etwas größere Unsicherheiten:

Tabelle 10-3: Fehlergrenzen der RAYLIX- Technik aus der Absorption der Nutzsignale und möglicherweise auftretender Aggregatbildung

Fehler der Rayleigh- Signale	ΔI_{sca}	99%
Fehler der LII- Signale	ΔI_{LII}	66%
Fehler der Rußvolumenbrüche	Δf_V	66%
Fehler der Partikelradien/-durchmesser	Δr_m	40%
Fehler der Teilchenzahldichten	ΔN_V	165%

Die in Tabelle 10-1, Tabelle 10-2 und Tabelle 10-3 aufgelisteten Fehler der Teilchenzahldichten erscheinen zunächst sehr groß. Allerdings erstreckt sich die Teilchenzahldichte auch über einige Größenordnungen, was die Fehler bis zu 165% relativiert. Außerdem ist die RAYLIX- Technik eine Messtechnik, mit der phänomenologische Untersuchungen gemacht werden, so dass die Bedeutung der absoluten Zahlenwerte für die Rußvolumenbrüche, Partikeldurchmesser und Teilchenzahldichten nicht alles entscheidend ist. Technisch von Interesse ist gerade in Motoren mit Kraftstoffdirekteinspritzung vielmehr Ort und Zeitpunkt der Rußentstehung.

Selbst mit den oben genannten Fehlergrenzen ist die durchschnittliche Partikelgröße von weniger als 10 nm Durchmesser klein gegenüber der Primärpartikelgröße, die durch Elektronenmikroskopie im Abgas von Verbrennungsmotoren gefunden werden. Die dort gemessene Partikelgrößenverteilung der Primärpartikel erstreckt sich von etwa 9 - 50 nm [SNE 00], [KOC 05], [MAT 05], [STU 05], [KOC 06], [KIR 09]. Andererseits sind in den Veröffentlichungen von Kraft und Mosbach [MOS 09.1], [MOS 09.2] im Motor noch deutlich kleinere Partikel berechnet und gemessen. Sowohl dort als auch in dieser Arbeit sind die Partikelgrößen zum Teil so klein, dass die Aussage, es handle sich um klassische Rußpartikel nicht mehr eindeutig getroffen werden kann. Zur Veranschaulichung kann die Anzahl an Kohlenstoffatomen als Funktion des Partikeldurchmessers aus den in der folgenden Tabelle aufgeführten physikalisch-chemischen Eigenschaften von Ruß und der Avogadroschen Konstante N_A berechnet werden:

Tabelle 10-4: Physikalisch-chemische Eigenschaften von Ruß

M(Kohlenstoff)	12,011 g/mol
M(Wasserstoff)	1,0079 g/mol
C/H (Ruß)	8
M ($C_1H_{1/8}$) (C- Atom Äquivalent im Ruß)	12,137 g/mol
Dichte (Ruß)	1,86 g/cm³

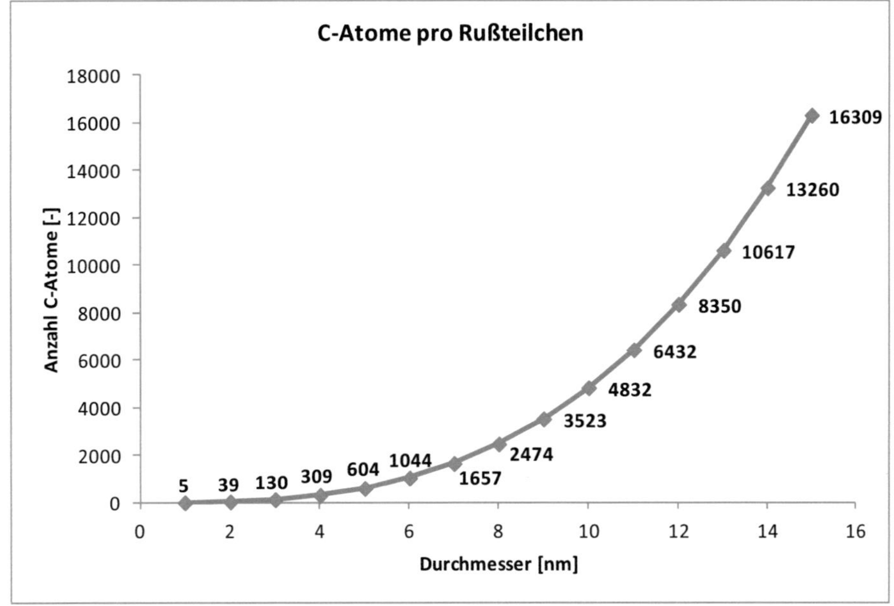

Abbildung 10-1: Theoretische Anzahl C- Atome pro Rußpartikel als Funktion der Durchmesser

Vergleicht man die so erhaltene Anzahl an Kohlenstoff- Atomen pro Partikel aus Abbildung 10-1 mit bekannten Rußvorläufern wie polyzyklischen aromatischen Kohlenwasserstoffen, so kann frühestens ab einem Durchmesser von etwa 2 - 3 nm von einem kleinen Rußpartikel gesprochen werden. Darunter ist die Wahrscheinlichkeit zu groß, dass es sich um polyzyklische, aromatische Kohlenwasserstoffe handelt. In diesem Fällen sind die Bezeichnungen PNP (precursor nanoparticles) oder NOC (nano organic carbon) [BOC 09] besser geeignet.

11 Zusammenfassung und Ausblick

In dieser Arbeit wurde die Rußbildung und Oxidation in Motoren mit Direkteinspritzung untersucht. Um nicht nur relative Ergebnisse über die Rußkonzentration zu erlangen, wurde die RAYLIX- Technik, eine zweidimensionale, laserbasierte Messtechnik, die Rußvolumenbrüche, Partikelradien und Teilchenzahldichten in hoher zeitlicher und örtlicher Auflösung liefern kann, genutzt. Als Versuchsträger standen zwei Einhubtriebwerke, sowie ein Einzylinder- Ottomotor mit Benzindirekteinspritzung und ein Einzylinder- Dieselmotor, jeweils in einem Prüfstand, zur Verfügung. Von den Einhubtriebwerken war eins für die Untersuchung der dieselmotorischen und eins für die Untersuchung der ottomotorischen Verbrennung konstruiert.

Die ersten Versuchsreihen wurden an dem Einhubtriebwerk mit Selbstzündung (dieselmotorische Verbrennung) durchgeführt. In Abhängigkeit vom Aufnahmezeitpunkt wurde recht deutlich das gleichzeitige Vorhandensein von erstem Ruß und noch nicht vollständig verdampften Kraftstofftröpfchen beobachtet. Da eine gewissenhafte Auswertung der Rußeigenschaften in Bezug auf Partikelgrößen und Teilchenzahldichten unmöglich ist, wenn die Rayleigh- Streuung der Rußteilchen durch die Streuung von Kraftstofftröpfchen überlagert wird, wurden Kriterien zur Beurteilung der Messdatenqualität aufgestellt. Anhand dieser ist es möglich, in den allermeisten Fällen zu entscheiden, ob eine Auswertung des jeweils vorliegenden Rohbildpaares sinnvoll durchgeführt werden kann.

Die Messungen an dem Diesel- Einhubtriebwerk blieben auf vergleichsweise wenige Einzelmessungen beschränkt, da eine exakte, reproduzierbare Synchronisation von Laser und Einhubtriebwerk unmöglich ist. Der Aufnahmezeitpunkt relativ zum Bewegungsablauf des Einhubtriebwerks ist nicht exakt festgelegt, weil jeder Arbeitsablauf des Einhubtriebwerks ein für sich einzelnes Ereignis darstellt. In Kombination mit der zeitlich sehr kurzen Verbrennung führt dies dazu, dass nur ein Teil der Aufnahmen überhaupt die Verbrennung zeigt. Aus dem oben genannten Grund, war es naheliegend, möglichst bald auf einen kontinuierlich arbeitenden Motor zu wechseln. Dazu stand ein optisch zugänglicher Einzylinder- Ottomotor mit Benzin- Direkteinspritzung zur Verfügung. Die Synchronisation zwischen Einzylindermotor und der praktisch festen Wiederholrate des Lasers wurde von einem kommerziellen System, dem YEX- Modul der Firma LaVision übernommen. Die Aufnahmen können damit zu einer Reihe von Aufnahmen zu äquidistanten Zeitpunkten fortgeführt werden. Die so erhaltenen Versuchsreihen eignen sich hervorragend zur Darstellung wo und wann Ruß entsteht beziehungsweise oxidiert wird.

Der hier untersuchte Einzylindermotor zeigte unter allen, also explizit auch unter homogenen Versuchsbedingungen, Rußbildung durch brennende Kraftstoffpfützen auf der Kolbenoberfläche, sogenannte „Pool Fire". Ursache dafür ist das Spraybild und die Position des Injektors im Brennraumdach. Die Eindringtiefe der Injektorjets war zu allen untersuchten Einspritzzeitpunkten so groß, dass sie direkt die Kolbenoberfläche getroffen haben. Allerdings konnte unter schichtgeladenen Versuchsbedingungen ein überaus deutlicher Einfluss von Einspritz- und Zündzeitpunkt auf die Rußbildung und -oxidation, selbst unter unveränderter Kraftstoff- und Luftmenge, festgestellt werden. So war die Oxidation von Ruß bei früheren Einspritz- und Zündzeitpunkten und sehr hohen Rußkonzentrationen direkt über der Kolbenoberfläche verhältnismäßig gut. Bei späteren Einspritz- und Zündzeitpunkten zeigte sich eine geringere Rußkonzentration direkt über der Kolbenoberfläche, dafür nahm der Ruß einen großen Teil des Brennraums ein und wurde erst sehr spät oxidiert. Außerdem wurde bei später Einspritzung und Zündung eine stärkere Rußbildung zu vergleichsweise frühen Zeitpunkten im freien Gasraum beobachtet. Dies lässt sich mit geringeren Spitzentemperaturen bei der Verbrennung aufgrund der späteren Einspritzung und Zündung erklären.

Leider konnte an diesem Einzylindermotor die Rußbildung und -oxidation erst ab etwa 40° nach dem oberen Totpunkt beobachtet werden, da erst ab diesem Zeitpunkt im Motorzyklus der Glasring vom Kolben weit genug freigegeben wurde. Um eine mögliche Rußbildung in einem Ottomotor mit Direkteinspritzung im oder kurz nach OT zu untersuchen, wurde wiederum ein Einhubtriebwerk verwendet. Neben dem LII- Signal aus „Pool Fire" während des Arbeitstakts konnte hier im oberen Totpunkt eine Lichtemission im Wellenlängenbereich des erwarteten LII- Signals beobachtet werden. Ihre Intensität war vergleichsweise gering, bei räumlich sehr homogenem und großflächigem Auftreten. Da allerdings so gut wie kein Rayleigh- Streulichtsignal zu erkennen war, kann es sich dabei nicht um Ruß handeln. Vielmehr muss es das Eigenleuchten einer annähernd stöchiometrischen Kohlenwasserstoffverbrennung, also Chemilumineszenz, sein. Dafür spricht auch, dass diese Lichtemission in fast gleicher Intensität auch ohne einen vorangegangenen Laserpuls detektiert werden kann. Chemilumineszenz entsteht im gesamten Brennraumvolumen, nicht nur innerhalb des dünnen Laserbandes.

Weiterhin konnte anhand eines kommerziellen Brennverfahrens, das am Otto- Einhubtriebwerk untersucht wurde, gezeigt werden, dass sich „Pool Fire" auf der Kolbenoberfläche durch die Wahl einer geeigneten Einspritzstrategie und Injektorsteuerung verhindern lassen (Abbildung 7-6 und Abbildung 7-7). Trotzdem ließen sich auch bei diesen Messreihen „Pool Fire" an den Elektroden der Zündkerze nicht vermeiden. Dies liegt an der Anforderung an das Brennverfahren, dass unter allen Betriebspunkten in der Umgebung der Zündkerze ein zündfähiges und damit stöchiometrisches bis leicht fettes Kraftstoff-/Luft Gemisch vorliegen muss. Dem entsprechend sind die Elektroden der Zündkerze sehr nah an den Spraykegeln angeordnet.

Die RAYLIX- Messungen am Einzylinder- Dieselmotor beschränken sich leider auf wenige Versuchsreihen unter sehr geringer Motorlast. Anders als bei den „Pool Fire" im Einzylinder- Ottomotor aus Kapitel 6 ist die Rußbildung alleine durch die Geometrie der Spraykegel bestimmt und damit bei jedem Motorzyklus zufriedenstellend gut reproduzierbar. Leider war die Rußbildung so stark, dass zu den meisten Aufnahmezeitpunkten selbst unter dieser geringen Motorlast das Laserlicht bereits nach wenigen Millimetern im Brennraum praktisch vollständig absorbiert war. Lediglich kurz nach der Selbstzündung, bei gerade einsetzender Rußbildung, konnten RAYLIX- Messungen durchgeführt werden. Zu wesentlich späteren Zeitpunkten, wenn die Rußkonzentration durch die Oxidation wieder abgenommen hat, befand sich die Rußwolke, aufgrund der Drallströmung im Brennraum, leider nicht mehr im Bereich des Laserbandes.

Die Rußbildung und -oxidation bei der dieselmotorischen Verbrennung wurde, basierend auf Messergebnissen des Diesel- Einhubtriebwerks und des Einzylinder- Dieselmotors numerisch simuliert. Dazu wurde zunächst ein einfaches Modell entwickelt, um die kraftstoffreiche, diffusionskontrollierte Verbrennung ohne Information über die räumliche Verteilung des Kraftstoff-/Luft Gemischs oder Zylinderinnenströmungen zu simulieren. Dieses Modell geht von einem binären Stoffgemisch aus Luft und Kraftstoff aus, dessen Stöchiometrie sich basierend auf der Verdampfung der Kraftstofftröpfchen und der Diffusion der Luft in die gasförmigen Kraftstoffwolken ändert. Weil keine Verbrennungsprodukte berücksichtigt werden eignet es sich nur zur Simulation der dieselmotorischen Verbrennung unter äußerst geringer Motorlast, wie sie am Einhubtriebwerk in Kapitel 5 und am Einzylinder- Dieselmotor in Kapitel 8 vorlagen. Als Randbedingung für die Simulationen dienten jeweils ein Temperatur- und Druckverlauf.

Der zeitliche Verlauf der Rußbildung und -oxidation in der Simulation ist in guter Übereinstimmung mit den Ergebnissen aus der Zwei-Farben-Methode. Außerdem sind die Rußvolumenbrüche aus der Simulation leicht in den RAYLIX- Ergebnissen wiederzufinden. Wie erwartet findet man sie dort weder im Zentrum der Flamme, wo die höchsten Rußvolumenbrüche vorliegen, noch am äußersten Rand der Flamme, wo die Rußkonzentrationen eher gering sind. Bei der Simulation hat sich zudem gezeigt, dass im wesentlichen allein die Temperaturen entscheiden, wie schnell Rußpartikel gebildet und abgebaut werden, während die Stöchiometrie die Rußmenge beeinflusst. Der Brennraumdruck hat, wie erwartet, einen annähernd linearen Effekt auf den Rußvolumenbruch.

Ein zentrales Ergebnis der RAYLIX- Messungen ist die Erkenntnis, dass die mittleren Partikeldurchmesser, in den „Pool Fire" unabhängig vom Versuchsträger oder Aufnahmezeitpunkt im Motorzyklus im Rahmen der Messgenauigkeit ungefähr gleich groß sind und bei circa 8 nm liegen. Auch die Partikel bei der dieselmotorischen Verbrennung besitzen mit einem Durchmesser von etwa 10 nm eine ähnliche mittlere Partikelgröße. Generell ist keine räumliche Selektion der Partikel nach ihrer Größe in den Flammen zu erkennen, wie sie bei stationären und oszillierenden Diffusionsflammen zu erkennen ist [BOC 02], [HEN 05], [CHW 11.2]. Erklärt werden kann dies mit dem Fehlen einer zeitlich konstanten Strömung, wie sie durch das aufsteigende, heiße Gas in stationären Flammen vorliegt. Die Partikel bewegen sich mit der Strömung, so dass ältere Partikel tendenziell weiter oben in der Flamme vorzufinden sind. Im DI-Dieselmotor fehlt diese Strömung, da der Kraftstoff, zumindest idealerweise, im gesamten Volumen der fetten Regionen um die Einspritzstrahlen gleichzeitig zündet und nur wenige Millisekunden brennt. In den „Pool Fire" im DI-Ottomotor liegt zwar eine länger brennende Flamme vor, die jedoch äußerst große örtliche und zeitliche Intensitätsschwankungen zeigt. Die Flamme flackert also stark und bewegt sich zudem noch auf dem Kolben durch den Brennraum. Dies generiert zusätzliche Turbulenz und wirkt einer räumlichen Selektion der Partikel nach ihrer Größe entgegen. Aus der geringen, örtlichen Fluktuation der mittleren Partikelradien folgt, dass höhere Rußvolumenbrüche in erster Linie durch überproportional hohe Teilchenzahldichten zustande kommen. Die gemessenen Teilchenzahldichten liegen bei 10^{11} bis $2{,}5 \cdot 10^{15}$ Partikel pro cm^3.

Nur die Rußbildung im Ottomotor mit Benzin- Direkteinspritzung konnte über einen weiten Bereich kurbelwinkelaufgelöst untersucht werden. Somit stehen entsprechende kurbelwinkelaufgelöste Messreihen an einem DI-Dieselmotor, eventuell unter Einsatz eines weniger rußenden Ersatzbrennstoffs, aus. Aber auch in einem DI-Ottomotor mit verbessertem Brennverfahren oder verbesserten optischen Zugängen, die z.B. die Beobachtung zu früheren Kurbelwinkeln zulassen, weniger zu Verschmutzung neigen, oder einen längeren gefeuerter Betrieb ermöglichen sind weitere Messungen dieser Art erstrebenswert. Ein Versuchsaufbau unter Nutzung eines Endoskops für die optische Zugänglichkeit ist zwar möglich, aufgrund der geringen Signalstärke aber nicht wirklich empfehlenswert, so dass sich für zukünftige RAYLIX- Untersuchungen ein größerer Eingriff in den Motor zugunsten von größeren optischen Zugängen lohnt.

12 Literaturverzeichnis

[ADA 12]   ADAC EcoTest, Online- Datenbank, www.adac.de/ecotest.de, (2012).

[AMA 97]   S. Amara, N. Lévy, J.-C. Champoussin, N. Guerassi: *Effet de la température sur la taille des gouttes d'un jet Diesel / Effect of temperature on the droplet size in a Diesel spray*, Revue Générale de Thermique, 36(1), 51-58, (1997).

[ANG 00]   O. Angrill, H. Geitlinger, T. Streibel, R. Suntz, H. Bockhorn: *Influence of exhaust gas recirculation on soot formation in diffusion flames*, Proceedings of the Combustion Institute, 28, 2643-2649, (2000).

[ANI 10]   N. B. Anikin, R. Suntz, H. Bockhorn: *Tomographic reconstruction of the OH*-chemiluminescence distribution in premixed and diffusion flames*, Applied Optics B, 100(3), 675-694, (2010).

[ANI 12]   N. B. Anikin, R. Suntz, H. Bockhorn: *Tomographic reconstruction of 2D-OH*-chemiluminescence distributions in turbulent diffusion flames*, Applied Optics B, 107(3), 591-602, (2012).

[APP 99]   J. Appel: *Numerische Simulation der Rußbildung bei der Verbrennung von Kohlenwasserstoffen: Teilchengrößenverteilungen und deren statistische Momente*, Dissertation, Universität Karlsruhe (TH), (1999).

[APP 00]   J. Appel, H. Bockhorn: *Kinetic Modeling of Soot Formation with Detailed Chemistry and Physics: Laminar Premixed Flames of C_2 Hydrocarbons*, Combustion and Flame, 121(1-2), 122-136, (2000).

[APP 01]   J. Appel, H. Bockhorn, M. Wulkow: *A detailed numerical study of the evolution of soot particle size distributions in laminar premixed flames*, Chemosphere, 42(5-7), 635-645, (2001).

[ARA 10]   Aral AG, *Sicherheitsdatenblatt Aral Diesel, Aral SuperDiesel, Aral LKW-Diesel*, (2010).

[ARA 12.1]   Aral AG, Internetauftritt, Frequently Asked Questions – Kraftstoffe allgemein, http://www.aral.de/aral/faq.do?categoryId=4000141&contentId=56034¤tPage=2, (2012).

[ARA 12.2]   Aral AG, *Sicherheitsdatenblatt Aral Ottokraftstoffe*, (2012).

[ATK 01]   P. W. Atkins: *Physikalische Chemie*, WILEY-VCH Verlag, Weinheim, (2001).

[AVL 05]   AVL List GmbH Graz, Österreich: *Smoke value measurement with the filter-paper-method, Application Notes*, June 2005, (2005).

[BAE 06]   M. Baerns, A. Behr, A. Brehm, J. Gmehling, H. Hoffmann, U. Onken, A. Renken: *Technische Chemie*, Verlag Wiley-VCH, (2006).

[BAY 81]   L. P. Bayvel, A. R. Jones: *Electromagnetic Scattering and its Applications*, Applied Science Publishers, London and New Jersey, (1981).

[BOC 84]   H. Bockhorn, F. Fetting, A. Heddrich, G.Wannemacher: *Investigation of the surface growth of soot in flat low pressure hydrocarbon oxygen flames*, Proceedings of 20th Symposium (International) on Combustion 1984, (Combustion Institute, Pittsburgh, Pa., 1982), 979, (1984).

[BOC 94]   H. Bockhorn (Ed.): *Soot Formation in Combustion – Mechanisms and Models*, Springer Verlag, Berlin, Heidelberg, New York, London, Paris, Tokyo, Hong Kong, Barcelona, Budapest, (1994).

[BOC 02]   H. Bockhorn, H. Geitlinger, B. Jungfleisch, T. Lehre, A. Schön, T. Streibel, R. Suntz: *Progress in characterization of soot formation by optical methods*, Physical Chemistry, Chemical Physics, 4(15), 3780-3793, (2002).

[BOC 09]   H. Bockhorn, A. D'Anna, A. F. Sarofim, H. Wang (Ed.): *Combustion generated fine carbonaceous particles*, KIT Scientific Publishing, Universitätsverlag Karlsruhe, (2009).

[BÖH 88]   H. Böhm, D. Hesse, H. Jander, A. Lüers, H. G. Wagner, M. Weiss: *The influence of pressure and temperature on soot formation in premixed flames*, Symposium (International) on Combustion [Proceedings], 22, 403-411, (1988).

[BOU 06]   B. Bougie, L. C. Ganippa, N. J. Dam, J. J. ter Meulen: *On particulate characterization in a heavy-duty diesel engine by time-resolved laser-induced incandescence*, Applied Physics B, 83(3), 477-485, (2006).

[BOU 07]   B. Bougie, L. C. Ganippa, A. P. van Vliet, W. L. Meerts, N. J. Dam, J. J. ter Meulen: *Soot particulate size characterization in a heavy-duty diesel engine for different engine loads by laser-induced incandescence*, Proceedings of the Combustion Institute, 31, 685-691, (2007).

[CHA 90]   H. Chang, T. T. Charalampopoulos: *Determination of the wavelength dependence of refractive indices of flame soot*, Proceedings of the Royal Society of London, Series A: Mathematical, Physical and Engineering Sciences, 430(1880), 577-591, (1990).

[CHA 07]   R. K. Chakrabarty, H. Moosmüller, W. P. Arnott, M. A. Garro, J. G. Slowik, E. S. Cross, J. H. Han, P. Davidovits, T. B. Onasch, D. R. Worsnop: *Light scattering and absorption by fractal-like carbonaceous chain aggregates: comparison of theories and experiment*, Applied Optics, 46(28), 6990-7006, (2007).

[CHE 11]   C. S. Cheung, R. Zhu, Z. Huang: *Investigation on the gaseous and particulate emissions of a compression ignition engine fueled with diesel-dimethyl carbonate blends*, Science of the Total Environment, 409(3), 523-529, (2011).

[CHW 11.1] M. Charwath, R. Suntz, H. Bockhorn: *Constraints of two-colour TiRe-LII at elevated pressures*, Applied Physics B, 104(2), 427-438, (2011).

[CHW 11.2] M. Charwath: *Experimentelle Untersuchung und numerische Simulation der Rußbildung in laminaren Methan/Luft Diffusionsflammen*, Dissertation, Universität Karlsruhe (TH), (2011).

[CRU 03]   C. Crua, D. A. Kennaird, M. R. Heikal: *Laser-induced incandescence study of diesel soot formation in a rapid compression machine at elevated pressures*, Combustion and Flame, 135(4), 475-488, (2003).

[DAL 70]   W.H. Dalzell, G.C. Williams, H.C. Hottel: *A light-scattering method for soot concentration measurements*, Combustion and Flame, 14(2), 161-169, (1970).

[DAS 84]   C. J. Dasch: *Continuous-wave probe laser investigation of laser vaporization of small soot particles in a flame*, Applied Optics, 23(13), 2209-2215, (1984).

[D'AL 83] A. D'Alessio, A. Chavaliere, P. Menna: *Theoretical models for the interpretation of light scattering by particles present in combustion systems*, NATO Conference Series 6, 1983, 7, 327-353, (J. Lahaye and G. Prado [Edts.]:Soot in combustion systems and its toxic properties, Springer Verlag), (1983).

[DEC 95]   J.E. Dec, C. Espey: *Ignition and Early Soot Formation in a DI Diesel Engine Using Multiple 2-D Imaging Diagnostics*, SAE Technical Paper 950456, (1995).

[DIA 05]   D. Diaz-Sanchez, M. Riedl: *Diesel effects on human health: a question of stress?*, American Journal of Physiology (AJP): Lung Cellular and Molecular Physiology, 289(5), 722-723, (2005).

[DRA 03]   M. C. Drake, T. D. Fansler, A. S. Solomon, G. A. Szekely: *Piston Fuel Films as a Source of Smoke and Hydrocarbon Emission from a Wall-Controlled Spark-Ignited Direct-Injection Engine*, SAE Technical Paper 2003-01-0547, (2003).

[ECK 77]   A. Eckbreth: *Effects of laser-modulated particulate incandescence on Raman scattering diagnostics*, Journal of Applied Physics, 48(11), 4473-4479, (1977).

[ECK 87]   A. Eckbreth: *Laser Diagnostics for Combustion Temperature and Species*, ABACUS Press, Tunbridge Wells, Kent & Cambridge, Mass, (1987).

[FIL 99]   A. V. Filippov, M. W. Markus, P. Roth: *In-situ characterization of ultrafine particles by laser-induced incandescence: sizing and particle structure determination*, Journal of Aerosol Science, 30(1), 71-87, (1999).

[FIL 00]   A. V. Filippov, D. E. Rosner: *Energy transfer between an aerosol particle and gas at high temperature ratios in the Knudsen transition regime*, International Journal of Heat and Mass Transfer, 43(1), 127-138, (2000).

[FIS 67]   M. E. Fisher, R. J. Burford: *Theory of Critical-Point Scattering and Correlations I. The Ising Model*, Physics Review A, 156(2), 583-622, (1967).

[FRE 94]   M. Frenklach, H. Wang: *Detailed mechanism and modeling of soot particle formation*, Springer Series in Chemical Physics, 59, 165-192, (1994).

[GAY 57]   A. G. Gaydon: *The spectroscopy of flames*, Chapman and Hall, London, (1957).

[GEI 98]   H. Geitlinger, T. Streibel, R. Suntz, H, Bockhorn: *Two-dimensional imaging of soot volume fractions, particle number densities, and particle radii in laminar and turbulent diffusion flames*, Symposium (International) on Combustion, [Proceedings], 27(1), 1613-1621, (1998).

[GRU 93]   A. D. Grudno: *Untersuchung der turbulenten Flammenausbreitung unter ottomotorischen Bedingungen*, Dissertation, Universität Aachen (RWTH), (1993).

[HED 86]   A. Heddrich, *Untersuchungen zur Bildung von höheren Kohlenwasserstoffen und zum Teilchenwachstum von Ruß in flachen laminaren Kohlenwasserstoff-Sauerstoff-Flammen*, Dissertation, Technische Hochschule Darmstadt, (1986).

[HEN 72]   T. J. Henry, R. G. Bergman: *Independent Mechanisms in the Thermal Rearrangement of Mono- and Bicyclic 3,4-Bismethylenecyclobutene Derivatives*, Journal of the American Chemical Society, 94(14), 5103-5105, (1972).

[HEN 05]   J. Hentschel, R. Suntz, H. Bockhorn: *Soot formation and oxidation in oscillating methane-air diffusion flames at elevated pressures*, Applied Optics, 44(31), 6673-6681, (2005).

[HEN 06]   J. Hentschel: *Untersuchung gepulster laminarer rußender Methan-Luft Diffusionsflammen unter erhöhtem Druck*, Dissertation, Universität Karlsruhe (TH), (2006).

[HEI 99]   U. Heinrich, I. Mangelsdorf, M. Aufderheide: *Durchführung eines Risikovergleiches zwischen Dieselmotoremissionen und Ottomotoremissionen hinsichtlich ihrer kanzerogenen und nicht-kanzerogenen Wirkung*, Umweltbundesamt, Berichte Bd.2/99, Erich Schmidt Verlag Berlin, (1999).

[HOF 93]   D. L. Hofeld: *Real-Time Soot Concentration Measurement Technique for Engine Exhaust Streams*, SAE Technical Paper 930079, (1993).

[HOS 72]   J. P. Hosemann: *Mathematische Hilfsmittel und Verfahren zur praktischen Anwendung der logarithmischen Normalverteilung*, Chemie Ingenieur Technik, 44(17), 1015-1021, (1972).

[INA 99]   K. Inagaki, S. Takasu, K. Nakakita: *In-Cylinder Quantitative Soot Concentration Measurement by Laser-Induced Incandescence*, SAE Technical Paper 1999-01-0508, (1999).

[ISH 78]   A. Ishimaru: *Wave Propagation and Scattering in Random Media, Vol. 2: Multiple-Scattering, Turbulence, Rough Surfaces, and Remote-Sensing*, Academic Press, New York, 1978.

[JUN 02]   B. Jungfleisch: *Bestimmung der Teilcheneigenschaften von Rußpartikeln mithilfe laserdiagnostischer Methoden*, Dissertation, Universität Karlsruhe (TH), (2002).

[JON 79]   A. R. Jones: *Scattering of electromagnetic radiation in particulate laden fluids*, Progress in Energy and Combustion Science, 5(2), 73-96, (1979).

[KAR 01]   R. B. Karlsson, J. B. Heywood: *Piston Fuel Film Observations in an Optical Access GDI Engine*, SAE Technical Paper 2001-01-2022, (2001).

[KEL 99]   H. Keller: *Bildung und Wachstum von Rußpartikeln bei hohen Drücken: Untersuchungen am Stoßwellenrohr*, Dissertation, Universität Karlsruhe (TH), (1999).

[KER 69]   M. Kerker: *The scattering of Light and Other Electromagnetic Radiation*, Academic Press, New York, (1969).

[KIR 09]   U. Kirchner, V. Scheer, R. Vogt, R. Kägi: *TEM study on volatility and potential presence of solid cores in nucleation mode particles from diesel powered passenger cars*, Aerosol Science, 40(1), 4776-4781, (2009).

[KOC 05]   B. Kock: *Zeitaufgelöste Laserinduzierte Inkandeszenz (TR-LII): Partikelgrößenmessung in einem Dieselmotor und einem Gasphasenreaktor*, Dissertation, Universität Duisburg-Essen, (2005).

[KOC 06]   B. F. Kock, B. Tribalet, C. Schulz, P. Roth: *Two-color time-resolved LII applied to soot particle sizing in the cylinder of a Diesel engine*, Combustion and Flame, 147(1-2), 79-92, (2006).

[KÖY 95]   Ü. Ö. Köylü, Y. Xing, D. E. Rosner: *Fractal Morphology Analysis of Combustion-Generated Aggregates Using Angular Light Scattering and Electron Microscope Images*, Langmuir, 11(12), 4848-4854, (1995).

[KÖY 97]   Ü. Ö. Köylü: *Quantitative Analysis of In Situ Optical Diagnostics for Inferring Particle / Aggregate Parameters in Flames: Implications for Soot Surface Growth and Total Emissivity*, Combustion and Flame, 109(3), 488-500, (1997).

[KOS 95]   H. Kosaka, T. Nishigaki, T. Kamimoto, S. Harada: *A Study on Soot Formation and Oxidation in An Unsteady Spray Flame Via Laser Induced Incandescence and Scattering Techniques*, SAE Technical Paper 952451, (1995).

[KUB 09]   R. Kuberczyk: *Wirkungsgradunterschiede zwischen Otto- und Dieselmotoren – Bewertung von wirkungsgradsteigernden Maßnahmen bei Ottomotoren*, expert verlag, Renningen, (2009).

[KUH 09]   S.-A. Kuhlmann, J. Reimann, S. Will: *Laserinduzierte Inkandeszenz (LII) zur Partikelgrößenbestimmung von aggregierten Rußpartikeln*, Chemie Ingenieur Technik, 81(6), 803-809, (2009).

[LAU 10]   M. Lauer, T. Sattelmayer: *On the Adequacy of Chemiluminescence as a Measure for Heat Release in Turbulent Flames With Mixture Gradients*, Journal of Engineering for Gas Turbines and Power, 132, 061502-1-8, (2010).

[LEH 03]   T. Lehre, B. Jungfleisch, R. Suntz, H. Bockhorn: *Size distributions of nanoscaled particles and gas temperatures from time-resolved laser-induced-incandescence measurements*, Applied Optics, 42(12), 2021-2030, (2003).

[LEH 05] T. Lehre: Entwicklung einer berührungslosen in-situ Messmethode zur Bestimmung von Größenverteilungen nanoskaliger Teilchen, Dissertation, Universität Karlsruhe (TH), (2005).

[LEI 96] A. Leipertz, R. Obertacke, F. Wintrich: *Industrial combustion control using UV emission tomography*, Symposium (International) on Combustion [Proceedings], 26(2), 2869-2875, (1996).

[LIN 08] D. Linde [Hrsg]: *Handbook of Chemistry and Physics*, CRC Press, Cleveland, 2266, (2008).

[LIU 06] F. Liu, M. Yang, F. A. Hill, D. R. Snelling, G. J. Smallwood: *Influence of polydisperse distributions of both primary particle and aggregate size on soot temperature in low-fluence LII*, Applied Physics B, 83(3), 383–395, (2006).

[LIU 11] F. Liu, G. J. Smallwood: *The effect of particle aggregation on the absorption and emission properties of mono- and polydisperse soot aggregates*, Applied Physics B, 104(3), 343-355, (2011).

[MAR 08] G. C. Martin, C. J. Mueller, D. M. Milam, M. S. Radovanovic, C. R. Gehrke: *Early Direct-Injection, Low-Temperature Combustion of Diesel Fuel in an Optical Engine Utilizing a 15-Hole, Dual-Row, Narrow-Included-Angle Nozzle*, SAE Technical Paper 2008-01-2400, (2008).

[MAT 04] U. Mathis, M. Mohr, R. Zenobi: *Effect of organic compounds on nanoparticle formation in diluted diesel exhaust*, Atmospheric Chemistry and Physics, 4(3), 609-620, (2004).

[MAT 05] U. Mathis, M. Mohr, R. Kaegi, A. Bertola, K. Boulouchos: *Influence of Diesel Engine Combustion Parameters on Primary Soot Particle Diameter*, Environmental Science and Technology, 39(6), 1887-1892, (2005).

[MAU 94] F. Mauß, T. Schäfer, H. Bockhorn: *Inception and growth of soot particles in dependence on the surrounding gas phase*, Combustion and Flame, 99(3-4), 697-705, (1994).

[MAU 95] F. Mauß, H. Bockhorn: *Soot formation in premixed hydrocarbon flames: prediction of temperature and pressure dependence*, Zeitschrift für Physikalische Chemie, 188(1-2), 45-60, (1995).

[MAY 00]   K. Mayer: *Pyrometrische Untersuchungen der Verbrennung in Motoren mit Common-Rail Direkteinspritzung mittels einer erweiterten Zwei-Farben-Methode*, Dissertation, Universität Karlsruhe (TH), (2000).

[MCE 06]   C. S. McEnally, L. D. Pfefferle, B. Atakan, K. Kohse-Höinghaus: *Studies of aromatic hydrocarbon formation mechanisms in flames: Progress towards closing the fuel gap*, Progress in Energy and Combustion Science, 32(3), 247-294, (2006).

[MEL 84]   L. A. Melton: *Soot diagnostics based on laser heating*, Applied Optics, 23(13), 2201-2208, (1984).

[MER 09]   G. P. Merker, C. Schwarz (Hrsg.): *Grundlagen Verbrennungsmotoren – Simulation der Gemischbildung, Verbrennung, Schadstoffbildung und Aufladung*, 4. Auflage, Vieweg + Teubner Verlag, (2010).

[MEW 97]   B. Mewes, J. M. Sitzman: *Soot volume fraction and particle size measurements with laser-induced incandescence*, Applied Optics, 36(3), 709-717, (1997).

[MIC 03]   H. A. Michelsen: *Understanding and predicting the temporal response of laser-induced incandescence from carbonaceous particles*, Journal of Chemical Physics, 118(15), 7012-7045, (2003).

[MIC 07]   H.A. Michelsen, F. Liu, B.F. Kock, H. Bladh, A. Boiarciuc, M. Charwath, T. Dreier, R. Hadef, M. Hofmann, J. Reimann, S. Will, P.-E. Bengtsson, H. Bockhorn, F. Foucher, K.-P. Geigle, C. Mounaïm-Rousselle, C. Schulz, R. Stirn, B. Tribalet, R. Suntz: *Modeling laser-induced incandescence of soot: a summary and comparison of LII models*, Applied Optics B, 87(3), 503-521, (2007).

[MIE 08]   G. Mie: *Beiträge zur Optik trüber Medien, speziell kolloidaler Metallösungen*, Annalen der Physik, 3(25), 377-445, (1908).

[MOS 09.1]   S. Mosbach, M. Kraft, H. R. Zhang, S. Kubo, K.-O. Kim: *Der Weg zu einem detaillierten Rußmodell für Verbrennungsmotoren*, MTZ, 70(5), 408-412, (2009).

[MOS 09.2]   S. Mosbach, M. S. Celnik, A. Raj, M. Kraft, H. R. Zhang, S. Kubo, K. O. Kim: *Towards a detailed soot model for internal combustion engines*, Combustion and Flame, 156(6), 1156-1165, (2009).

[NAU 05]   A. Nauwerk, J. Pfeil, A. Velji, U. Spicher, B. Richter: *A Basic Experimental Study of Gasoline Direct Injection at Significantly High Injection Pressures*, SAE-Technical Paper 2005-01-0098, (2005).

[NAU 06]   A. Nauwerk: *Untersuchung der Gemischbildung in Ottomotoren mit Direkteinspritzung bei strahlgeführtem Brennverfahren*, Dissertation, Universität Karlsruhe (TH), (2006).

[NEL 98]   A. E. Nel, D. Diaz-Sanchez, D. Ng, T. Hiura, A. Saxon: *Enhancement of allergic inflammation by the interaction between diesel exhaust particles and the immune system*, Journal of Allergy and Clinical Immunology, 102(4), 539-554, (1998).

[NEM 07]   A. Nemmar, S. Al-Maskari, B. H. Ali, I. S. Al-Amri: *Cardiovascular and lung inflammatory effects induced by systemically administered diesel exhaust particles in rats*, American Journal of Physiology (AJP): Lung Cellular and Molecular Physiology, 292(3), 664-670, (2007).

[NEO 85]   K. G. Neoh, J. B. Howard, A. F. Sarofim: *Effect of oxidation on the physical structure of soot*, Symposium (International) on Combustion [Proceedings], 20(1), 951-957, (1985).

[OBE 96]   R. Obertacke, H. Wintrich, F. Wintrich, A. Leipertz: *A New Sensor System for Industrial Combustion Monitoring and Control using UV Emission Spectroscopy and Tomography*, Combustion Science and Technology, 121(1-6), 133-151, (1996).

[OLT 10]   H. Oltmann, J. Reimann, S. Will: *Wide-angle light scattering (WALS) for soot aggregate characterization*, Combustion and Flame, 157(3), 516-522, (2010).

[PER 80]   K. Perscher, G. Heinrich: *Spektrometrisches Meßverfahren zur Untersuchung der Verbrennung im Dieselmotor*, VDI-Berichte 370, VDI Verlag, (1980).

[PET 05]   A. Peters: *Particulate matter and heart disease: Evidence from epidemiological studies*, Toxicology and Applied Pharmacology, 207(2), Supplement 1, 477-482, (2005).

[PIS 88]   F. Pischinger, H. Schulte, J. Hansen: *Grundlagen und Entwicklungslinien der Dieselmotorischen Brennverfahren*, VDI Berichte, 714, VDI Verlag, (1988).

[POP 04]   C. A. Pope III, R. T. Burnett, G. D. Thurston, M. J. Thun, E. E. Calle, D. Krewski, J. J. Godleski: *Cardiovascular Mortality and Long-Term Exposure to Particulate Air Pollution: Epidemiological Evidence of General Pathophysiological Pathways of Disease*, Circulation, 109(1), 71-77, (2004).

[QUA 94]   B. Quay, T. W. Lee, T. Ni, R. J. Santoro: *Spatially resolved measurements of soot volume fraction using laser-induced incandescence*, Combustion and Flame, 97(3-4), 384-392, (1994).

[REI 09]   J. Reimann, S.-A. Kuhlmann, S. Will: *2D aggregate sizing by combining laser-induced incandescence (LII) and elastic light scattering (ELS)*, Applied Physics B, 96(4), 583–592, (2009).

[RIC 00]   H. Richter, J. B. Howard: *Formation of polycyclic aromatic hydrocarbons and their growth to soot – a review of chemical reaction pathways*, Progress in Energy and Combustion Science, 26(4-6), 565-608, (2000).

[RIE 05]   M. Riedl, D. Diaz-Sanchez: *Biology of diesel exhaust effects on respiratory function*, The Journal of allergy and clinical immunology, 115(2), 221-228, (2005).

[ROT 06]   D. Rothe: *Physikalische und Chemische Charakterisierung der Rußpartikelemission von Nutzfahrzeugdieselmotoren und Methoden zur Emissionsminderung*, Dissertation, Technische Universität München, (2006).

[RUD 68]   R. R. Rudder, D. R. Bach: *Rayleigh Scattering of Ruby-Laser Light by Neutral Gases*, Journal of the Optical Society of America, 9(58), 1260-1266, (1968).

[RWT 11]   Rheinisch- Westfälische Technische Hochschule Aachen: *PCII Praktikum Versuch 6 Temperaturmessung u. a. mit Pyrometer*, http://www.mch.rwth-aachen.de/PCII_Praktikum/6_Temperaturmessung.pdf, (2011).

[SAN 00]   H. Sandquist, R. Lindgren, I. Denbratt: *Sources of Hydrocarbon Emissions from a Direct Injection Stratified Charge Spark Ignition Engine*, SAE Technical Paper 2000-01-1906, (2000).

[SCH 00]   S. Schraml, C. Heimgärtner, C. Fettes, A. Leipertz: *Investigation of In-Cylinder Soot Formation and Oxidation by Means of Two-Dimensional Laser-Induced Incandescence (LII)*, 10th International Symposium on Applications of Laser Techniques to Fluid Mechanics, (2000).

[SCH 06]   C. Schulz, B. F. Kock, M. Hofmann, S. Will, B. Bougie, R. Suntz, G. Smallwood: *Laser-induced incandescence: recent trends and current questions*, Applied Physics B, 83(3), 333–354, (2006).

[SMO 17]   M. V. Smoluchowski: *Versuch einer mathematischen Theorie der Koagulationskinetik kolloidaler Lösungen*, Zeitschrift für Physikalische Chemie, 92, 129-168, (1917).

[SNE 00]   D. R. Snelling, G. J. Smallwood, R. A. Sawchuk, W. S. Neill, D. Gareau, D. J. Clavel, W. L. Chippior, F. Liu, Ö.L. Gülder, W. D. Bachalo: *In-Situ Real-Time Characterization of Particulate Emissions from a Diesel Engine Exhaust by Laser-Induced Incandescence*, SAE Technical Paper 2000-01-1994, (2000).

[SOR 01] C. M. Sorensen: *Light Scattering by Fractal Aggregates: A Review*, Aerosol Science and Technology, 35(2), 648–687 (2001).

[STI 03] G. Stiesch: *Modeling Engine Spray and Combustion Processes*, Springer Verlag, Berlin, (2003).

[STU 04] M. Stumpf, H. Kubach, A. Velji, U. Spicher, B. Jungfleisch, J. Hentschel, R. Suntz, H. Bockhorn: *Highly temporal resolved detection of soot particle properties in a common-rail direct injection diesel engine*, Paper No. 85, CIMAC Congress 2004, Kyoto.

[STU 05] M. Stumpf, A. Velji, U. Spicher, B. Jungfleisch, R. Suntz, H. Bockhorn: *Investigations on soot emission behavior of a common-rail diesel engine during steady and non-steady operating conditions by means of several measuring techniques*, SAE Technical Paper 2005-01-2154, (2005).

[STU 08] M. Stumpf: *Einfluss motorischer Betriebsparameter auf die Eigenschaften von Rußpartikeln und deren messtechnische Erfassung*, Dissertation, Universität Karlsruhe (TH), Logos Verlag, (2008).

[SUH 08] H. K. Suh, H. G. Roh, C. S. Lee: *Spray and Combustion Characteristics of Biodiesel/Diesel Blended Fuel in a Direct Injection Common-Rail Diesel Engine*, Journal of Engineering for Gas Turbines and Power, 130, 032807-1, (2008).

[SUN 99] R. Suntz: *Laserspektroskopische Untersuchung laminarer und turbulenter Flammen*, Habilitationsschrift, Universität Karlsruhe (TH), (1999).

[TON 09] S. Tonini, M. Gavaises, A. Theodorakakos: *The role of droplet fragmentation in high-pressure evaporation diesel sprays*, International Journal of Thermal Sciences, 48(3), 554-572, (2009).

[UBA 11] Umweltbundesamt: *Energiepolitik und Energiedaten*, http://www.umweltbundesamt.de/energie/politik.htm, (2011).

[ULR 71] G. D. Ulrich: *Theory of Particle Formation and Growth in Oxide Synthesis Flames*, Combustion Science and Technology, 4(2), 47-57, (1971).

[UNI 05] Universität Köln: Skript zur Vorlesung *Technische Chemie I*, 2005.

[UNI 12] Universität des Saarlandes: *Physikalisches Grundpraktikum für Physiker/innen Teil III Temperaturstrahlung*, http://grundpraktikum.physik.uni-saarland.de/scripts/TempStra3.pdf, (2012).

[VAA 06]   K. Vaaraslahti, J. Ristimäki, A. Virtanen, J. Keskinen, B. Giechaskiel, A. Solla: *Effect of Oxidation Catalysts on Diesel Soot Particles*, Environmental Science and Technology, 40(15), 4776-4781, (2006).

[VAN 94]   R. L. Vander, K. J. Weiland: *Laser-induced incandescence: Development and characterization towards a measurement of soot-volume fraction*, Applied Physics B, 59(4), 445-452, (1994).

[VDI 06]   *VDI-Wärmeatlas*, Verein Deutscher Ingenieure VDI-Gesellschaft Verfahrenstechnik und Chemieingenieurwesen (GCV), 10. Auflage, Springer-Verlag Berlin Heidelberg, (2006).

[VEL 12]   A. Velji: *Alles nur noch Bio und Elektro? – Wie sieht der Antrieb der Zukunft wirklich aus?*, 1. Jahrestagung „Chancen der Energiewende" des KIT-Zentrums Energie, (2012).

[VEZ 09]   A. Vezzini: Elektrofahrzeuge. *Mobilität und erneuerbare Energie*, Physik in unserer Zeit, 41, 36-42, (2009).

[WAN 83]   G. Wannemacher: *Untersuchungen zur Rußbildung in brennerstabilisierten Kohlenwasserstoff-Sauerstoff-Flammen*, Dissertation, Technische Hochschule Darmstadt, (1983).

[WHO 12]   Pressemitteilung der IARC (International Agency for Research on Cancer) / WHO (World Health Organization): Press Release N° 213, 12 June 2012, http://press.iarc.fr/pr213_E.pdf, (2012).

[WIR 88]   U. Wirtz: *Untersuchung der Strömung und Verbrennung in einer Zündwirbelkammer*, Dissertation, RWTH Aachen, (1988).

[WIT 97]   P. O. Witze, R. M. Green: *LIF and Flame-Emission Imaging of Liquid Fuel Films and Pool Fires in an SI Engine During a Simulated Cold Start*, SAE Technical Paper 970866, (1997).

[YAN 05]   B. Yang, U. O. Koylu: *Detailed soot field in a turbulent non-premixed ethylene/air flame from laser scattering and extinction experiments*, Combustion and Flame, 141(1-2), 55-65, (2005).

[ZEI 11]   Zeit Online: *Alles, bloß nicht emissionsfrei*, http://www.zeit.de/auto/2011-08/co2-abgas-elektroauto (2011).

[ZHA 98]   H. Zhao, N. Ladommatos: *Optical diagnostics for soot and temperature measurement in diesel engines*, Progress in Energy and Combustion Science, 24(3), 221-255, (1998).

13 Anhang

Experimentelle Randbedingungen am Diesel- Einhubtriebwerk aus Kapitel 5

Einspritzdruck	200 bar	
Hubdauer	31,5 ms	
entspricht	950 1/min	
Einfacheinspritzung		
Einspritzdauer	1800 µs	
Einspritzbeginn	4,3 ms vor Zünd- OT	
	18 mm vor Zünd- OT	

Einspritzdruck	400 bar	
Hubdauer	31,5 ms	
entspricht	950 1/min	
Einfacheinspritzung		
Einspritzdauer	900 µs	
Einspritzbeginn	4,3 ms vor Zünd- OT	
	18 mm vor Zünd- OT	

Experimentelle Randbedingungen am Einzylinder- DI-Ottomotor aus Kapitel 6

Homogener Betrieb	
Drehzahl	1500 1/min
Luftmenge	8,6 kg/h
Kraftstoffmenge	0,561 kg/h
Last (IMEP)	2,22 bar
Einspritzdruck	130 bar
Einspritzdauer	1900 µs
Einspritzbeginn	340° vor Zünd- OT
Zündung	30° vor Zünd- OT

Schichtgeladener Betrieb mit Zündung vor OT	
Drehzahl	1500 1/min
Luftmenge	27,1 kg/h
Kraftstoffmenge	0,477 kg/h
Last (IMEP)	1,95 bar
Einspritzdruck	130 bar
Einspritzdauer	1700 µs
Einspritzbeginn	24° vor Zünd- OT
Zündung	8° vor Zünd- OT

Schichtgeladener Betrieb mit Zündung nach OT	
Drehzahl	1500 1/min
Luftmenge	26,8 kg/h
Kraftstoffmenge	0,477 kg/h
Last (IMEP)	1,56 bar
Einspritzdruck	130 bar
Einspritzdauer	1700 µs
Einspritzbeginn	12° vor Zünd- OT
Zündung	-2° vor Zünd- OT

Experimentelle Randbedingungen am Otto- Einhubtriebwerk aus Kapitel 7

Betriebspunkt des kommerziellen Brennverfahrens	
Hubdauer	15 ms
entspricht	2000 1/min
Einspritzdruck	200 bar
Einspritzdauer (3-Fach Einspritzung)	250 / 160 / 110 µs
Einspritzbeginn	4,1 ms vor Zünd- OT
	24 mm vor Zünd- OT
Einspritzende	2,8 ms vor Zünd- OT
	14 mm vor Zünd- OT
Zündung	3,2 ms vor Zünd- OT
	17 mm vor Zünd- OT
Injektorstrom	geregelt durch ScienLab Endstufe

Betriebspunkt mit Benetzung der Kolbenoberfläche	
Hubdauer	15 ms
entspricht	2000 1/min
Einspritzdruck	200 bar
Einspritzdauer (3-Fach Einspritzung)	250 / 160 / 110 µs
Einspritzbeginn	4,1 ms vor Zünd- OT
	24 mm vor Zünd- OT
Einspritzende	2,8 ms vor Zünd- OT
	14 mm vor Zünd- OT
Zündung	3,2 ms vor Zünd- OT
	17 mm vor Zünd- OT
Injektorstrom	ungeregelt

Experimentelle Randbedingungen am Einzylinder- DI-Dieselmotor aus Kapitel 8

Drehzahl	1175 1/min
Luftmenge	63,2 kg/h
Kraftstoffmenge	0,72 kg/h
Last (IMEP)	1,5 bar
Einspritzdruck	800 bar
Zweifacheinspritzung	
Einspritzdauer	298 / 523 µs
Einspritzbeginn	15° vor Zünd- OT
	3° vor Zünd- OT

Werte für das Kollisionsintegral Ω in Abhängigkeit von $k_B T/\varepsilon_{1,2}$ [BAE 06]

$k_B{\cdot}T/\varepsilon_{1,2}$	Ω	$k_B{\cdot}T/\varepsilon_{1,2}$	Ω	$k_B{\cdot}T/\varepsilon_{1,2}$	Ω
0,30	2,662	1,65	1,153	4,0	0,8836
0,35	2,476	1,70	1,140	4,1	0,8788
0,40	2,318	1,75	1,128	4,2	0,8740
0,45	2,184	1,80	1,116	4,3	0,8694
0,50	2,066	1,85	1,105	4,4	0,8652
0,55	1,966	1,90	1,094	4,5	0,8610
0,60	1,877	1,95	1,084	4,6	0,8568
0,65	1,798	2,00	1,075	4,7	0,8530
0,70	1,729	2,1	1,057	4,8	0,8492
0,75	1,667	2,2	1,041	4,9	0,8456
0,80	1,612	2,3	1,026	5,0	0,8422
0,85	1,562	2,4	1,012	6	0,8124
0,90	1,517	2,5	0,9996	7	0,7896
0,95	1,476	2,6	0,9878	8	0,7712
1,00	1,439	2,7	0,9770	9	0,7556
1,05	1,406	2,8	0,9672	10	0,7424
1,10	1,375	2,9	0,9576	20	0,6640
1,15	1,346	3,0	0,9490	30	0,6232
1,20	1,320	3,1	0,9406	40	0,5960
1,25	1,296	3,2	0,9328	50	0,5756
1,30	1,273	3,3	0,9256	60	0,5596
1,35	1,253	3,4	0,9186	70	0,5464
1,40	1,233	3,5	0,9120	80	0,5352
1,45	1,215	3,6	0,9058	90	0,5256
1,50	1,198	3,7	0,8998	100	0,5130
1,55	1,182	3,8	0,8942	200	0,4644
1,60	1,167	3,9	0,8888	400	0,4170